BOHAI GAOHANSHUI YOUTIAN
ZONGHE ZHILI JISHU YANJIU

渤海高含水油田
综合治理技术研究

卢祥国　　刘义刚　　著

U0229148

化学工业出版社
·北京·

内容简介

本书以物理化学、高分子材料学和油藏工程等为理论指导，以化学分析、仪器检测和物理模拟等为技术手段，以渤海主要油藏地质和流体为研究对象，根据油田开采后期高含水的特性，开展了新型立体窜逸封堵剂和微球调驱剂的研制、高效驱油剂的筛选与评价以及"堵/调/驱"一体化治理技术研究。本书可供从事油田开发的技术和管理人员阅读，也可供现场施工人员及广大石油院校的师生参考。

图书在版编目（CIP）数据

渤海高含水油田综合治理技术研究 / 卢祥国，刘义刚著. —北京：化学工业出版社，2020.11
ISBN 978-7-122-37641-1

Ⅰ.①渤… Ⅱ.①卢…②刘… Ⅲ.①渤海-高含水-油田开发-研究 Ⅳ.①TE34

中国版本图书馆 CIP 数据核字（2020）第 163222 号

责任编辑：李晓红 　　　　　　　　　　装帧设计：王晓宇
责任校对：宋　夏

出版发行：化学工业出版社（北京市东城区青年湖南街 13 号　邮政编码 100011）
印　　装：涿州市殷润文化传播有限公司
710mm×1000mm　1/16　印张 17¼　字数 319 千字　　2021 年 1 月北京第 1 版第 1 次印刷

购书咨询：010-64518888　　　　　　售后服务：010-64518899
网　　址：http://www.cip.com.cn
凡购买本书，如有缺损质量问题，本社销售中心负责调换。

定　　价：98.00 元

前　言

渤海地区普通稠油资源十分丰富，但由于储层厚度较大、平均渗透率较高、非均质性较强和岩石胶结强度较低等物性特点，加之注采井距较大、多层同井开发、单井注采量较高和岩石冲刷破坏作用较强等不利因素限制，水驱开发效果较差，目前主力油田已经进入高含水和可采储量高采出程度的"双高"开发阶段。针对"双高"油田开发过程中存在的技术难题，石油科技人员开展了技术攻关和矿场试验。自 2002 年以来，渤海油田成功实施调剖和调驱措施 350 余井次，累计增油超过 150×10^4t，有效降低了油田综合含水量上升速度。但也必须看到，随"双高"油田数量增加和程度加剧，注采井间形成了多方向优势通道，通道前缘已发展至油藏深部，剩余油主要富集在远离注入端的中低渗透层，现有的"单一、分散和小规模"治理措施已不能满足油田开发实际需求，"稳油控水"效果逐年变差。

针对渤海储层非均质特征和剩余油分布特点，本书提出了从宏观和微观两方面扩大波及体积和提高洗油效率综合治理技术路线。采用高强度封堵剂封堵优势通道，消除或抑制注采井间窜流，实现后续注入工作剂转向；采用非均相调驱剂进一步调整中高渗透层吸液剖面，扩大宏观和微观波及体积；采用乳化降黏驱油剂降低中低渗透储层内原油渗流阻力并提高洗油效率。为使"堵/调/驱"综合治理措施达到预期"稳油控水"效果，就必须拥有高效低成本工作剂和合理注入方式。为此，本书以物理化学、高分子材料学和油藏工程等为理论指导，以化学分析、仪器检测、物理模拟和数值模拟等为技术手段，以渤海储层地质构造和流体性质为模拟对象，开展了"渤海高含水油田综合治理技术"项目研究。

全书分为 11 章。第 1 章为"绪论"，介绍了目标油藏概况、开发现状和存在问题和调剖调驱技术现状。第 2 章为"优势通道封堵剂组成构建、性能测试和结构表征"，介绍了复合凝胶成胶机理、成胶速度和强度及影响因素，初步确定了复合凝胶配方组成。第 3 章为"优势通道封堵剂岩心内成胶效果测试及组成优化"，介绍了复合凝胶岩心内成胶效果及影响因素，优化了复合凝胶组成，明确了复合凝胶对现有其它封堵剂性能的优势。第 4 章为"聚合物微球组成构建、性能测试和结构表征"，介绍了抗盐微球合成、基本性能、微球与储层孔隙配伍性和微球调驱作用机理，确定了微球与渗透率的合理匹配关系。第 5 章为"聚合物微球组成优化及中试产品性能测试"，介绍了微球材料组成、结构特点和中试微球样品性能，评价结果显示中试产品性能达到指标要求。第6章为"高效驱油剂筛选及基本性能评价"，介绍了表面活性剂物化性能、油水乳状液及降黏效果和驱油效率，探究了乳状液微观结构。第7章为"综合治理工作剂滞留、运移和油藏适应性测试"，介绍了复合凝胶、聚合物微球和表面活性剂岩心内传输运移能力以及阻力系数、残余阻力系数和封堵率等特征参数值。第8章为"综合治理工作剂注入工艺参数"，介绍了"堵/调/驱"综合治理注入参数优化和技术经济效果评价方法，确定了合理注入工艺参数。第9章为"高含水油藏综合治理效果及作用机制"，介绍了工作剂类型、组合方式和原油黏度对综合治理效果影响及评价方法，探究了作用机制。第10章为"高含水油藏综合治理封堵剂注入压力"，介绍了封堵剂注入压力对调剖效果和分流率影响及评价方法，确定了合理注入压力。第11章为"高含水油藏综合治理技术经济界限"，介绍了"堵/调/驱"综合治理技术经济界限影响因素及评价方法，确定了合理技术经济界限。

本书研究工作获得"十三五"国家科技重大专项子课题（2016ZX05058-003-010）经费资助。参加研究工作的技术人员还有东北石油大学张云宝、刘进祥、谢坤和曹伟佳等，中海石油（中国）有限公司天津分公司渤海石油研究院孟祥海、邹剑和李彦阅等。东北石油大学为研究工作提供了实验条件，天津分公司职能部门为本书提供了渤海典型油藏储层地质和开发资料，作者在此表示衷心感谢。

本书是撰写注重测试方法介绍和测试结果分析，以文字叙述为主，辅以大量图表，便于读者阅读和理解。本书适合从事石油技术开发和油田生产管理专业人员阅读，也可以作为石油院校相关专业参考书。本书涉及大量测试和矿场资料，虽经多次审查和修改，但由于作者水平有限，不足之处望专家和同行批评指正。

著者

2020 年 8 月

目　录

第3章

优势通道封堵剂岩心内成胶效果测试及组成优化

第 6 章

高效驱油剂筛选及基本性能评价

第 7 章

综合治理工作剂滞留、运移和油藏适应性测试

第8章

综合治理工作剂注入工艺参数

第 **9** 章

高含水油藏综合治理效果及作用机制

第 **10** 章

高含水油藏综合治理封堵剂注入压力

第1章
绪 论

1.1
渤海油田储层特征、开发现状和存在问题

1.1.1 储层特征

（1）SZ36-1油田

SZ36-1油田位于辽西低凸起中段，是一个在前第三系古潜山背景上发育起来的下第三系披覆构造。主力储集层为东营组下段，纵向上Ⅰ油组、Ⅱ油组是油田的主力油层。油藏类型为受构造控制和岩性影响的构造层状重质稠油油藏。

储层段主要发育有三角洲沉积亚相和三角洲间湾亚相。含油砂体大部分为三角洲前缘亚相所沉积的砂体组成，进一步可细分为水下河道微相、河口坝微相、远砂坝及前缘席状砂微相。储层孔隙度分布 29%～35%，渗透率分布 $1×10^{-4}μm^2$～$10μm^2$，平均渗透率超过 $3μm^2$。储层为疏松砂岩，孔隙以原生粒间孔占绝对优势，喉道为缩颈喉道，储层孔喉半径主要分布在 $5μm$～$63μm$，最大孔喉半径可达 $200μm$ 以上，储层以高孔（特）高渗疏松砂岩为主，其次为中孔中渗储层。

油田地层水为 $NaHCO_3$ 型，pH 7.5～9.0。地层水矿化度平均为 6071mg/L，HCO_3^- 平均含量高达 2084mg/L，CO_3^{2-} 含量为 231mg/L。通过储层黏土矿物 X 射线衍射分析，结合扫描电镜和薄片观察表明，储层胶结物以泥质为主，平均含量 9%，黏土矿物主要为蒙脱石、伊利石和高岭石。伊利石/蒙脱石混层为无序混层，平均相对含量 40%，间层比矿物中间层比>40%。蒙脱石呈薄膜状分布于颗粒表面，与外来流体接触面积大，易于发生敏感性损害。

综合储层敏感性实验评价结果和储层地质特征，预测注水过程中储层损害机

理和类型：

① 储层的速敏损害程度为弱～中偏弱，渗透率平均下降 17.3%。原始渗透率越高，储层速敏损害越弱，主要原因是高渗透层储层中黏土和杂基等微粒含量低，同时储层孔喉半径粗，而运移微粒粒径较细，因此微粒不易形成桥堵。

② 储层为强水敏，盐敏性为中等偏强，次地层水对地层损害弱。综合盐敏/水敏实验，入井液最佳矿化度为 4600mg/L～35000mg/L。

③ 储层酸敏损害程度总体表现为中等偏弱，碱敏损害为中等偏弱。

国内外研究中类似 SZ36-1 油田疏松砂岩稠油油藏长期注水开发表明，长期注水岩石孔隙结构会发生以下变化：储层孔隙中黏土矿物、泥质含量、碳酸盐含量以及地层微粒（＜37μm）被冲走或冲散，含量均有所降低，导致孔喉增大；油层的非均质进一步严重，高渗透、大孔道的部位或层位（段）形成注入水通道，为强水淹干扰区，而剩余油潜力区见不到注水效果，导致干扰进一步加剧。黄思静等（2000 年）通过研究东部某油田沙河街组注水前后储层孔隙结构表明：从低含水期、中含水期到特高含水期，储层平均孔隙度由 33%提高到 38%，渗透率变化更大。在中高含水期，粉砂岩渗透率变化较小，而粉细砂岩的渗透率增大 1 倍左右；在特高含水期，渗透率增大 10 倍左右。喉道平均直径从注水开发前 3.761μm 增至开发后 4.758μm，喉道直径中值从开发前 4.661μm 增至开发后 8.115μm。

SZ36-1 油田疏松砂岩稠油油藏具有埋藏浅、压实程度低、胶结疏松、孔喉粗大和原油携砂能力强等特点，容易造成储层中微粒运移、架桥堵塞孔喉；同时外来杂质也易于进入储层，对储层深部造成损害。储层原油黏度和胶质沥青质含量高，在开采过程中随温度及压力的降低，原油中气体逸出将引起油中蜡质析出，特别是油井转注水后，冷水进入使近井地带层内温度降低幅度变大，使得原油黏度增大和有机质在孔喉处结垢析出，形成"冷伤害"，造成孔喉堵塞、注水困难。储层敏感性矿物和储层地质特征综合分析表明,注水过程中 SZ36-1 油田储层损害类型强弱顺序为：水敏>速敏>冷伤害>外来固相堵塞和无机垢。

SZ36-1 油田采取滚动式开发模式，分Ⅰ期和Ⅱ期，其中Ⅰ期（AⅠ、AⅡ、B 和 J 共 4 个平台）从 1993 年到 1997 年陆续投产，Ⅱ期（D、E、F、C、G 和 H 共 6 个平台）分别从 2000 年 11 月到 2001 年 11 月陆续投产。至 2008 年 12 月，全油田总井数 268 口，其中水源井 10 口。Ⅰ期总井数 68 口，其中油井 48 口，水井 18 口，水源井 2 口。Ⅱ期总井数 200 口，其中油井 149 口（2008 年新增调整井 6 口），注水井 43 口，水源井 8 口。

（2）LD 油田群

1）LD4-2 油田

LD4-2 油田位于渤海辽东湾海域，东与 SZ36-1 油田紧邻，区域构造上位于辽东湾海域辽西凹陷中段，东侧紧靠辽西低凸起，属于辽西 1 号断层下降盘上的一个断块构造。

LD4-2 油田构造为一个复合断块，构造走向近北东，其东侧和南侧均以辽西 1 号断层为界，西侧呈缓坡向凹陷过渡，构造长 12.0km，宽约 5.0km。辽西 1 号断层走向近北东，延伸长度达 100km 以上，在新生界地层的最大断距达数千米，是分割辽西凹陷和辽西低凸起的边界大断层。依据现有的二维地震资料，油田范围内，共解释出 12 条内幕断层，根据断层的产状，大致可分为两组，一组断层近东西向分布，延伸长度 0.8km～5.4km，东二下段地层的平均断距 10m～80m，该组断层将旅大 4-2 构造由北至南分割成 4 个断块，其中 2 号断块为主要含油区；另一组断层主要发育在 4 号断块南缘，与辽西 1 号断层呈平行展布，延伸长度 2.5km～3.5km，东二下段地层的平均断距 20m～30m。

结果分析表明，LD4-2 油田地面原油属于中质原油，具有较低的黏度、含蜡量、含硫量和凝固点以及胶质沥青质含量中等的特点。

PVT 测试显示，地层原油密度 0.816g/cm^3～0.828g/cm^3，饱和压力 13.61MPa～14.97MPa，地饱压差小，为 0.99MPa（综合分析，DST1 样品代表性较差，不反映四油组的特征），地层原油黏度 3.5mPa·s～4.1mPa·s，原始溶解气油比中等，为 58m^3/m^3～61m^3/m^3。

2）LD5-2 油田

LD5-2 油田位于渤海辽东湾海域，与绥中 36-1 油田紧邻。区域上位于辽东湾海域辽西凹陷中段，东侧紧靠辽西低凸起，属于辽西 1 号断层下降盘上的一个断块构造。该构造为一复合断块，构造走向近南北，其东侧和北侧均以辽西 1 号断层为界，西侧呈斜坡向凹陷倾没，构造南北长 5.5km，东西宽 3.5km。

辽西 1 号断层形成时间早，规模比较大，对构造和沉积起一定控制作用，在本区该断层分为南支和北支共 2 支。南支近北东走向，为旅大 5-2 构造和绥中 36-1 构造的分界断层，东二段平均断距达 200m，延伸长度较远，向南超出工区范围，工区内 8.5km；北支近东西转北东走向，是旅大 5-2 构造北边界，东二段平均断距达 300m，延伸长度较远，北东方向超出工区范围，工区内 7.5km。

常规物性分析和样品统计表明，东二上段物性较好，孔隙度主要分布在 32%～40%，渗透率大于 1μm^2。东二下段孔隙度主要分布在 30%～36%，渗透率分布范围在 0.01μm^2～1.32μm^2，主要集中在 100×10^{-3}μm^2～1000×10^{-3}μm^2。

根据压汞资料，毛管压力曲线特征表现为分选好、中等和粗-略细歪度。排驱压力 0.003MPa～0.2MPa，饱和度中值压力 0.02MPa～9.5MPa，最大进汞量 60%～97%，平均孔喉半径 0.8μm～27μm。根据 DST、地层温度和地层压力测试资料，LD5-2 油田压力梯度约 1.0MPa/100m，温度梯度约 3.3℃/100m，为正常温度和压力系统。

地面脱气原油样品分析表明，LD5-2 油田地面原油为重质油，具有密度大、黏度高、胶质沥青质含量中等、含蜡量低和凝固点低等特点。

LD5-2 油田在 LD5-2-1 井东二下段取到一支合格地层水样，总矿化度 5491mg/L，水型为碳酸氢钠型（$NaHCO_3$）。

3）LD10-1 油田

LD10-1 油田位于辽东湾地区辽西低凸起的中段，西侧紧邻辽西凹陷，是渤海最有利的油气富集区之一，具有良好的油气富集成藏石油地质条件。东北距绥中 36-1 油田中心平台约 24km，西边界为辽西 1 号断层，东南呈缓坡向凹陷过渡，平均水深 30m，平均温度 10.3℃。

LD10-1 油田构造是一个在古潜山背景上发育起来的断裂半背斜，近北东走向，西北边界为辽西 1 号断层，东南侧呈缓坡向凹陷过渡，油田范围内，断层不甚发育，构造较为完整。辽西 1 号断层呈北东走向，是分割辽西低凸起和辽西凹陷的边界大断层，在油田范围内呈弧形挠曲，目的层段断距 150m～250m，该断层对 LD10-1 油田构造演化及沉积起着明显的控制作用。

区域沉积相研究认为，渤海辽东湾地区在东营组东二段沉积时期为一湖盆环境，三角洲沉积体系比较发育，LD10-1 油田地区主要接受来自北西向古水流携带泥砂沉积。油田主体区主要发育三角洲前缘亚相，沉积物源来自北偏西方向。根据单井相分析，可细分为水下分流河道、河口坝和分流河道间三个微相。①水下分流河道岩性为浅灰色粗、中、细砂岩，分选中等，磨圆次圆～次棱状。沉积构造主要为块状层理及平行层理，正粒序。粒度分析，C-M 图由 Q-R-S 段组成，代表牵引流沉积；粒度概率曲线主要为两段式，由跳跃段和悬浮段组成。GR 和 SP 曲线呈齿状钟型及箱型。②河口坝岩性主要为灰色细砂岩及中砂岩，分选中等，磨圆次棱～次圆状。GR 及 SP 曲线呈齿状漏斗型，地震剖面上见"S"斜交前积反射，砂岩段具反粒序沉积特征。③分流河道间岩性主要为粉砂质泥岩及浅灰色粉砂岩。沉积构造主要为水平层理及波状层理，与水下分流河道一起发育。

综合分析认为，零、一油组储层以水下分流河道、河口坝沉积为主，分布较稳定；2 井区二油组储层属于水下分流河道和河口坝叠置复合体，砂体非常发育，在油田范围内大面积分布，但砂层厚度变化幅度较大（10m～67m）；三油组、四油组和五油组受古地形影响，主要发育在油田西北侧，且砂层横向变化较大；3 井区为水下分流河道沉积，砂体在平面上分布稳定，连续性较好。

LD10-1 油田水分析结果见表 1-1，水源井水为氯化钙型，平均总矿化度 9028mg/L，pH 6，略偏酸性。地层水为碳酸氢钠型，矿化度 2627mg/L～2873mg/L，pH 7.0～7.5。产出液混合污水总矿化度 8628mg/L，为氯化钙型。

表 1-1　LD10-1 油田地层水组成

井号	生产层位	离子浓度/(mg/L)							总矿化度	pH 值	水型	备注
		K^++Na^+	Mg^{2+}	Ca^{2+}	Cl^-	SO_4^{2-}	HCO_3^-	CO_3^{2-}				
1w	Ng	2546	189	681	5557	38	168	0	9180	6	$CaCl_2$	水源水
3w	Ng	2419	185	698	5388	29	159	0	8877	6	$CaCl_2$	
A18m	二油组	1032	10	0	744	38	656	393	2873	7	$NaHCO_3$	地层水
		967	0	0	399	0.4	635	588	2627	7.5	$NaHCO_3$	
混合污水		2372	170	661	5158	29	229	229	8628	6	$CaCl_2$	污水

备注：水样取样日期为 2005 年 2 月 21 日，分析日期为 2005 年 3 月 4 日。

（3）BZ 油田群

渤南油气田位于渤海海域的西、南部地区，由沙东南构造带和渤南凸起上的多个油气田所组成，其中沙东南构造带位于沙垒田凸起向东南方向延伸的倾没端上，呈北西至南东方向展布，其西侧是沙南凹陷，东侧是渤中凹陷。渤南凸起位于渤中和黄河口凹陷至庙西凹陷之间，是一个呈近东西向展布构造带，受到郯庐断裂在海域延伸部分影响而被分割成东西分布的三段，其中 BZ26-2、BZ25-1 和 BZ28-1 等位于渤南凸起西段，BZ28-1 和 BZ29-3 等处于中段，PL19-3 油田位于渤南凸起东段。因此，渤西南地区是渤海海域油气最富集地区之一。

1）BZ28-1 油田

BZ28-1 油田自上而下钻遇了新生界第四系，上第三系明化镇组和馆陶组，下第三系东营组和沙河街组，古生界奥陶系上马家沟组、下马家沟组、亮甲山组、冶里组和寒武系凤山组、长山组、崮山组、张夏组、徐庄组、毛庄组、馒头组及府君山组等地层。BZ28-1 油田含油层系为沙河街组沙一、沙三段砂砾岩储层，奥陶系下马家沟组、亮甲山组、冶里组和寒武系凤山组、长山组、毛庄组、馒头组及府君山组等碳酸盐岩孔隙至裂缝型双重介质储层。BZ28-1 油田存在着两种不同类型储集层，即沙河街组砂砾岩以粒间孔为主孔隙型储集层和奥陶系以及寒武系碳酸盐岩孔隙至裂缝型双重介质储集层。

2）BZ26-2 油田

BZ26-2 油气田位于渤海南部海域，东距 BZ28-1 油气田 32km。油气田所处海域平均水深 22m，年平均气温 13.6℃。BZ26-2 油田钻遇地层自上而下分为第四系地层、上第三系明化镇组和馆陶组、下第三系东营组和沙河街组及太古界，含油层系为明下段油组（Nm_L）、馆陶组（$Ng0_1$、$Ng0_2$、Ng Ⅰ、Ng Ⅱ、Ng Ⅲ 和 Ng Ⅳ 油组）、东营组二段（E_3d_2）、沙河街组二段（E_3s_2）和太古界（Ar）潜山等 10 套油气层。主力油藏为 Ng Ⅰ、Ng Ⅳ 和 E_3s_2 油组，主力气藏为太古界潜山气藏。

BZ26-2 构造是一个由断裂控制的披覆半背斜构造，构造形态受其两侧东西向边界断层控制，呈南北两侧断层夹持垒块山，东西方向下倾明显；北侧以断层为界，断面很陡，倾角大于 65°；南侧断面（古断剥面）相对平缓，可见明显地层超覆不整合，潜山顶面形态西陡东缓，南高北低。沙河街组储层顶面构造分为南北两个高点，高点间以鞍部相连；构造幅度相对较陡，构造北高点以地层超覆为特征，南高点呈披覆背斜；由于两侧受东西向大断层夹持，由东营组顶面至 $Ng02$ 油组顶面的构造均以半背斜形式存在，构造幅度逐渐平缓，构造走向近东西向；$Ng01$ 油组顶面至明下段顶面构造也为半背斜，但构造幅度更缓，并且具南北两个高点特征。BZ26-2 油田明下段至沙二段油组，纵向上随深度增加，油质略微变差。地面原油密度 $0.817g/cm^3$～$0.874g/cm^3$，原油黏度 2.5mPa·s～12.66mPa·s，含硫量 0.04%～0.17%，含蜡量 4.42%～15.40%，胶质含量 13.0%～23.5%，沥青质含量 0.8%～7.8%。地层水总矿化度为 12204mg/L～17713mg/L，水型主要为 $NaHCO_3$ 型。

3）BZ13-1 油田

BZ13-1 油田位于渤海中部海域，油田范围内平均水深23m。该构造潜山面为一大型鼻状构造，向北倾斜。沙一段生屑云岩直接披覆在潜山面之上，构造面貌清晰。整个构造主体形态为披覆背斜构造，地层整体北倾，受断层切割，整个构造自北向南节节下掉。

BZ13-1 油田地层自上而下依次为第四系平原组，上第三系明化镇组和馆陶组，下第三系东营组、沙河街组和中生界组。主要目的层段为沙Ⅰ段底部发育的一套厚约 16m 生屑云岩储层。主要储层段为沙Ⅰ段底部地层，储层厚度 16m～25m，1 井和 2 井为生屑云岩及云质砂砾岩，3 井为云质泥岩和砂砾岩，说明储层厚度变化不大，但储层间岩性变化较大。沙Ⅰ段储层主要有 3 种岩石类型，即生屑云岩、云质砂砾岩和砂砾岩。生屑云岩储层为一套浅水湖相碳酸盐岩沉积，共划分为 4 个亚相：即砾石滩亚相、粒屑滩亚相、生物滩亚相和泥晶滩亚相。依据取心井岩性剖面建立其垂向沉积层序，相序由下至上分别为砾石滩亚相、粒屑滩亚相、生物滩亚相和泥晶滩亚相，水动力能量依次减弱，反映水进沉积旋回。

4）CFD18-2 油田

CFD18-2 油田位于渤海西部，油气田范围内平均水深约 22.6m。CFD18-2 构造系在太古界潜山背景下，由下第三系逐渐超覆形成一个潜山披覆构造，剖面上具较明显上缓下陡、顶薄翼后披覆特征。整个构造分为东、西两个高点，西高点为一个完整狭长形背斜，轴向近南北，构造简单，断层不发育；东高点为一个被断层复杂化穹隆状背斜，东以一条东倾大断层为界，西以一条西掉断层与西高点相隔，北翼地层下倾明显，南翼地层总体南倾。受断层影响，形成三个呈环形展布局部高点，并在东南翼局部形成近南北向沟谷。CFD18-2 油气田由两类不同岩性地层构成两种不同性质的储集层：一种是东营组底部砂砾岩储层；另一种是太古界潜山基岩储层。两种储层在空间上叠置，构成复合式储集体（东高点）。东高点地面平均原油密度为 $0.8284g/cm^3$，西高点为 $0.850g/cm^3$。西高点其它指标如含蜡量、胶质沥青质含量和凝固点等也比东高点高。总体来看，CFD18-2 油气田原油为质量好的轻质原油，且东高点地面原油性质优于西高点。

5）JZ9-3 油田

JZ9-3 油田距锦州 20-2 凝析气田约 22km，构造上 JZ9-3 油田位于辽东湾凹陷，辽西低凹起北端，介于辽西凹陷的北洼与陆地西部凹陷清水沟洼陷之间，是在新生界基底上形成、北东向南西展布的下第三系披覆半背斜构油田。油田于 1999 年 10 月底投产，自上而下主要钻遇层系为第四系平原组，上第三系明化镇组、馆陶组，下第三系东营组、沙河街组及中生界地层。东下段储层为油田的主力储层段，Ⅰ～Ⅲ油组为油田主力油组。

JZ9-3 地区东下段时期三角洲沉积十分发育，目前钻井揭示三角洲沉积亚相有三角洲前缘和前三角洲，其中三角洲前缘亚相又分为水下分流河道、水道间湾、河口砂坝和远端砂坝 4 个微相。岩石以中-细砂岩、粉砂岩为主，颗粒分选和磨圆较好，石英含量较高。纵向上反旋回沉积特征明显，发育大量三角洲沉积中常见沉积构造。此外，局部井段见扇三角洲沉积，主要发育扇三角洲前缘亚相中水下分流河道和河口砂坝微相。岩性主要以砂砾岩、含砾粗砂岩为主，砾石最大直径达 6cm，颗粒分选较差，混杂堆积，见植物树干。

JZ9-3 构造实质上是陆地辽海中央凸起带向西南方向在辽西凹陷的浸没端，该凸起北东较高，而南西较低。区域沉积相研究结果认为该区域古水流方向为北东至南西向。北东向古水流在本区形成由北东向南西不断推进的三角洲和扇三角洲沉积，在平面上表现为水下分流河道-河口砂坝-远端砂坝等微相的相互迭置。由于河流不断改道，使得砂体叠合连片，连通性较好。水样分析资料（见表 1-2）表明，JZ9-3 油田馆陶组地层水（清水）为 Na_2SO_4 型，pH 6.5，总矿化度 1248mg/L（W2 号井）。东下段储层地层水为 $NaHCO_3$ 型，pH 7.5，总矿化度约 6500mg/L。

表 1-2 地层水分析

井号	层位	取样深度/m	离子浓度/(mg/L)							总矿化度/(mg/L)
			K^++Na^+	Mg^{2+}	Ca^{2+}	Cl^-	SO_4^{2-}	HCO_3^-	CO_3^{2-}	
W2	Ng		354	7	76	541	29	241	0	1248
JZ9-3-5	Ed	1725～1734	2190	39	52	2482	96	1501	132	6491
			2098	39	92	2393	—	1641	138	6401

6）QHD32-6 油田

QHD32-6 油田钻遇单层砂体基本为复合河道砂岩体，属正韵律和复合韵律，其中明化镇组为曲流河沉积，馆陶组为辫状河沉积。明化镇组孔隙度 25%～45%，平均 35%；渗透率 $0.1\mu m^2$～$11.487\mu m^2$，平均 $3\mu m^2$。馆陶组孔隙度 25%～43%，平均 40%。渗透率 $0.5\mu m^2$～$18.443\mu m^2$，平均 $3\mu m^2$。

钻后总储量 $1.8951 \times 10^8 m^3$，比 ODP（$1.7707 \times 10^8 m^3$）增加 7%，但 ODP 设计主力油组储量大幅度减少（北、南和西分别减少 48%、26%和 16%），同时储量分布更为分散，储量品质变差。

QHD32-6 油田储层原油黏度分布：

① 北区

原油黏度：Nm1、Nm2 油组 260mPa·s，Nm3、Nm4 油组 43mPa·s。

地饱压差：Nm1、Nm2 油组 6.5MPa，Nm3、Nm4 油组 12MPa。

原始溶解气油比：Nm1、Nm2 油组 $17m^3/m^3$，Nm3、Nm4 油组 $31m^3/m^3$。

体积系数：Nm1、Nm2 油组 1.054，1.092。

② 南区

原油黏度：Nm1、Nm2 油组 74mPa·s，Nm3、Nm4 油组 30mPa·s。

地饱压差：Nm1、Nm2 油组 8.1MPa，Nm3、Nm4 油组 9.7MPa。

原始溶解气油比：Nm1、Nm2 油组 $19m^3/m^3$，Nm3、Nm4 油组 $25m^3/m^3$。

体积系数：Nm1、Nm2 油组 1.062，Nm3、Nm4 油组 1.075。

③ 西区

原油黏度：Nm1、Nm2 油组 226mPa·s～281mPa·s。

地饱压差：Nm1、Nm2 油组 4.1MPa～5.1MPa。

原始溶解气油比：Nm1、Nm2 油组 $8m^3/m^3$～$11m^3/m^3$。

体积系数：Nm1、Nm2 油组 1.037。

QHD32-6 油田原油具有黏度高、密度大、胶质沥青质含量高、含硫量低、含蜡量低和凝固点低等特点，属重质稠油。QHD32-6 油田北区投产后取流体样品分析，确定 API 重度（60℃）为 14.3～17.3，黏度（50℃）286mPa·s～1113mPa·s，胶质含量 24%～25%，含蜡量 2.88%，含硫量 3.62%。

1.1.2　开发现状和存在问题

（1）典型油田概述

1）SZ36-1 油田

目前 SZ36-1 油田聚合物驱已经进入中后期，储层岩石冲刷和破坏程度比较严重，导致聚合物溶液沿高渗透层窜流，这不仅降低聚合物溶液波及效果，而且使得产出液聚合物浓度较高，处理难度加大。此外，抗盐聚合物熟化效果较差，现有井口过滤装置未能有效发挥过滤作用，未熟化聚合物胶粒在井筒内聚集和滞留，引起堵塞和注入压力虚高。尽管采取了多轮次酸化，但酸化有效期短，不能从根本上解决注入压力虚高问题。

2）LD10-1 油田

① 注聚工艺问题　平台现有聚合物分散和熟化装置还不能适应海上油田注

聚配注技术要求。聚合物熟化效果差引起注入压力虚高，减小储层吸液压差有效供给。LD10-1 油田 WHPA 平台各个取样点聚合物溶液黏度检测结果见表 1-3（65℃，布氏黏度计转子转速 6r/min，母液聚合物浓度 7500mg/L）。

表 1-3　黏度检测结果

序号 \ 项目	取样点和液体类型	黏度/mPa·s	相对于罐中母液黏度损失/%
时间：2015 年			
1	熟化罐中母液	548.0	
2	泵前母液	335.0	38.9
3	泵后母液	285.0	48.0
时间：2017 年			
1	实验室配制母液	578.2	
2	熟化罐中母液	488.7	
3	泵前母液	467.3	4.4
4	泵后母液	348.7	28.6

从表 1-3 可以看出，2015 年检测时，与熟化罐中聚合物母液相比较，泵前母液黏度 335.0mPa·s，黏度降低了 213mPa·s，损失率 38.9%。泵后聚合物溶液黏度又较泵前下降了 50mPa·s。与罐中母液相比较，泵后黏度损失率 48.0%。此外，由于水井完井绕丝筛管孔径为 70 目，经 40 目筛网过滤聚合物溶液中仍存在未熟化聚合物胶粒。因此，筛管过滤作用造成聚合物胶粒在井底聚集和堵塞，进而引起压力损失增加和注入压力虚高。由此可见，为改善和提高 LD10-1 调驱增油降水效果，必须改进聚合物熟化效果，增加注入压力有效供给。

② 注聚开发油藏储层内大孔道发育状况　依据油井月度产水和产油统计数据，计算水油比 WOR 和曲线回归系数，将回归直线斜率与标准比较，据此判断是否存在大孔道或水流优势通道，并且确定优势通道级别。相关参数计算结果见表 1-4，回归直线斜率及相应大孔道优势级别见表 1-5。

表 1-4　直线斜率与大孔道对应关系

斜率 a	$K_g/\mu m^2$	$R/\mu m$	优势级别
$a>100$	>100	>60	一级
$10<a\leqslant100$	10~100	20~60	二级
$1<a\leqslant10$	1~10	10~20	三级
$0.1<a\leqslant1$	<1	<10	四级

表 1-5　调驱区块受效井大孔道优势级别

聚驱受效井	回归斜率	优势级别	聚驱受效井	回归斜率	优势级别	聚驱受效井	回归斜率	优势级别
A08	11.084	二级	A15	4.7476	三级	A37	2.3939	三级
5A36	23.814	二级	A17	5.0856	三级	A38	4.1746	三级
A45	13.204	二级	A20	1.4853	三级	A39	3.0401	三级
A04	3.1502	三级	A21H	2.2708	三级	A40	1.848	三级
A09	3.7395	三级	A22	4.0276	三级	A44	2.6398	三级
A11	2.5717	三级	A24	4.5938	三级	A47	3.7549	三级
A12	2.6508	三级	A26H	6.154	三级	A28	0.2604	四级
A13	3.7721	三级	A34	5.6283	三级	A49	0.5305	四级

从表 1-5 可以看出，在 8 口聚驱受效井中，A08、A36 和 A45 井大孔道优势级别为二级，A28 和 A49 井为四级，其余井为三级。由此可见，注采井间地层中存在大孔道可能性较高，在编制调整方案时必须考虑大孔道或高渗透条带治理等配套措施。

③ 注聚开发对储层非均质性的影响　LD10-1-2 和 LD10-1 A21S1 井取心资料见表 1-6。可以看出，两井岩心最大渗透率 K_g=6174.4×$10^{-3}\mu m^2$ 和 11472.3×$10^{-3}\mu m^2$。与开发初期老井 LD10-1-2 井相比较，近期调整井 LD10-1 A21S1 井主力层渗透率级差增加了 1.85 倍。考虑到调整井位于注采井间中部区域，调驱剂（水或聚合物溶液）对储层岩石冲刷作用强度较低，岩石结构破坏作用较弱。与注采井间中部区域相比较，调驱剂对近井地带储层岩石冲刷和破坏作用要强许多，因而渗透率级差增加倍数要远大于 1.85。由此可见，对于储层岩石胶结强度较低油藏，注水或注聚开发会在短时间内严重加剧储层非均质性，导致调驱剂沿大孔道或特高渗透层突进，形成低效或无效循环，最终导致开发效果变差。因此，大孔道或特高渗透层治理问题必须引起高度重视。

表 1-6　取心井物性参数对比

油井	取心时间	油层名称	垂深/m	最大渗透率/$10^{-3}\mu m^2$	渗透率级差（无因次）
LD10-1-2	2002 年 9 月 13 日	Ⅱ油组	1558.2	6174.4	1.85
LD10-1 A21S1	2013 年 3 月 12 日	Ⅱ油组	1549.6	11472.3	

LD10-1 油田 8 口注入井储层原始物性和当前物性参数见表 1-7。可以看出，8 口井主力油层目前渗透率变异系数 V_k 和渗透率 K 值都较原始值有了大幅度增加，说明前期水驱和聚驱开发过程加剧了储层非均质性。此外，因前期注聚压力大幅度升高，中低渗透层尤其是低渗透层吸入了一定量聚合物，这会引起储层渗流阻力增加和吸液启动压力升高。因此，调整方案编制时也应当考虑采取降低中低渗透层启动压力技术措施，以便增加低渗透层吸液压差和提高吸液量。

表 1-7　储层非均质性评价汇总

井号	开采段数	V_k 范围（无因次）		主力层 K 值范围/$10^{-3}\mu m^2$		油层厚度/m
		原始	目前	原始	目前	
A01	1	18.7～63.5	18.7～117.5	14.3～908.3	14.3～1680.4	0.5～24.7
A05	1	7.1～55.1	7.1～101.9	30.7～1691.8	30.7～3129.8	2.6～15.4
	2	1.0～1.5	1.0～2.8	359.7～542.7	359.7～1004.0	1.1～1.4
	3	1.0～2.4	1.0～4.5	250.7～607.1	250.7～1123.1	4.6～10.5
A10	1	2.0～7.7	2.0～14.2	206～1583.4	206～2929.3	0.9～22.2
A14	1	1.0～18.2	1.0～33.6	24.2～439.8	24.2～813.6	3.4～3.4
	2	1.0～2.2	1.0～4.1	753.8～1674.3	753.8～3097.5	1.9～2.7
	3	（测井资料不全，渗透率等重要参数缺失，但该段进行射孔并生产）				
A16	1	1.1～3.0	1.1～5.6	745.8～2259.3	745.8～4179.7	1.3～30
A23	1	4.6～37.8	4.6～69.9	36.1～1364	36.1～2523.4	1.0～13.2
A35	1	1.0～1.4	1.0～2.7	2204.4～3187.1	2204.4～5896.1	3.3～6.8
	2	1.1～2.2	1.1～4.0	1176.1～2539.1	1176.1～4697.3	1.2～6.0
	3	1.1～5.2	1.1～9.6	423.6～2197.7	423.6～4065.7	1.0～5.2
A43	1	1.0～1.3	1.0～2.4	1826.3～2404.4	1826.3～4448.1	1.9～10.8
	2	1.0～1.1	1.0～1.9	1579.1～1668.2	1579.1～3086.2	1.7～8.5

④ 大孔道对储层平均渗透率的影响　通过在人造均质岩心上钻孔和填砂,设计了一组实验用以考察大孔道或特高渗透条带对储层平均渗透率的影响,钻孔填砂岩心渗透率测试数据见表 1-8。

表 1-8　渗透率实验数据

（孔深/岩心长度）/%	10			20			30		
（孔眼截面面积/岩心端面面积）/%	3.38	9.92	24.23	3.38	9.92	24.23	3.38	9.92	24.23
基质岩心 K_{w1}/$10^{-3}\mu m^2$	2963	2982	2912	2989	3022	2963	3020	3064	2873
填砂孔眼岩心 K_{w2}/$10^{-3}\mu m^2$	3050	3152	3141	3167	3352	3458	3289	3592	3567
填砂孔眼对岩心平均渗透率的贡献率/%	2.94	5.70	7.86	5.96	10.92	16.71	8.90	17.23	24.16

注:岩心填砂孔眼渗透率 $K_w=19080\times10^{-3}\mu m^2$。

从表 1-8 可以看出,在"孔深/岩心长度"比一定条件下,随孔径增加,填砂孔眼对岩心平均渗透率贡献率增加。在"孔眼截面面积/岩心端面面积"比一定条件下,随孔深增加,填砂孔眼对岩心平均渗透率贡献率增加。进一步分析发现,当"孔深/岩心长度"比小于10%、"孔眼截面面积/岩心端面面积"比小于24.23%时,填砂孔眼对岩心平均渗透率贡献率小于7.86%。当"孔深/岩心长度"比小于

20%、"孔眼截面面积/岩心端面面积"比小于 24.23%时，填砂孔眼对岩心平均渗透率贡献率小于 16.71%。当"孔深/岩心长度"比小于 30%、"孔眼截面面积/岩心端面面积"比小于 24.23%时，填砂孔眼对岩心平均渗透率贡献率小于 24.16%。综上所述，填砂孔眼对岩心平均渗透率贡献率不高。由此可见，在注水或注聚开发过程中，即便注采井附近区域形成了高强度优势通道或特高渗透条带，但储层平均渗透率增加幅度却不大。

3) QHD32-6 油田

QHD32-6 油田属于低幅度油藏，油柱高度低，油气水系统复杂，局部天然能量强（边、底水）。此外，由于射孔层位多，生产井段长，面临着多套不同流体性质油层和不同油藏类型合采问题，必然引起层间干扰和含水上升快等问题。油田弹性能量较小，溶解气油比低，只有 Nm2 油组底水能量充足，所以考虑到充分利用天然能量。利用人工注水方式给其它油组注水，Nm2 油组暂时不考虑注水，注水时考虑注采平衡。

油藏地质分析认为，QHD32-6 油田高含水主要原因是由于开发井钻后底水油藏储量比例较 ODP 阶段增大，同时又采用一套层系合采不同类型油藏，加之底水油藏油柱高度低、油水黏度比大和油层段 K_v/K_h 值大等因素影响，导致油田含水上升快。油田产水主要来自以下 3 种形式：底水锥进；边水推进；水窜。

（2）总体开发现状

目前渤海油田群已经进入"双高"开发阶段（见图 1-1 和图 1-2），开发形势十分严峻。

针对渤海"双高"油田开发过程中面临问题，科技人员开展了大量技术研究和现场应用。2002 年以来成功实施调剖调驱措施 300 余井次，累计增油超过 $120×10^4t$，有效提高了井组阶段采油速率。经过多年攻关及现场应用，目前已初

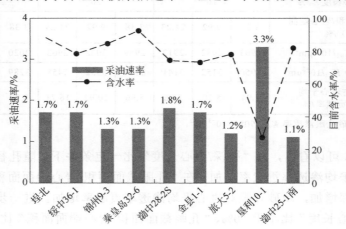

图 1-1 采油速率和含水率统计

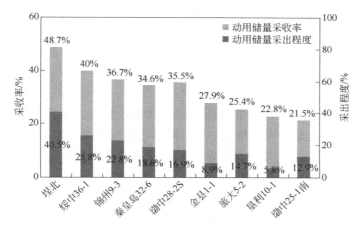

图 1-2 动用储量采收率和采出程度统计

步形成了酚醛树脂交联聚合物凝胶、有机铬交联聚合物弱凝胶和聚合物微球等系列调剖调驱技术，为渤海油田"稳油控水"提供了技术保障。但也必须看到，目前治理措施还比较单一，井点比较分散，应用规模较小。

随着油田开发逐渐进入"双高"开发阶段，注采井间发生多方向立体窜逸，窜流前缘已至油藏深部，剩余油主要富集在油藏深部中低渗透层，原有"单一、分散和小规模"治理措施已经不适应现有油藏储层现状，难以取得预期"稳油控水"效果。针对储层非均质特征和剩余油分布特点，必须从宏观和微观两方面入手，建立"堵/调/驱"一体化治理技术理念。采用高强度封堵剂，堵塞优势流动通道，消除注采井间窜流，扩大宏观波及体积。采用非均相复合体系调驱剂，调整中高渗透层吸液剖面，扩大微观波及体积。采用高效乳化降黏型表面活性剂驱油剂，降低中低渗透储层内原油黏度和提高驱油效率。由此可见，为确保"堵/调/驱"一体化治理取得预期"稳油控水"效果，一要研制高效低成本"堵/调/驱"药剂，二要优化药剂注入方式。

1.2
堵水调剖技术现状和发展趋势

1.2.1 堵水调剖剂种类

1）聚合物凝胶类

目前国内外使用次数最多、应用范围最广的堵水调剖剂是聚合物凝胶类，国内主要使用部分水解聚丙烯酰胺（或丙烯酰胺）与交联剂（有机和无机）形成聚合物凝胶，国外主要聚合物包括聚丙烯酰胺、聚丙烯腈、木质素磺酸盐、生物聚合物和两性聚合物等与交联剂反应形成聚合物凝胶。该类堵剂封堵机理以聚合物凝胶在岩石孔隙内捕集作用为主，兼有化学吸附功效。

2）颗粒类

该类堵水调剖剂可分类为非体膨型颗粒（如石灰乳、果壳和青石粉等）和体膨型颗粒（如轻度交联聚丙烯酰胺、聚乙烯醇粉和预交联凝胶颗粒等）。这类堵水调剖剂堵水作用机理主要是物理堵塞作用，包括捕集和絮凝作用。该类堵水调剖剂使用前要首先确定颗粒粒径与储层孔喉尺寸间匹配关系。

3）无机盐沉淀类

该类堵水调剖剂是将两种可以发生化学反应的液体交替注入储层，它们在孔隙内接触后发生化学反应，形成沉淀物，滞留在岩心孔隙内，减小孔隙过流断面，增加渗流阻力。该类堵水调剖剂所用两种反应液黏度较低，更容易实现选择性进入高渗透层，对中低渗透层伤害程度较低，因而可以取得较好封堵效果。

4）微生物类

许多微生物可视为颗粒，如葡聚糖 b 球菌和硫酸盐还原菌等，它们可以在岩心孔隙内滞留，产生渗流阻力。与其它颗粒相比较，微生物颗粒大小分布较窄，因而可以只对某一级别的孔道或渗透层产生封堵作用，而其它较小孔道储层可以不受影响。

5）泡沫类

该类堵水调剖剂依靠稳定泡沫流体在储层孔隙内液阻和贾敏效应共同叠加形成渗流阻力，从而达到提高注入压力和增加中低渗透层吸液压差作用，最终达到提高注入水波及体积和驱油效率目的。

6）其它类

该类堵水调剖剂包括水泥类（油基水泥、超细水泥和泡沫水泥等）和乳状液类等，其中乳状液包括 W/O 型和 O/W 型。

根据油藏地质特征和非均质状况，通常将几种堵水调剖剂组合使用，以满足储层不同区域对堵水强度不同需求。

1.2.2 堵水调剖剂封堵机理研究现状

（1）国内研究现状

李爱芬等人提出复合离子聚合物冻胶封堵机理，聚合物中酰胺基团通过氢键作用吸附在冲刷暴露出的岩石表面上，而阳离子基团与带负电砂岩表面间有较强结合力，使聚合物分子牢固地吸附在岩石表面，提高了成胶后聚合物凝胶抗冲刷能力。聚合物分子具有柔性，在泵送过程中呈伸展状态，进入地层后因流速降低分子松弛形成螺旋状，堵塞孔隙喉道，形成所谓机械捕集作用。此外，聚合物成胶后形成体型聚集体，分子线团尺寸明显增加，进一步提高了凝胶在储层内机械捕集即堵塞作用。

中国石油大学研究人员对颗粒类堵剂堵水调剖机理研究表明，颗粒封堵包括絮凝堵塞、积水膜降低渗透率和耦合作用机理。中国石油勘探开发研究院采油所技术人员利用可视化物理模拟方法研究了体膨颗粒和弱凝胶在孔隙介质中的运移规律，提出了"变形虫"和"蚯蚓虫"封堵机理，认为聚合物体膨颗粒在多孔介质内呈现"蚯蚓虫"爬行运动特征，颗粒在地层孔喉中不断运移，从而改变地层深部压力场分布，这使得后驱替液发生深部液流转向，波及中低渗透层或小孔隙中剩余油，最终达到抑制窜流、扩大波及体积和提高原油采收率目的。

聚合物微球是一种高分子材料微球水溶液，微球粒径依据储层孔喉尺寸调节，其粒径尺寸范围纳米到微米之间。聚合物微球未膨胀前可传输运移到储层深部，通过搭桥和膨胀增加渗流阻力。当驱替压力梯度超过一定值后，微球可以变形，再次发生运移，并在孔隙内重新滞留，进而形成二次封堵。与聚合物溶液相比较，微球粒径分布较窄，具有"堵大不堵小"封堵特性，它优先进入剩余油饱和度较低原水流通道，增加渗流阻力，提高注入压力，从而使携带液（水或表面活性剂溶液）转向进入剩余油饱和度较高的小孔隙，提高了波及体积。目前，聚合物微球研制和运用受到国内石油科技工作者高度重视。

预交联体膨颗粒是一种具有网状结构和强亲水性高分子化合物，其封堵作用过程可概括为 3 个方面：①变形驱动，体膨颗粒驱替进入孔隙喉道后发生机械捕集，随喉道上下游压差增大，体膨颗粒发生形变和运移。②压力波动，体膨颗粒在孔隙喉道处发生捕集作用后，喉道上下游压差逐渐增加。当压差达到某一临界值后，颗粒会突然快速通过喉道，喉道内流水瞬时移动，形成压力波动，压力波动具有重新分布油水能力，使孔道中水油相对渗透率比值大幅下降，产生良好的封堵效果。③剪切破碎，在颗粒通过孔隙喉道过程中，剪切作用致使部分颗粒发生破碎，破碎颗粒可以填补颗粒桥堵中存在的孔隙，增加封堵作用强度，改善深部液流转向效果。

泡沫是一种可压缩非牛顿流体，具有低漏失、低密度、低伤害和遇水稳定而遇油稳定性变差等特点，泡沫中气泡通过狭小孔喉时，界面变形，致使前后端面曲率不等，产生贾敏效应。此外，气泡液膜与孔隙壁面间的摩擦、气泡与气泡之间以及气泡与储层流体间的摩擦作用，也产生较大渗流阻力，产生良好的液流转向效果。

（2）国外研究现状

国外许多学者也对堵水调剖剂性能及其封堵机理进行了研究，取得了重要认识。美国 Jenn-Tai Liang、Haiwang Sun 和 R.S.Seright 等研究认为，聚合物凝胶具有选择性堵水功效，堵水能力强于堵油能力，其原因在于水基凝胶主要进入水流通道，对水未波及区域油流通道影响不大。White 通过岩心实验发现，部分水解聚丙烯酰胺堵水作用机理包含吸附即亲水膜、动力捕集和物理堵塞机理，并指出交联聚合物封堵机理主要在于物理堵塞。

Seright 采用贝雷砂岩驱替实验和示踪剂技术研究发现，强凝胶封堵率受岩心渗透率影响较小，即它可以使不同渗透率岩心最终渗透率值减小到几乎同一个值。对于弱凝胶，随岩心渗透率增加，封堵率增大，但随注水速度增加残余阻力系数减少，二者间具有较好的双对数关系。Abrams 等人提出了颗粒类堵剂形成桥堵"三分之一"架桥规则，即当"岩石孔径/颗粒粒径<3"时，颗粒通过架桥作用在岩石表面形成滤饼，而不是进入孔隙内部；当"3<孔径/颗粒粒径<9"时，颗粒易于进入储层孔隙内部形成内泥饼，此时侵入深度一般为几厘米；当"孔径/颗粒粒径>9"时，颗粒易进入储层深部。

综上所述，国内外研究人员在堵水调剖宏观和微观物理模拟以及相关机理分析方面做了大量研究工作，其成果和认识对矿场实践具有较大指导意义。与国外相比，国内在调剖堵水研究方面起步较晚，但研究水平和应用规模都处于世界先进行列。目前，堵水调剖技术正朝着方便施工、低成本、多功能和高效率方向发展，由原来单井堵水调剖发展为区块堵水调剖，由近井地带堵水调堵发展为深部堵水调剖，由单一堵水调剖剂发展为聚合物微球、聚合物凝胶和体膨颗粒等组合。

1.2.3 堵水调剖技术面临问题和发展趋势

国内油田普遍采用注水开发方式，由于储层非均质性严重和原油黏度较高等原因，油井含水上升速度较快。目前，国内油田油井平均含水率已达 80%以上，东部地区老油田含水已达 94%以上。油田堵水调剖工作量逐年增大，技术难度不断增加，剩余油潜力也持续降低。由此可见，不断完善和发展堵水调剖技术对油田"稳油控水"和提高采收率都具有十分重要意义。

目前油田堵水调剖技术面临的主要问题包括：

① 对于高温高矿化度油藏，亟待开发耐温和抗盐性好的堵水调剖剂；

② 对于厚度大、非均质严重的层内非均质油藏，亟须开发具有选择性堵水调剖剂或暂堵施工工艺；

③ 随着油藏开发逐渐进入中高和特高含水开发期，剩余油主要分布在远离注入井的中低渗透层，技术上要求堵水调剖剂段塞尺寸要足够大，这就要求一步降低堵水调剖剂药剂费用，因而亟待开发高效低成本堵水调剖剂；

④ 随着油藏开发逐渐进入中高和特高含水开发期，储层地质特征呈现多样性和复杂性，单一药剂难以兼顾封堵强度和封堵深度，采用多种类型堵水调剖剂组合可以解决这一技术难题。

堵水调剖技术发展趋势可以概括为：

① 深部液流转向技术与油藏工程理论结合日益紧密；

② 基于分子设计原理的聚合物微球类转向剂研究已经取得重要进展，实现"堵大不堵小"技术需求指日可待；

③ 强凝胶应当具备初始黏度低（注入性好）和孔隙内成胶强度等技术特点，以确保实现大排量注入又不伤害非目的层技术目标；

④ 水平井开发技术极大地提高了单井产量，但注入水和边底水突进严重威胁着水平井开发效果，因此，水平井堵水调剖技术亟待得到长足发展；

⑤ 大孔道识别技术已经取得重要进展，但与矿场实际需求还存在较大差距，亟待解决大孔道识别平均渗透率与近井地带真实渗透率和区域之间的关系。

1.3
调驱技术现状和发展趋势

1.3.1　调驱技术现状

（1）聚合物/表面活性剂二元体系

继聚合物驱油技术之后，20 世纪 80 年代初"碱/表面活性剂/聚合物"三元复合驱又成为一项大幅度提高原油采收率技术。碱、表面活性剂和聚合物三者间可以产生协同效应，碱不仅能减小聚合物和表面活性剂在岩心中滞留的损失，还能拓宽表面活性剂与原油间超低界面张力范围，聚合物液流则发挥液流转向作用。因此，三元复合驱可以比水驱提高采收率 20%左右。近年来，三元复合驱正在成为国内大庆、胜利和新疆等油田大幅度提高采收率技术之一。但在矿场实践中也发现，碱不仅降低了聚合物溶液黏度，削弱了三元复合体系扩大波及体积能力，而且还引起碱蚀和结垢问题，给油田人工举升系统和地面集输管网正常工作带来极大困扰。与三元复合驱相比较，二元复合驱可以最大限度发挥聚合物溶液液流转向作用。在聚合物浓度相同条件下，二元复合驱可以比三元复合驱取得更高驱油效率和更大波及体积，相应采收率值也就较高。

美国 Oryx 能源公司在得克萨斯州 Eastland 郡 Ranger 油田进行了水驱后聚合物/表面活性剂二元复合驱先导试验，原油采收率提高了 25%，技术经济效果十分明显。国内科技工作者也进行了聚合物/表面活性剂二元复合驱技术研究，也取得明显的增油降水效果。李孟涛等配制了聚合物/阳离子表面活性剂二元体系，其与原油间界面张力达 10^{-2} mN/m❶数量级，物理模拟采收率幅度达到 20%。刘莉平等

---

❶ 1mN/m=1mPa·m，余同。

配制了聚合物/阴离子表面活性剂二元复合体系，其与模拟油间界面张力也能达到 10^{-2}mN/m 数量级。夏惠芬等配制了甜菜碱表面活性剂/聚合物二元体系，其与原油间界面张力可达到 10^{-3}mN/m 数量级，可以减小水驱残余油饱和度。

综上所述，聚合物/表面活性剂二元复合驱技术已经成为化学驱技术发展方向之一，聚合物/表面活性剂二元复合驱技术用于渤海油藏提高采收率是一个发展方向，但一些技术参数需要进一步优化。

（2）聚合物微球调驱技术

聚合物微球具有良好的水化膨胀特性，并且与线型聚合物相比，聚合物微球溶液黏度很低，且呈现较强假塑性。同时，聚合物微球原始尺寸远远小于地层岩石孔喉尺寸，可以随携带液顺利进入到储层深部，能够满足深部调驱技术"进得去、堵得住和能移动"的技术要求。在地层深部聚合物微球可以不断水化膨胀，进一步增加流动阻力，依靠滞留和架桥封堵作用在孔喉处形成堵塞，从而实现注入水液流转向和深部调驱，最大限度地提高注入液波及体积。因此，国内外对聚合物微球深部调驱技术十分重视，并出现了许多新型聚合物微球合成技术。

1）国外技术现状

BP 石油公司研究人员提出了"Bright Water"深部调驱颗粒技术，经多年不断完善，证明它是一种优良的深部调驱技术，在印度尼西亚 Minas 油田首次应用该技术进行注水井调剖先导试验，试验证明大量调驱剂注入储层后并没有明显增加注入压力或堵塞近井地带，调驱剂可以在岩石孔隙介质中运移，在预先设计时间内发生膨胀。俄罗斯 IFP 研究机构研究出了一种尺寸可控凝胶颗粒深部调驱技术，所采用聚合物是丙烯酰胺/丙烯酸盐/磺酸盐基团三元共聚物，其用四价锆盐或三价铬盐作交联剂，而颗粒之间具有静电排斥力，可单层吸附在岩石表面而优先减少水相渗透率。该凝胶颗粒可在孔隙介质中运移传递，因此可起到较好的渗透率调节作用，使得油井产水量减少。该技术的另一个显著特点是，地面成胶凝胶颗粒体系是高度交联的含磺酸盐基团体系，大大增强了其抗温和抗盐性。该技术进行了多个矿场试验，均取得了较好技术经济效果。Zaitoun 等首次报道了这种凝胶颗粒体系在气井堵水作业中的成功应用情况，Chauveteau 等对如何控制成胶时间和凝胶颗粒尺寸作了细致研究。他们研究了乳酸锆/磺化聚丙烯酰胺颗粒凝胶体系，并研究了 XANES 和 EXAFS 形态，结果表明交联剂形态可能为二聚体、四聚体和伴生四聚体等，取决于 pH 值和锆离子浓度。

2）国内技术现状

近几年来，国内研究者发展了一项聚合物活性颗粒调驱技术，他们用乳液和微乳液等以不同聚合方法制备了尺寸从几十、几百纳米到近百微米弹性小球体，可以与不同油层孔隙喉道相匹配。2005 年赵怀珍等采用反相微乳液法聚合制备了聚合物微球，2006 年王涛等给出了 NaCl、Ca^{2+} 和 Mg^{2+} 离子浓度对颗粒溶胀规律的影响，探索了总矿化度和温度对颗粒体系膨胀速度的影响，表明颗粒膨胀粒径大小是封堵效果的重要决定因素。2007 年熊廷江等研究了孔喉尺度聚合物凝胶颗粒在线调剖技术，矿场试验结果表明该技术有效控制了油井含水率回升速度，达到提高采收率目的。张增丽等通过物理模拟实验研究了矿化度和温度对微球吸水膨胀规律和封堵效果的影响。2008 年王代流等通过岩心驱替实验等对聚合物微球调驱体系性能进行了探索和评价，实验结果表明微球可以产生有效封堵，增加渗流阻力和提高注入压力。2009 年贾晓飞等提出了微球膨胀动力学方程，绘制了微球膨胀倍数理论图版，对确定与岩石孔喉相匹配的微球粒径具有重要意义。2010年陈治中通过室内实验结合目标油田油藏地质状况，选择了 3 种不同粒径和胶结类型微球体系进行评价。刘承杰等通过室内实验表明，聚合物微球初始粒径较小，具有良好的注入性和遇水膨胀性能，膨胀后由于微球表面所带电荷使其能相互黏结聚并，从而形成尺寸更大的聚集体。通过双管并联岩心分流率实验表明，微球优先进入高渗透层，能有效改善高低渗透层间非均质性。驱油实验表明，微球调驱可在聚合物驱基础上提高采收率 10% 以上。胜利油田矿场实践表明，微球调驱后注入井油压上升，显著改善了吸液剖面返转现象，受效井含水率下降，取得了显著的增油效果。2012 年姚传进等根据孔喉尺度弹性微球调驱技术封堵原理，引入颗粒粒径匹配系数，通过物理模拟实验分析了弹性微球封堵性能以及渗透率级差对改善吸液剖面能力的影响。2013 年李蕾等采用反相悬浮聚合技术合成了聚合物微球，采用双管并联填砂管岩心流动实验，探讨聚合物微球分流能力，以及不同浓度微球体系对分流效果的影响。宋岱锋通过室内实验，评价了聚合物微球初始粒径、膨胀性能、耐温耐盐能力、不同阳离子和阴离子浓度对聚并程度规律的影响，采用双管并联岩心评价了聚合物微球分流能力和提高采收率能力。2014 年杨俊茹等采用交联聚合物微球-聚合物复合调驱技术进行实验，给出了复合体系组成、注入速度、注入量等对驱油效果的影响，并对注入参数进行了优化。

　　3）聚合物微球与聚合物溶液的比较

　　渤海 SZ36-1、LD10-1 和 JZ-93 等油田开展了聚合物驱油矿场试验，由于海上油田自身条件限制，在聚合物熟化和采出液处理等方面还存在诸多技术难题，这极大地限制了聚合物驱油技术潜力发挥。与聚合物溶液相比较，聚合物微球粒径分布较窄（见图 1-3），拥有"堵大不堵小"技术特点，可以与携带液水发挥协同作用，驱替中小孔隙内剩余油。微球还具有缓膨功能，在岩心孔隙呈现"捕集—运移—再捕集—再运移……"渗流特征，可以实现深部液流转向。此外，聚合物微球可以实现在线配制和注入，配注设备占据空间较小。因此，聚合物微球调驱技术在渤海油田具有极大应用前景。

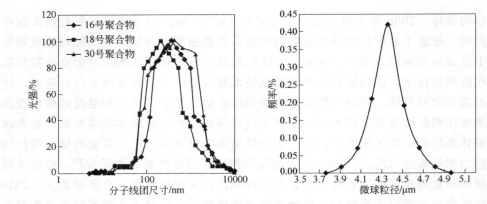

图 1-3　聚合物分子聚集体与微球颗粒粒径分布对比

1.3.2　发展趋势

　　目前，国内大庆、吉林、辽河、胜利和渤海等油田已经进入中高含水或特高含水开发期，经过长期注水或注聚开发，一方面储层尤其是高渗透层岩石结构遭到破坏，油藏非均质性进一步加剧；另一方面，剩余油平面上主要分布在远离主流线的两翼部位，纵向上主要分布在远离注入井的中低渗透层。因此，单纯调剖或调驱难以有效动用剩余油，"堵/调/驱"即"堵水+调剖+调驱"联合作业成为老油田提高采收率技术发展趋势。

第2章
优势通道封堵剂组成构建、性能测试和结构表征

渤海地区主要油田储层具有厚度大、平均渗透率高、非均质性强、岩石胶结强度低、注采井距大和单井注采强度高等特点，经历长期注水注聚开发，储层结构破坏严重，形成了优势通道，这进一步加剧了储层非均质性，注入液低效或无效循环日趋严重，优势通道治理已经成为制约开发效果的主要技术难题。目前，聚合物凝胶和"淀粉-丙烯酰胺"凝胶是国内油田大孔道或特高渗透条带治理的主要封堵剂，但二者均具有初始黏度高和注入性差等缺点，极易伤害中低渗透层，削弱调剖施工效果。本章拟开发出一种"有机+无机"复合交联立体窜逸封堵剂（简称复合凝胶），它具有初始黏度低、注入性好、封堵强度高和药剂费用低等特点。

2.1 测试条件

2.1.1 实验材料

"有机+无机"复合交联立体窜逸封堵剂（简称复合凝胶）由聚合硫酸铝铁、聚合氯化铝、尿素、丙烯酰胺、交联剂（N,N-亚甲基双丙烯酰胺）、引发剂（过硫酸铵）、无水亚硫酸钠和羟丙基淀粉等组成，药剂从市场购买。

实验用水为 SZ36-1 和 QHD32-6 油田注入水，水质分析见表 2-1。

表 2-1   水质分析

水型	离子组成及含量/(mg/L)							总矿化度/(mg/L)
	$K^+ + Na^+$	Ca^{2+}	Mg^{2+}	Cl^-	SO_4^{2-}	CO_3^{2-}	HCO_3^-	
SZ36-1	2758.3	627.65	249.4	6313.29	91.38	0	166.45	10206.5
QHD32-6	921.72	75.1	7.5	737.5	12.6	61.6	1077.7	2893.7

实验用油为 QHD32-6 油田脱气原油。实验用黏土矿物为模拟目标油藏矿物组成人工配制，其中蒙脱土、伊利土和高岭土比例分别为 3.26%、81.52% 和 15.22%。

2.1.2　仪器设备

复合凝胶配制和储存仪器设备包括 HJ-6 型多头磁力搅拌器、电子天平、烧杯、试管和 HW-ⅢA 型恒温箱（见图 2-1）等。

图 2-1　HW-ⅢA 型恒温箱

采用 JYL-C051 型搅拌器对成胶前复合凝胶溶液实施预剪切，借以模拟矿场配制和注入过程中所受到的剪切作用，搅拌器转速 15500r/min～22000r/min。采用 TC-201 型布氏黏度仪测试凝胶黏度。

除特殊说明外，上述实验温度为 65℃。

2.1.3　方案设计

（1）复合凝胶成胶速度及影响因素

优化方法：采用正交试验方法安排复合凝胶配方组成。选择聚合硫酸铝铁/聚合氯化铝、尿素、丙烯酰胺、引发剂和交联剂等为评价因素，正交试验因素和水平见表 2-2。

表 2-2　正交试验因素和水平

水平	因素/%				
	聚合硫酸铝铁/聚合氯化铝	丙烯酰胺	尿素	引发剂	交联剂
1	1.0	2.5	0.5	0.03	0.02
2	1.5	2.8	0.6	0.04	0.03
3	2.0	3.1	0.7	0.05	0.04
4	2.5	3.4	0.8	0.06	0.05

溶剂水：SZ36-1 油田注入水（以下简称"注入水"）。

评价指标：成胶时间。

复合凝胶配方组成设计见表 2-3，依据表 2-3 配制凝胶溶液，将其装入磨口瓶并放置在 65℃恒温箱中，定期测试黏度，依据黏度变化确定成胶时间。

表 2-3　复合凝胶组成设计

体系编号 组成及含量	聚合硫酸铝铁或聚合氯化铝/%	丙烯酰胺/%	尿素/%	引发剂/%	交联剂/%
1	1.0	2.5	0.5	0.03	0.02
2	1.9	2.8	0.6	0.04	0.03
3	1.0	3.1	0.7	0.05	0.04
4	1.0	3.4	0.8	0.06	0.05
5	1.5	2.5	0.6	0.05	0.05
6	1.5	2.8	0.5	0.06	0.04
7	1.5	3.1	0.8	0.03	0.03
8	1.5	3.4	0.7	0.04	0.02
9	2.0	2.5	0.7	0.06	0.03
10	2.0	2.8	0.8	0.05	0.02
11	2.0	3.1	0.5	0.04	0.05
12	2.0	3.4	0.6	0.03	0.04
13	2.5	2.5	0.8	0.04	0.04
14	2.5	2.8	0.7	0.03	0.05
15	2.5	3.1	0.6	0.06	0.02
16	2.5	3.4	0.5	0.05	0.03

（2）复合凝胶成胶效果及影响因素

① 抗稀释性

体系编号：体系 4、体系 8、体系 10 和体系 15；

溶剂水：注入水；

稀释条件：$V_{稀释水}/V_{凝胶}$=1∶10、1∶5 和 1∶2，稀释水为模拟注入水；

评价指标：复合凝胶成胶黏度和成胶时间。

② 抗剪切性

体系编号：体系 4、体系 8、体系 10 和体系 15；

溶剂水：注入水；

剪切时间：10s、20s、30s 和 60s；

评价指标：复合凝胶成胶黏度及成胶时间。

③ 抗黏土性

体系编号：体系 4、体系 8、体系 10 和体系 15；

溶剂水：注入水；

黏土含量：5%、10%和15%；

评价指标：复合凝胶成胶黏度和成胶时间。

④ 耐油性

体系编号：体系4、体系8、体系10和体系15；

溶剂水：注入水；

原油含量：5%、10%和15%；

评价指标：复合凝胶成胶黏度和时间。

⑤ 耐酸性

体系编号：体系4、体系8、体系10和体系15；

溶剂水：注入水；

盐酸浓度：5%、10%和15%；

土酸组成：10%HCl+3%HF；12%HCl+5%HF；15%HCl+8%HF；

评价指标：失重率。

⑥ 耐碱性

体系编号：体系4、体系8、体系10和体系15；

溶剂水：注入水；

氢氧化钠浓度：5%、10%和15%；

评价指标：失重率。

⑦ 抗老化性

体系组成：体系4、体系8、体系10和体系15；

溶剂水：注入水；

评价指标：复合凝胶黏度与时间关系。

（3）复合凝胶配方组成进一步优化

① 丙烯酰胺浓度的影响　在2.0%聚合硫酸铝铁、0.8%尿素、0.06%引发剂和0.05%交联剂条件下，采用丙烯酰胺浓度为2.8%、3.1%、3.4%、4.0%、5.0%和6.0%进行成胶实验。

② 聚合硫酸铝铁浓度的影响　在5.0%丙烯酰胺、0.8%尿素、0.06%引发剂和0.05%交联剂条件下，采用聚合硫酸铝铁浓度为1.0%、2.0%、3.0%、4.0%、5.0%和6.0%进行成胶实验。

③ 尿素浓度的影响　在2.0%聚合硫酸铝铁、5.0%丙烯酰胺、0.06%引发剂和0.05%交联剂条件下，采用尿素浓度为0.2%、0.4%、0.6%、0.8%、1.0%和1.5%进行成胶实验。

④ 引发剂浓度的影响　在2.0%聚合硫酸铝铁、5.0%丙烯酰胺、0.8%尿素和0.05%交联剂条件下，采用引发剂浓度为0.02%、0.04%、0.06%、0.08%、0.10%和0.15%进行成胶实验。

⑤ 交联剂浓度的影响　在 2.0%聚合硫酸铝铁、5.0%丙烯酰胺、0.8%尿素和 0.06%引发剂条件下，采用交联剂浓度为 0.01%、0.03%、0.05%、0.10%和 0.15% 进行成胶实验。

⑥ 缓凝剂种类及浓度的影响　为了减缓复合凝胶成胶速度，在 2.0%聚合氯化铝、5.0%丙烯酰胺、0.8%尿素、0.1%引发剂和 0.1%交联剂条件下，采用无水亚硫酸钠、复合缓凝剂、柠檬酸和缓凝剂 701 等药剂进行成胶实验，药剂浓度为 0.002%、0.01%、0.03%、0.05%、0.07%、0.1%和 0.2%。

（4）复合凝胶成胶时间抑制方法

在复合凝胶组成（2.0%聚合氯化铝、5.0%丙烯酰胺、0.8%尿素、0.1%引发剂和 0.1%交联剂）一定条件下，分别向凝胶中加入浓度为 0.002%、0.01%、0.03%、0.05%、0.07%、0.1%和 0.2%无水亚硫酸钠、复合缓凝剂、柠檬酸和缓凝剂 701，测量凝胶成胶时间。

2.2 复合凝胶成胶机理

2.2.1　复合凝胶——无机反应

Al^{3+}在含尿素溶液中发生水解反应，水解主要反应方程式：

$$Al^{3+} + 3H_2O \rightleftharpoons Al(OH)_3 + 3H^+ \tag{2-1}$$

$$Al(OH)_3 \longrightarrow AlO(OH) + H_2O \tag{2-2}$$

$$OC(NH_2)_2 \rightleftharpoons NH_4^+ + OCN^- \tag{2-3}$$

$$OCN^- + H^+ + H_2O \longrightarrow CO_2 \uparrow + NH_3 \uparrow \tag{2-4}$$

$$NH_3 + H_2O \rightleftharpoons NH_3 \cdot H_2O \rightleftharpoons NH_4^+ + OH^- \tag{2-5}$$

$$OH^- + H^+ \rightleftharpoons H_2O \tag{2-6}$$

由反应方程式（2-1）～式（2-6）得到总反应方程式：

$$Al^+ + 3H_2O + OC(NH_2)_2 \rightleftharpoons AlO(OH) + 2NH_4^+ + H^+ + CO_2 \uparrow \tag{2-7}$$

由反应方程式（2-1）～式（2-7）可知，式（2-1）中 Al^{3+}首先水解产生 $Al(OH)_3$，然后 $Al(OH)_3$ 通过式（2-2）反应形成铝凝胶。由于 Al^{3+}在水中无法完全水解，需要相关物质促进其水解，加入尿素后，尿素电离出 OCN^-可以与式（2-1）中的 H^+

反应，减小 H$^+$ 浓度。同时，OCN$^-$ 和 H$^+$ 反应产生 NH$_3$ 在水中也可与 H$^+$ 进一步反应，从而加速 Al^{3+} 水解。当 Al^{3+} 水解形成大量 Al(OH)$_3$ 时，Al(OH)$_3$ 之间以羟基为中间体发生羟基桥联，最终形成足够强度无机铝凝胶。

2.2.2 复合凝胶——有机反应

复合凝胶中有机反应主要通过丙烯酰胺单体聚合及聚丙烯酰胺与 N,N-亚甲基双丙烯酰胺间交联来实现。

（1）丙烯酰胺单体聚合

丙烯酰胺聚合生成聚丙烯酰胺属于自由基聚合反应，整个聚合过程可以分为：链引发、链增长和链终止等基元反应，此外还伴有链转移等反应。丙烯酰胺在过硫酸铵引发剂作用下进行自由基聚合形成高分子材料的反应过程，遵从自由基聚合反应机理，各基元反应如下：

① 链引发　链引发反应是形成自由基活性中心的反应，在引发剂作用下，反应过程主要由以下两步构成：

a. 引发剂 I 分解成初级自由基 R·，过程如下：

$$I \longrightarrow 2R· \tag{2-8}$$

b. 初级自由基 R· 与单体加成形成单体自由基，随后单体自由基与其它单体加成，进入链增长阶段。

$$\text{R}· + \text{H}_2\text{C} = \underset{\underset{\text{NH}_2}{\overset{|}{\text{CO}}}}{\overset{|}{\text{CH}}} \longrightarrow \text{RCH}_2\text{CH}· \atop \underset{\text{NH}_2}{\overset{|}{\text{CO}}} \tag{2-9}$$

② 链增长　链引发阶段形成的单体自由基活性很高，在没有阻聚物质情况下可打开第二个烯类分子的 π 键，形成新的自由基。新的自由基继续和其它丙烯酰胺单体分子结合成单元更多的链自由基，这个过程被称为链增长反应，其实质为加成反应。链增长过程如下：

$$\text{RCH}_2\text{CH}· + \text{H}_2\text{C} = \text{CH} \longrightarrow \text{RCH}_2\text{CHCH}_2\text{CH}· \tag{2-10}$$

③ 链终止　当链增长反应到一定程度，链增长活性自由基失去活性中心而终止，成为稳定的链状聚丙烯酰胺大分子。研究表明自由基聚合中以双基偶合和双基歧化两种方式为主要终止方式。

（2）聚丙烯酰胺与交联剂反应

丙烯酰胺聚合形成的大分子聚丙烯酰胺与溶液中交联剂 N,N-亚甲基双丙烯酰胺发生交联反应形成有机凝胶，反应过程如下：

$$（2-11）$$

2.3
复合凝胶成胶速度及其影响因素

2.3.1 正交试验表

按照正交试验表安排配制复合凝胶溶液，其成胶时间测试结果见表 2-4 和表 2-5。

表 2-4 正交试验结果及综合评价指标（一）

体系编号	药剂组成及含量/%					初始黏度/mPa·s	成胶时间/min
	聚合硫酸铝铁	丙烯酰胺	尿素	引发剂	交联剂		
1	1.0	2.5	0.5	0.03	0.02	14.9	260
2	1.0	2.8	0.6	0.04	0.03	15.7	140
3	1.0	3.1	0.7	0.05	0.04	16.2	195
4	1.0	3.4	0.8	0.06	0.05	18.1	130
5	1.5	2.5	0.6	0.05	0.05	15.0	180
6	1.5	2.8	0.5	0.06	0.04	16.1	175
7	1.5	3.1	0.8	0.03	0.03	16.7	120
8	1.5	3.4	0.7	0.04	0.02	18.6	110
9	2.0	2.5	0.7	0.06	0.03	15.2	170
10	2.0	2.8	0.8	0.05	0.02	16.2	155
11	2.0	3.1	0.5	0.04	0.05	16.8	165
12	2.0	3.4	0.6	0.03	0.04	18.7	135
13	2.5	2.5	0.8	0.04	0.04	15.6	155
14	2.5	2.8	0.7	0.03	0.05	16.9	180
15	2.5	3.1	0.6	0.06	0.02	17.2	150

续表

体系编号		药剂组成及含量/%					初始黏度 /mPa·s	成胶时间 /min
		聚合硫酸铝铁	丙烯酰胺	尿素	引发剂	交联剂		
16		2.5	3.4	0.5	0.05	0.03	18.9	165
成胶时间	α	181.25	191.25	191.25	173.75	168.75	Σ=2585min	
	β	146.25	162.50	151.25	142.50	148.75		
	γ	156.25	157.50	163.75	173.75	165.00		
	δ	162.50	135.00	140.00	156.25	163.75		
	R	35.00	56.25	51.25	31.25	20.00		

注：表中成胶时间为凝胶黏度大于 10×10^4 mPa·s 时对应的时间，下同。

表 2-5 正交试验结果及综合评价指标（二）

体系编号		药剂组成及含量/%					初始黏度 /mPa·s	成胶时间 /min
		聚合氯化铝	丙烯酰胺	尿素	引发剂	交联剂		
1		1.0	2.5	0.5	0.03	0.02	11.2	230
2		1.0	2.8	0.6	0.04	0.03	13.1	120
3		1.0	3.1	0.7	0.05	0.04	14.2	160
4		1.0	3.4	0.8	0.06	0.05	15.6	110
5		1.5	2.5	0.6	0.05	0.05	13.5	150
6		1.5	2.8	0.5	0.06	0.04	12.6	140
7		1.5	3.1	0.8	0.03	0.03	12.7	100
8		1.5	3.4	0.7	0.04	0.02	13.5	90
9		2.0	2.5	0.7	0.06	0.03	14.6	150
10		2.0	2.8	0.8	0.05	0.02	12.9	135
11		2.0	3.1	0.5	0.04	0.05	13.4	150
12		2.0	3.4	0.6	0.03	0.04	15.9	115
13		2.5	2.5	0.8	0.04	0.04	12.8	135
14		2.5	2.8	0.7	0.03	0.05	12.9	150
15		2.5	3.1	0.6	0.06	0.02	13.7	125
16		2.5	3.4	0.5	0.05	0.03	15.7	135
成胶时间	α	155.00	166.25	163.75	148.75	145.00	Σ=2195min	
	β	120.00	136.25	127.50	123.75	126.25		
	γ	137.50	133.75	137.50	145.00	137.50		
	δ	136.25	112.50	120.00	131.25	140.00		
	R	35.00	53.75	43.75	25.00	18.75		

从表 2-4 和表 2-5 可以看出，药剂各组分对成胶时间影响主次顺序为：丙烯酰胺>尿素>聚合硫酸铝铁/聚合氯化铝>引发剂>交联剂。由此可见，在几种药剂中，丙烯酰胺对成胶时间影响程度最大，尿素次之，聚合硫酸铝铁或聚合氯化铝再次之，引发剂稍弱，交联剂最弱。进一步分析表明，复合凝胶初始黏度较低，成胶后黏度大于 1.0×10^5 mPa·s，表现出良好注入和潜在封堵性能。

2.3.2　复合凝胶成胶性能及影响因素

依据初始黏度和成胶时间，选择"体系 4、体系 8、体系 10 和体系 15"开展后续实验研究。

（1）抗稀释性

采用注入水配制复合凝胶体系（聚合硫酸铝铁，下同），再分别用注入水按 $V_水/V_{凝胶}$=1∶10、1∶5 和 1∶2 的比例进行稀释。将稀释液置于磨口瓶内，并将其静置于 65℃恒温箱内。稀释后复合凝胶黏度测试结果见表 2-6。

表 2-6　黏度测试结果

体系	稀释倍数	不同放置时间下样品的黏度/mPa·s						
		1	2	3	4	5	6	12
体系 4	1∶2	13.4	15.4	21.3	20796.0	683870	$>1.0\times10^5$	23934.0
	1∶5	13.7	15.7	22.6	48093.0	$>1.0\times10^5$	$>1.0\times10^5$	38995.0
	1∶10	14.1	16.1	25.8	$>1.0\times10^5$	$>1.0\times10^5$	$>1.0\times10^5$	66686.0
体系 8	1∶2	12.3	14.2	20.9	999.8	8398.0	67543	12186.0
	1∶5	12.7	14.7	21.1	10297.0	29356.0	$>1.0\times10^5$	23695.0
	1∶10	12.9	14.8	23.7	29475.0	48093.0	$>1.0\times10^5$	45434.0
体系 10	1∶2	12.8	13.3	21.7	100.0	599.9	3499.0	1900.0
	1∶5	13.3	13.6	22.1	299.9	1200.0	6799.0	5099.0
	1∶10	13.5	13.9	22.8	499.9	1600	28994.0	10698.0
体系 15	1∶2	13.1	14.4	21.2	29571.0	49961.0	$>1.0\times10^5$	13997.0
	1∶5	13.6	14.7	22.5	44396.0	$>1.0\times10^5$	$>1.0\times10^5$	34217.0
	1∶10	13.9	15.1	24.9	$>1.0\times10^5$	$>1.0\times10^5$	$>1.0\times10^5$	49586.0

从表 2-6 可以看出，随 $V_水/V_{凝胶}$ 比值增大，复合凝胶黏度降低，成胶效果变差。4 种体系中"体系 4"成胶后黏度较大，抗稀释能力较强。进一步分析表明，随放置时间延长，复合凝胶黏度增加，6h 时黏度达最大值，之后黏度呈现下降趋势。观测表明，随 $V_水/V_{凝胶}$ 比值增大，凝胶分层现象加剧，稳定性变差。

（2）抗剪切性

黏度与剪切时间关系实验结果见表 2-7～表 2-10，相应关系曲线见图 2-2～图 2-5。

表 2-7　体系 4 的黏度随剪切时间变化的测试结果

剪切时间/s	不同测试时间下的黏度/mPa·s				
	60min	80min	100min	115min	130min
0	17.2	19.8	21.4	64844.0	$>1.0\times10^5$
10	16.8	18.4	22.7	79438.0	$>1.0\times10^5$

剪切时间/s	不同测试时间下的黏度/mPa·s				
	60min	80min	100min	115min	130min
20	16.7	18.7	6199.0	98003.0	>1.0×10⁵
30	18.4	18.8	3977.0	86590.0	>1.0×10⁵
60	17.3	19.4	1890.0	82344.0	>1.0×10⁵

表 2-8   体系 8 的黏度随剪切时间变化的测试结果

剪切时间/s	不同测试时间下的黏度/mPa·s				
	60min	80min	100min	110min	120min
0	17.5	18.2	20.6	45371.0	>1.0×10⁵
10	16.9	18.5	21.8	58448.0	>1.0×10⁵
20	17.1	18.6	5397.0	83920.0	>1.0×10⁵
30	17.3	19.1	3056.0	67673.0	>1.0×10⁵
60	16.6	19.3	2884.0	61243.0	>1.0×10⁵

表 2-9   体系 10 的黏度随剪切时间变化的测试结果

剪切时间/s	不同测试时间下的黏度/mPa·s					
	60min	80min	120min	140min	155min	165min	180min
0	17.9	18.7	19.6	77344.0	>1.0×10⁵	>1.0×10⁵	>1.0×10⁵
10	17.3	18.9	20.4	3494.0	55612	73388	>1.0×10⁵
20	17.7	18.1	5071	82982.0	>1.0×10⁵	>1.0×10⁵	>1.0×10⁵
30	17.5	18.6	19.8	4375.0	79986.0	>1.0×10⁵	>1.0×10⁵
60	17.4	18.3	20.3	3542.0	70235.0	>1.0×10⁵	>1.0×10⁵

表 2-10   体系 15 的黏度随剪切时间变化的测试结果

剪切时间/s	不同测试时间下的黏度/mPa·s				
	60min	90min	105min	120min	135min	150min
0	17.3	18.2	19.9	7461.0	67344.0	>1.0×10⁵
10	16.9	17.9	20.3	8619.0	42963.0	>1.0×10⁵
20	16.7	17.6	5230.0	66683.0	>1.0×10⁵	>1.0×10⁵
30	17.5	18.1	4761.0	45219.0	76591.0	>1.0×10⁵
60	17.1	17.8	3985.0	39865.0	68973.0	>1.0×10⁵

从表 2-7～表 2-10 和图 2-2～图 2-5 可以看出，随剪切时间增长，成胶速度呈现"先加快后减慢"的变化趋势，但剪切作用对最终成胶效果影响不大。由此可见，复合凝胶具有良好的抗剪切能力。

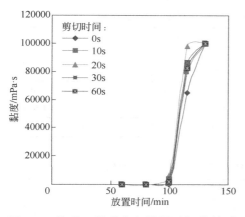

图 2-2　体系 4 的黏度与放置时间的关系　　图 2-3　体系 8 的黏度与放置时间的关系

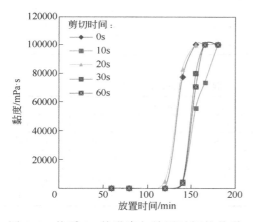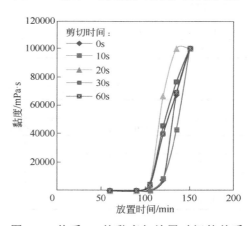

图 2-4　体系 10 的黏度与放置时间的关系　　图 2-5　体系 15 的黏度与放置时间的关系

（3）抗黏土性

采用注入水配制复合凝胶，与黏土（模拟目的油藏矿物组成，其中蒙脱土、伊利土和高岭土比例分别为 3.26%、81.52%和 15.22%）按 5%、10%和 15%混合，置于具塞磨口瓶和 65℃恒温箱内保存。黏度测试结果见表 2-11～表 2-14，相应关系曲线见图 2-6～图 2-9。

表 2-11　体系 4 与不同比例黏土混合后的黏度测试结果

黏土含量/%	不同测试时间下的黏度/mPa·s						
	0min	60min	90min	100min	110min	120min	130min
0.0	17.1	17.9	22.3	25.7	27526	68632	>1.0×10⁵
5.0	18.6	297.5	12197	31863	59876	83267	>1.0×10⁵
10.0	19.1	598.6	27573	48690	76183	>1.0×10⁵	>1.0×10⁵
15.0	20.7	999.8	35600	65932	89897	>1.0×10⁵	>1.0×10⁵

表 2-12　体系 8 与不同比例黏土混合后的黏度测试结果

黏土含量/%	不同测试时间下的黏度/mPa·s						
	0min	60min	75min	95min	100min	105min	110min
0.0	17.3	18.7	19.6	22.7	17982	58397	$>1.0×10^5$
5.0	18.2	198.9	2199	44596	71637	$>1.0×10^5$	$>1.0×10^5$
10.0	19.4	499.9	13652	60936	81269	$>1.0×10^5$	$>1.0×10^5$
15.0	20.1	799.8	27287	79686	$>1.0×10^5$	$>1.0×10^5$	$>1.0×10^5$

表 2-13　体系 10 与不同比例黏土混合后的黏度测试结果

黏土含量/%	不同测试时间下的黏度/mPa·s						
	0min	60min	90min	120min	130min	140min	155min
0.0	17.2	18.5	19.6	21.7	38767	78596	$>1.0×10^5$
5.0	18.4	367.2	10792	37658	60897	85863	$>1.0×10^5$
10.0	19.6	599.8	23963	56236	72739	89636	$>1.0×10^5$
15.0	20.3	898.8	32167	69398	86562	$>1.0×10^5$	$>1.0×10^5$

表 2-14　体系 15 与不同比例黏土混合后的黏度测试结果

黏土含量/%	不同测试时间下的黏度/mPa·s						
	0min	60min	90min	120min	130min	140min	150min
0.0	17	19.3	21.7	23.9	37956	72766	$>1.0×10^5$
5.0	18.1	399.8	12681	37189	54768	83982	$>1.0×10^5$
10.0	19.7	699.3	20498	57967	80276	100000	$>1.0×10^5$
15.0	20.6	967.3	35798	75627	89467	$>1.0×10^5$	$>1.0×10^5$

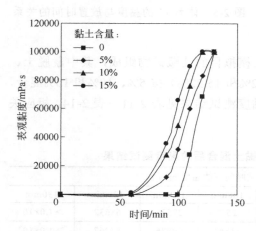

图 2-6　体系 4 的成胶时间与黏土
含量的关系

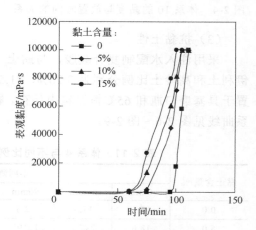

图 2-7　体系 8 的成胶时间与黏土
含量的关系

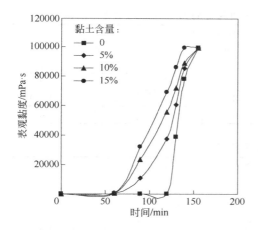

图 2-8　体系 10 的成胶时间与黏土
　　　　含量的关系

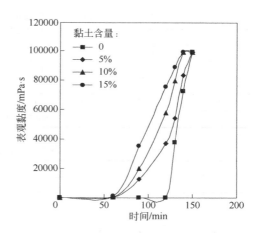

图 2-9　体系 15 的成胶时间与黏土
　　　　含量的关系

从表 2-10～表 2-14 和图 2-6～图 2-9 可以看出，当黏土与复合凝胶混合后，复合凝胶成胶黏度普遍增加。随黏土浓度增加，复合凝胶成胶时间缩短，但变化幅度不大。

（4）耐油性

采用注入水配制复合凝胶，与原油按 5%、10% 和 15% 混合，置于磨口瓶和 65℃ 恒温箱内保存。复合凝胶成胶时间测试结果见表 2-15～表 2-18，相应关系曲线见图 2-10～图 2-13。

表 2-15　体系 4 复合凝胶与原油混合后的黏度测试结果

原油含量/%	不同测试时间的黏度/mPa·s						
	0min	60min	80min	100min	115min	120min	130min
0.0	17.1	17.9	21.8	25.7	45856	68632	$>1.0\times10^5$
5.0	21.9	128.6	10197	51639	86596	$>1.0\times10^5$	$>1.0\times10^5$
10.0	23.7	299.9	23197	78893	$>1.0\times10^5$	$>1.0\times10^5$	$>1.0\times10^5$
15.0	27.2	399.9	34799	$>1.0\times10^5$	$>1.0\times10^5$	$>1.0\times10^5$	$>1.0\times10^5$

表 2-16　体系 8 复合凝胶与原油混合后的黏度测试结果

原油含量/%	不同测试时间的黏度/mPa·s						
	0min	60min	75min	95min	100min	105min	110min
0.0	17.3	18.7	19.6	22.7	17982	58397	$>1.0\times10^5$
5.0	21.8	112.3	10198	56698	83986	$>1.0\times10^5$	$>1.0\times10^5$
10.0	22.9	279.9	16197	75961	$>1.0\times10^5$	$>1.0\times10^5$	$>1.0\times10^5$
15.0	26.3	346.8	37798	$>1.0\times10^5$	$>1.0\times10^5$	$>1.0\times10^5$	$>1.0\times10^5$

表 2-17　体系 10 复合凝胶与原油混合后的黏度测试结果

原油含量/%	不同测试时间的黏度/mPa·s						
	0min	60min	90min	120min	130min	140min	155min
0.0	17.2	18.5	19.6	21.7	38767	78596	>$1.0×10^5$
5.0	21.7	109.2	17399	53967	77637	>$1.0×10^5$	>$1.0×10^5$
10.0	23.1	269.6	32198	87437	>$1.0×10^5$	>$1.0×10^5$	>$1.0×10^5$
15.0	25.9	378.3	50997	>$1.0×10^5$	>$1.0×10^5$	>$1.0×10^5$	>$1.0×10^5$

表 2-18　体系 15 复合凝胶与原油混合后的黏度测试结果

原油含量/%	不同测试时间的黏度/mPa·s						
	0min	60min	90min	120min	130min	140min	150min
0.0	17	19.3	21.7	23.9	37956	72766	>$1.0×10^5$
5.0	22.3	105.8	16872	53973	72973	>$1.0×10^5$	>$1.0×10^5$
10.0	23.6	297.6	37632	89672	>$1.0×10^5$	>$1.0×10^5$	>$1.0×10^5$
15.0	26.7	379.5	55871	>$1.0×10^5$	>$1.0×10^5$	>$1.0×10^5$	>$1.0×10^5$

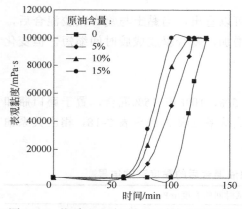

图 2-10　体系 4 成胶时间与原油含量的关系　图 2-11　体系 8 成胶时间与原油含量的关系

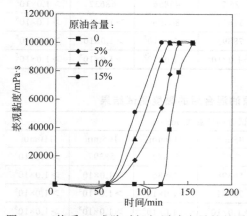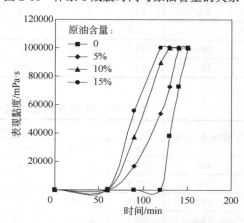

图 2-12　体系 10 成胶时间与原油含量的关系　图 2-13　体系 15 成胶时间与原油含量的关系

从表 2-15～表 2-18 和图 2-10～图 2-13 可以看出，随原油含量增加，复合离子凝胶成胶黏度增加，成胶速度加快。由此可见，复合凝胶耐油性较强。

（5）耐酸性

采用注入水配制复合凝胶，成胶后与不同浓度的盐酸或土酸（HCl+HF）按"5∶1"比例混合，置于磨口瓶和 65℃恒温箱内保存。失重率测试结果见表 2-19 和表 2-20，其中，失重率=凝胶质量损失量（初始质量－剩余质量）/凝胶初始质量。

表 2-19　复合凝胶与盐酸混合后的失重率测试结果

盐酸浓度/%	体系编号	不同测试时间的失重率/%					
		1h	3h	6h	12h	18h	24h
5.0	4	13.6	14.27	16.23	16.98	17.53	17.68
	8	14.04	15.69	17.10	17.84	17.88	17.96
	10	20.98	23.95	30.72	—	—	—
	15	6.23	21.05	25.94	—	—	—
10.0	4	15.56	18.18	19.08	19.59	19.63	20.16
	8	16.13	20.96	27.83	34.28	34.89	34.92
	10	21.77	27.01	32.25	—	—	—
	15	7.99	25.11	27.35	—	—	—
15.0	4	16.12	19.57	20.07	20.44	20.95	21.22
	8	17.53	2.99	31.72	—	—	—
	10	22.74	29.78	36.13	—	—	—
	15	9.76	26.81	29.43	—	—	—

注：表中栏目为"—"时，表明上层清液和胶体无法分离，无失重率数据，下同。

表 2-20　复合凝胶与土酸混合后的失重率测试结果

土酸组成	体系编号	不同测试时间的失重率/%					
		1h	3h	6h	12h	18h	24h
10.0%HCl+3.0%HF	4	18.61	20.27	27.73	29.28	31.63	32.16
	8	20.01	23.43	29.55	39.56	40.12	41.33
	10	39.63	57.65	87.65	—	—	—
	15	17.63	26.37	47.45	78.77	79.08	79.42
12.0%HCl+5.0%HF	4	19.57	21.18	28.58	31.08	33.63	34.29
	8	25.86	33.83	42.45	55.97	57.79	59.13
	10	46.58	76.26	90.18	—	—	—
	15	19.37	31.93	54.76	87.72	88.11	89.15
15.0%HCl+8.0%HF	4	20.12	27.57	31.97	38.44	41.95	42.55
	8	31.19	40.24	54.12	75.39	76.13	77.19
	10	50.54	79.43	93.56	—	—	—
	15	23.80	34.66	66.74	88.33	89.89	90.38

从表 2-19 和表 2-20 可以看出，在酸液类型一定的条件下，随酸浓度增加，凝胶失重率呈现增大趋势，24h 后 4 种复合凝胶失重率 32.16%～90.38%。"体系 4"失重率较小，耐酸性较强。"体系 15"失重率较大，耐酸性较差。与盐酸相比较，土酸分解复合凝胶效果较好，24h 时失重率最高超过 90%。

（6）耐碱性

采用注入水配制复合凝胶，成胶后与 5%、10% 和 15% 氢氧化钠溶液按"5：1"比例混合，置于具塞磨口瓶和 65℃ 恒温箱内保存。失重率测试结果见表 2-21。

表 2-21　复合凝胶与氢氧化钠混合后的失重率测试结果

氢氧化钠浓度/%	体系编号	不同测试时间的失重率/%					
		1h	3h	6h	12h	18h	24h
5.0	4	10.89	12.67	13.71	20.79	13.66	10.73
	8	13.78	14.07	15.83	23.17	15.99	11.65
	10	15.63	21.69	24.83	28.33	17.63	13.13
	15	14.11	18.93	22.59	27.99	16.17	12.96
10.0	4	12.25	13.49	15.56	22.98	14.57	12.67
	8	15.82	17.24	19.36	25.16	17.18	13.81
	10	18.30	23.05	25.22	30.81	23.82	22.37
	15	16.27	22.62	27.84	28.33	20.12	17.63
15.0	4	14.66	15.49	17.56	24.56	16.19	15.25
	8	17.69	18.72	21.37	26.34	18.88	17.57
	10	20.92	28.94	30.08	33.73	31.17	29.10
	15	18.52	25.34	29.36	31.61	25.93	21.54

从表 2-21 可以看出，随氢氧化钠浓度增加，复合凝胶失重率呈增加趋势；随作用时间延长，失重率呈现"先增后减"态势。在 4 种凝胶体系中，"体系 4"失重率较小，耐碱性较强。

（7）抗老化性

采用注入水配制复合凝胶，置于磨口瓶和 65℃ 保温箱中保存。黏度与老化时间的关系实验结果见表 2-22。

表 2-22　复合凝胶放置不同时间的黏度测试结果

老化时间	黏度/mPa·s			
	体系 4	体系 8	体系 10	体系 15
0	18.1	18.6	16.2	17.2
3h	975×10^3	873×10^3	798×10^3	864×10^3
12h	1080×10^3	689×10^3	301×10^3	977×10^3
1d	1190×10^3	708×10^3	369×10^3	991×10^3
10d	1480×10^3	886×10^3	499×10^3	1160×10^3

续表

老化时间	黏度/mPa·s			
	体系 4	体系 8	体系 10	体系 15
30d	$1970×10^3$	$1430×10^3$	$1370×10^3$	$1890×10^3$
60d	$1730×10^3$	$1120×10^3$	$995×10^3$	$1350×10^3$
90d	$1250×10^3$	$533×10^3$	$260×10^3$	$685×10^3$
120d	$727×10^3$	$321×10^3$	$157×10^3$	$461×10^3$
150d	$538×10^3$	$212×10^3$	$108×10^3$	$298×10^3$

从表 2-22 和图 2-14 可以看出，随放置时间延长，4 种凝胶体系 30d 后黏度开始下降，但仍保持在较高水平。4 种凝胶体系抗老化性能优劣顺序：体系 4>体系 15>体系 8>体系 10。

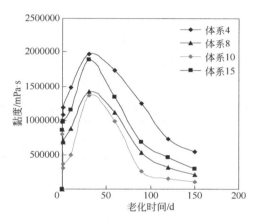

图 2-14　黏度变化与老化时间的关系

2.3.3　复合凝胶组成优选

（1）丙烯酰胺

在 2.0%聚合硫酸铝铁、0.8%尿素、0.06%引发剂和 0.05%交联剂条件下，采用 2.8%、3.1%、3.4%、4.0%、5.0%和 6.0%丙烯酰胺配制复合凝胶。成胶时间测试结果见表 2-23，相应的关系曲线见图 2-15。

表 2-23　不同丙烯酰胺浓度下的成胶时间测试结果

丙烯酰胺浓度/%	2.8	3.1	3.4	4.0	5.0	6.0
成胶时间/min	190	170	150	130	120	90

从表 2-23 和图 2-15 可以看出，随着丙烯酰胺浓度增加，成胶时间明显缩短。综合考虑药剂费用、成胶时间和成胶强度等因素，推荐使用丙烯酰胺浓度 3.4%～5.0%。

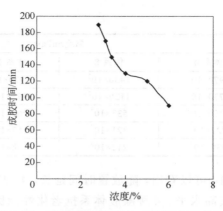

图 2-15 丙烯酰胺浓度与成胶时间的关系

（2）聚合硫酸铝铁

在 5.0%丙烯酰胺、0.8%尿素、0.06%引发剂和 0.05%交联剂条件下，分别采用 1.0%、2.0%、3.0%、4.0%、5.0%和 6.0%的聚合硫酸铝铁配制复合凝胶。成胶时间测试结果见表 2-24，相应的关系曲线见图 2-16。

表 2-24 不同聚合硫酸铝铁浓度下的成胶时间测试结果

聚合硫酸铝铁浓度/%	1.0	2.0	3.0	4.0	5.0	6.0
成胶时间/min	105	120	130	140	150	165

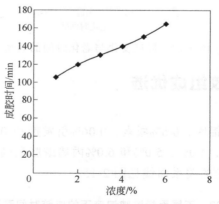

图 2-16 聚合硫酸铝铁浓度与成胶时间的关系

从表 2-24 和图 2-16 可以看出，随着聚合硫酸铝铁浓度增加，成胶时间延长。这是由于聚合硫酸铝铁中的三价金属离子（Al^{3+}和 Fe^{3+}）对丙烯酰胺聚合具有阻聚作用，聚合硫酸铝铁浓度越高，阻聚作用越明显，因此，聚合硫酸铝铁浓度增加延缓了复合凝胶的成胶时间。综合考虑药剂价格、成胶时间和凝胶强度等因素，推荐使用聚合硫酸铝铁浓度 1.0%～3.0%。

（3）尿素

在 2.0%聚合硫酸铝铁、5.0%丙烯酰胺、0.06%引发剂和 0.05%交联剂条件下，分别采用 0.2%、0.4%、0.6%、0.8%、1.0%和 1.5%的尿素配制复合凝胶。成胶时间测试结果见表 2-25，相应关系曲线见图 2-17。

表 2-25　不同尿素浓度下的成胶时间测试结果

尿素浓度/%	0.2	0.4	0.6	0.8	1.0	1.5
成胶时间/min	180	165	140	120	160	170

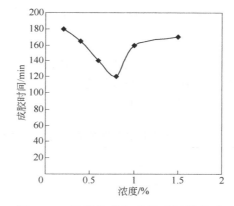

图 2-17　尿素浓度与成胶时间的关系

从表 2-25 和图 2-17 可以看出，随着尿素浓度增加，成胶时间呈现"先减少后增加"的趋势。当尿素浓度为 0.8%时，成胶时间最短。综合考虑药剂价格、成胶时间和凝胶强度等因素，推荐使用尿素浓度 0.4%～0.8%。

（4）引发剂

在 2.0%聚合硫酸铝铁、5.0%丙烯酰胺、0.8%尿素和 0.05%交联剂条件下，采用 0.02%、0.04%、0.06%、0.08%、0.10%和 0.15%的引发剂配制复合凝胶。成胶时间测试结果见表 2-26，相应的关系曲线见图 2-18。

表 2-26　不同引发剂浓度下的成胶时间测试结果

引发剂浓度/%	0.02	0.04	0.06	0.08	0.10	0.15
成胶时间/min	150	130	120	110	100	90

从表 2-26 和图 2-18 可以看出，随着引发剂浓度增加，成胶时间明显缩短。综合考虑药剂价格、成胶时间和凝胶强度等因素，推荐使用引发剂浓度 0.04%～0.08%。

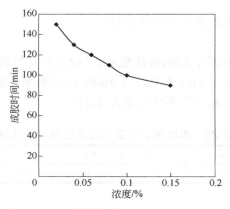

图 2-18　引发剂浓度与成胶时间的关系

（5）交联剂

在 2.0%聚合硫酸铝铁、5.0%丙烯酰胺、0.8%尿素和 0.06%引发剂条件下，采用 0.01%、0.03%、0.05%、0.10%和 0.15%的交联剂配制复合凝胶。成胶时间测试结果见表 2-27，相应的关系曲线见图 2-19。

表 2-27　不同交联剂浓度下的成胶时间测试结果

交联剂浓度/%	0.01	0.03	0.05	0.10	0.15
成胶时间/min	150	130	120	110	95

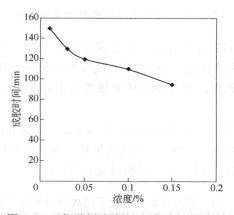

图 2-19　交联剂浓度与成胶时间的关系

从表 2-27 和图 2-19 可以看出，随交联剂浓度增加，成胶时间缩短。综合考虑药剂成本、成胶时间和凝胶强度等因素，推荐使用交联剂浓度 0.03%～0.10%。

综上所述，推荐复合凝胶组成浓度范围：丙烯酰胺 3.4%～5.0%，聚合硫酸铝铁 1.0%～3.0%，尿素 0.4%～0.8%，引发剂 0.04%～0.08%，交联剂 0.03%～0.10%。

2.3.4 复合凝胶成胶速度抑制方法及效果

（1）无水 Na_2SO_3

在复合凝胶组成（2.0%聚合氯化铝、5.0%丙烯酰胺、0.8%尿素、0.1%引发剂和 0.1%交联剂）一定的条件下，分别向凝胶中加入浓度为 0.002%、0.01%、0.03%、0.05%、0.07%、0.1%和 0.2%的无水 Na_2SO_3。复合凝胶成胶时间测试结果见表 2-28，相应的关系曲线见图 2-20。

表 2-28 凝胶体系中加入不同浓度无水 Na_2SO_3 的成胶时间测试结果

体系	组分含量/%						成胶时间/min
	聚合氯化铝	丙烯酰胺	尿素	引发剂	交联剂	Na_2SO_3	
1	2.0	5.0	0.8	0.1	0.1	0	50
2	2.0	5.0	0.8	0.1	0.1	0.002	60
3	2.0	5.0	0.8	0.1	0.1	0.01	75
4	2.0	5.0	0.8	0.1	0.1	0.03	90
5	2.0	5.0	0.8	0.1	0.1	0.05	85
6	2.0	5.0	0.8	0.1	0.1	0.07	40
7	2.0	5.0	0.8	0.1	0.1	0.1	30
8	2.0	5.0	0.8	0.1	0.1	0.2	25

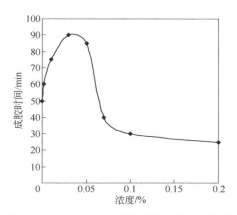

图 2-20 Na_2SO_3 浓度与成胶时间的关系

从表 2-28 和图 2-20 可以看出，随着 Na_2SO_3 浓度增加，成胶时间呈现"先增加，后减少，再趋于平缓"的变化趋势。考虑药剂费用、成胶时间和成胶强度等因素，推荐无水 Na_2SO_3 合理浓度范围 0.01%～0.05%。

（2）复合缓凝剂

在复合凝胶组成（2.0%聚合氯化铝、5.0%丙烯酰胺、0.8%尿素、0.1%引发剂和 0.1%交联剂）一定的条件下，分别向凝胶体系中加入 0.002%、0.01%、0.03%、

0.05%、0.07%、0.1%和0.2%的复合缓凝剂。复合凝胶成胶时间测试结果见表2-29，相应的关系曲线见图2-21。

表2-29　凝胶体系中加入不同浓度复合缓凝剂的成胶时间测试结果

体系编号	组分含量/%						成胶时间/min
	聚合氯化铝	丙烯酰胺	尿素	引发剂	交联剂	复合缓凝剂	
1	2.0	5.0	0.8	0.1	0.1	0	50
2	2.0	5.0	0.8	0.1	0.1	0.002	55
3	2.0	5.0	0.8	0.1	0.1	0.01	60
4	2.0	5.0	0.8	0.1	0.1	0.03	60
5	2.0	5.0	0.8	0.1	0.1	0.05	55
6	2.0	5.0	0.8	0.1	0.1	0.07	60
7	2.0	5.0	0.8	0.1	0.1	0.1	65
8	2.0	5.0	0.8	0.1	0.1	0.2	60

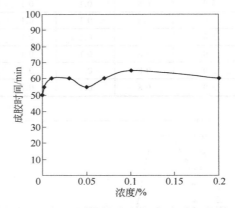

图2-21　复合缓凝剂浓度与成胶时间的关系

从表2-29和图2-21可以看出，随着复合缓凝剂浓度增加，成胶时间增加。与不加缓凝剂样品相比，成胶时间增加幅度不大，说明复合缓凝剂阻聚效果较差。

（3）柠檬酸

在2.0%聚合氯化铝、5.0%丙烯酰胺、0.8%尿素、0.1%引发剂和0.1%交联剂条件下，分别向凝胶体系中加入0.002%、0.01%、0.03%、0.05%、0.07%、0.1%和0.2%的柠檬酸。复合凝胶成胶时间测试结果见表2-30，相应的关系曲线见图2-22。

表2-30　凝胶体系中加入不同浓度柠檬酸的成胶时间测试结果

体系编号	组分含量/%						成胶时间/min
	聚合氯化铝	丙烯酰胺	尿素	引发剂	交联剂	柠檬酸	
1	2.0	5.0	0.8	0.1	0.1	0.000	50
2	2.0	5.0	0.8	0.1	0.1	0.002	55

续表

体系编号	组分含量/%						成胶时间/min
	聚合氯化铝	丙烯酰胺	尿素	引发剂	交联剂	柠檬酸	
3	2.0	5.0	0.8	0.1	0.1	0.010	60
4	2.0	5.0	0.8	0.1	0.1	0.030	60
5	2.0	5.0	0.8	0.1	0.1	0.050	55
6	2.0	5.0	0.8	0.1	0.1	0.070	50
7	2.0	5.0	0.8	0.1	0.1	0.100	45
8	2.0	5.0	0.8	0.1	0.1	0.200	45

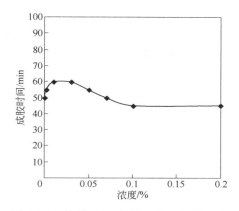

图 2-22　柠檬酸浓度与成胶时间的关系

从表 2-30 和图 2-22 可以看出，随着柠檬酸浓度增加，成胶时间呈现"先增加，后减少，再趋于平缓"的变化趋势。与不加缓凝剂样品相比，成胶时间延长较少，说明柠檬酸阻聚效果较差。

（4）缓凝剂 701

在复合凝胶组成（2.0%聚合氯化铝、5.0%丙烯酰胺、0.8%尿素、0.1%引发剂和 0.1%交联剂）一定的条件下，分别向凝胶体系中加入 0.002%、0.01%、0.03%、0.05%、0.07%、0.1%和 0.2%的缓凝剂 701。复合凝胶成胶时间测试结果见表 2-31，相应关系曲线见图 2-23。

表 2-31　凝胶体系中加入不同浓度"缓凝剂 701"的成胶时间测试结果

体系编号	组分含量/%						成胶时间/min
	聚合氯化铝	丙烯酰胺	尿素	引发剂	交联剂	缓凝剂 701	
1	2.0	5.0	0.8	0.1	0.1	0	50
2	2.0	5.0	0.8	0.1	0.1	0.002	85
3	2.0	5.0	0.8	0.1	0.1	0.01	135
4	2.0	5.0	0.8	0.1	0.1	0.03	165

续表

体系编号	组分含量/%						成胶时间/min
	聚合氯化铝	丙烯酰胺	尿素	引发剂	交联剂	缓凝剂701	
5	2.0	5.0	0.8	0.1	0.1	0.05	185
6	2.0	5.0	0.8	0.1	0.1	0.07	195
7	2.0	5.0	0.8	0.1	0.1	0.1	165
8	2.0	5.0	0.8	0.1	0.1	0.2	160

从表 2-31 和图 2-23 可以看出,随缓凝剂 701 浓度增加,成胶时间呈现"先增加,后减少,再趋于平缓"的变化趋势,阻聚效果显著。考虑药剂费用、成胶时间和成胶强度等因素,推荐使用缓凝剂 701 的浓度为 0.002%~0.07%。

综上所述,4 种缓凝剂延缓复合凝胶成胶时间效果优劣次序为:缓凝剂 701>无水 Na_2SO_3>柠檬酸>复合缓凝剂。从药剂费用、成胶时间和成胶强度等因素综合考虑,推荐使用缓凝剂 701 进行后续实验,推荐浓度为 0.002%~0.07%。

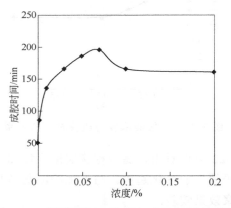

图 2-23　缓凝剂 701 浓度与成胶时间的关系

2.3.5　复合凝胶结构表征

(1) X 射线衍射分析(XRD)

首先将复合凝胶烘干、制成样品粉末,然后采用日本岛津公司 LabXXRD-6000 型 X 射线衍射仪对样品进行测试(扫描角度 2θ,扫描速度 0.02°/min,X 射线管电压 40kV,管流 40mA)。XRD 测试结果见图 2-24。

从图 2-24 可以看出,2 个样品只测得部分弥散峰值。由此可见,复合凝胶分子结构为非晶态,聚合反应全部完成,样品中已无单体存在。

(2) 红外光谱分析

无机凝胶、有机凝胶以及复合凝胶体系的红外光谱测试结果见图 2-25。

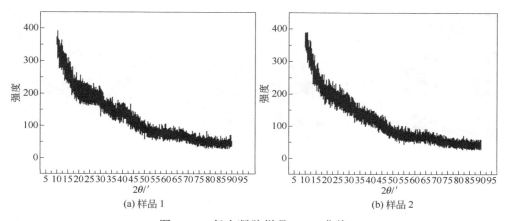

(a) 样品 1　　　　　　　　　　　　(b) 样品 2

图 2-24　复合凝胶样品 XRD 曲线

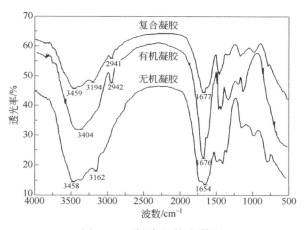

图 2-25　凝胶红外光谱图

从图 2-25 可以看出，无机凝胶的红外光谱图中出现了氨基（3458cm^{-1}）、缔合羟基（3162cm^{-1}）和羰基（1654cm^{-1}）的特征吸收峰，证明无机凝胶体系是由带有酰胺基团的尿素与聚合氯化铝反应而成的。有机凝胶的红外光谱图中出现了氨基（3404cm^{-1}）、饱和碳氢键（2942cm^{-1}）和羰基（1676cm^{-1}）的特征吸收峰，证明有机凝胶中丙烯酰胺单体完全反应了。对比有机凝胶光谱图，发现复合凝胶中氨基、饱和碳氢键、羰基的特征吸收峰位移和峰形没有变化，只是新增了聚合氯化铝分子链中缔合羟基（3194cm^{-1}）的特征吸收峰，表明尿素与聚合氯化铝制备的无机凝胶与丙烯酰胺单体聚合的有机凝胶间存在物理穿插，形成了互穿网络凝胶。

（3）电镜微观形貌分析

无机凝胶、有机凝胶和复合凝胶扫描电镜测试结果见图 2-26。

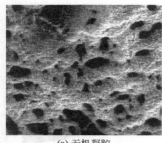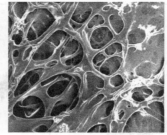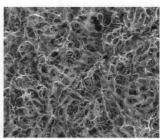

(a) 无机凝胶　　　　　　　(b) 有机凝胶　　　　　　　(c) 复合凝胶

图 2-26　凝胶形貌扫描电镜图

从图 2-26 可以看出，由于无机凝胶主要通过 Al(OH)$_3$ 桥接，无法形成类似有机高分子类凝胶的连续空间立体网状结构，所以凝胶形貌呈现出具有一定孔洞形态的密实堆积结构。与无机凝胶相比，有机凝胶主要通过丙烯酰胺单体聚合、交联形成，因此凝胶形貌呈现出典型的"孔-网"三维空间网状结构。复合凝胶由有机凝胶和无机凝胶两部分组成，凝胶结构由无机凝胶的密实堆积结构和有机凝胶的"孔-网"空间结构相互穿插构成，整体形貌呈现出"高致密度、多层次性"空间网状结构。

2.4 小结

① 正交试验表明，丙烯酰胺对成胶时间影响程度最大，尿素次之，聚合硫酸铝铁和聚合氯化铝基本相当，引发剂稍弱，交联剂最弱。

② 与传统"改性淀粉-丙烯酰胺"凝胶相比较，复合凝胶初始黏度较低，成胶黏度较高，表现出良好的注入性能和潜在的封堵能力。

③ 综合考虑抗稀释性、抗剪切性、耐黏土性、耐油性、耐酸性、耐碱性、时间稳定性和药剂价格等影响因素，推荐后续岩心内静态成胶实验用复合凝胶组成如下：聚合硫酸铝铁/聚合氯化铝 2.0%+丙烯酰胺 5.0%+尿素 0.8%+引发剂 0.06%+交联剂 0.05%+0.07%缓凝剂 701。

第**3**章
优势通道封堵剂岩心内成胶效果测试及组成优化

第2章优势通道封堵剂成胶效果评价和组成优化工作是在烧杯等容器内进行的，容器空间尺寸远大于封堵剂实际工作环境，即储层岩石孔隙空间尺寸。与容器相比较，岩心孔隙内参与化学反应的材料分子数量较少，发生碰撞和化学反应概率较小，这势必影响复合凝胶封堵剂中各组分间化学反应。本章拟在前一章复合凝胶组成优化结果基础上，通过将未成胶复合凝胶溶液注入岩心，利用复合凝胶注入压力和压差值来评价注入性和成胶效果，据此调整和进一步优化复合凝胶体系组成。

3.1
测试条件

3.1.1 实验材料

实验药剂包括羟丙基淀粉、交联剂（N,N-亚甲基双丙烯酰胺）、引发剂（过硫酸铵）、丙烯酰胺和无水亚硫酸钠，药剂均从市场购买。复合凝胶Ⅰ（简称"封堵剂Ⅰ"）组成：羟丙基淀粉、尿素、交联剂、引发剂、丙烯酰胺和聚合硫酸铝铁。复合凝胶Ⅱ（简称"封堵剂Ⅱ"）组成：尿素、交联剂、引发剂、丙烯酰胺和聚合氯化铝。

实验用水为QHD32-6油田注入水，离子组成见表3-1。

表 3-1　水质分析

水型	离子组成和含量/(mg/L)							总矿化度/(mg/L)
	$K^+ + Na^+$	Ca^{2+}	Mg^{2+}	Cl^-	SO_4^{2-}	CO_3^{2-}	HCO_3^-	
注入水	921.72	75.1	7.5	737.5	12.6	61.6	1077.7	2893.7

岩心包括石英砂环氧树脂胶结人造均质岩心和填砂管岩心（见图 3-1）。人造均质岩心渗透率：K_w=3μm²、4μm² 和 7μm²。填砂管由 20～40 目石英砂充填而成，K_w=19μm²。

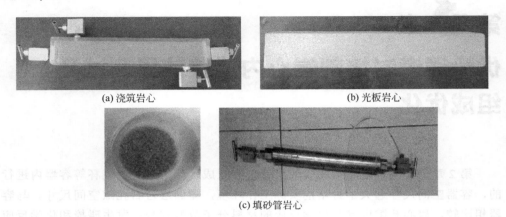

<table>
<tr><td>(a) 浇筑岩心</td><td>(b) 光板岩心</td></tr>
</table>

(c) 填砂管岩心

图 3-1　岩心实物图

3.1.2　仪器设备

（1）黏度

采用 HJ-6 型多头磁力搅拌器、电子天平、烧杯、试管和 HW-ⅢA 型恒温箱等配制和存放封堵剂，采用 DV-Ⅱ型布氏黏度计（见图 3-2）测试封堵剂黏度。

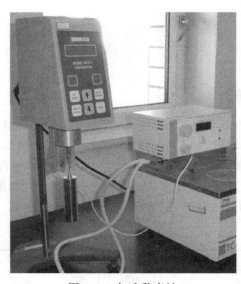

图 3-2　布氏黏度计

（2）静态成胶效果

岩心静态成胶效果评价装置主要包括平流泵、压力传感器和中间容器等，实验设备和流程见图 3-3。

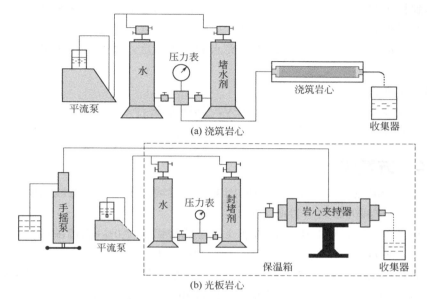

(a) 浇筑岩心

(b) 光板岩心

图 3-3　实验设备及流程示意图

3.1.3　实验原理和步骤

（1）浇筑岩心（简称"岩心Ⅰ"）

通过"注入端 1"向岩心注入复合凝胶封堵剂（未成胶，1PV，下同），然后关闭"注入端 1"和"采出端 1"闸门［见图 3-4（a）］。岩心在油藏温度保存，一定时间后在岩心距原"注入端 1"和"采出端 1"端面 2cm 处重新开孔并安装闸门［见图 3-4（a），目的是消除岩心端盖空间内滞留封堵剂对注入压力的影响］，形成"注入端 2"和"采出端 2"，并通过它们进行后续水驱（此时"注入端 1"和"采出端 1"处于关闭状态），观测和记录注入压力值，计算压力梯度值。提高水驱注入速度，直至发生突破，记录突破压力。

(a) 初期

(b) 后期

图 3-4　各个阶段岩心外观结构示意图

（2）光板岩心（简称"岩心Ⅱ"）

将饱和水岩心放入岩心夹持器中，利用平流泵将未成胶复合凝胶溶液注入岩心，然后关闭岩心夹持器入口端和出口端闸门，在油藏温度下静置候凝。当放置时间达到预定时间后，将岩心从夹持器内取出，清理岩心端面和夹持器堵头滞留凝胶，然后将岩心重新放入夹持器进行后续水驱，观测和记录注入压力，计算压力梯度。在原注入速度基础上逐渐提高水驱注入速度，直至发生突破，记录突破压力。

（3）填砂管

将未成胶复合凝胶注入填砂管 1PV，168h 后进行后续水驱，记录注入压力。在原注入速度基础上逐渐提高水驱注入速度，直至发生突破，记录突破压力。

3.1.4　方案设计

（1）复合凝胶成胶效果及其影响因素——封堵剂Ⅰ（聚合硫酸铝铁）

1）候凝时间的影响（岩心Ⅰ）

方案 1-1-1：注入 1.2PV 封堵剂（聚合硫酸铝铁 1.0%+丙烯酰胺 3.4%+尿素 0.8%+交联剂 0.06%+引发剂 0.05%，候凝 **72h**）+后续水驱。

方案 1-1-2：注入 1.2PV 封堵剂（聚合硫酸铝铁 1.0%+丙烯酰胺 3.4%+尿素 0.8%+交联剂 0.06%+引发剂 0.05%，候凝 **120h**）+后续水驱。

方案 1-1-3：注入 1.2PV 封堵剂（聚合硫酸铝铁 1.0%+丙烯酰胺 3.4%+尿素 0.8%+交联剂 0.06%+引发剂 0.05%，候凝 **168h**）+后续水驱。

方案 1-1-4：注入 1.2PV 封堵剂（聚合硫酸铝铁 1.0%+丙烯酰胺 3.4%+尿素 0.8%+交联剂 0.06%+引发剂 0.05%，候凝 **216h**）+后续水驱。

2）药剂组成的影响

① 尿素（岩心Ⅰ）

方案 1-2-1-1：注入 1.2PV 封堵剂（聚合硫酸铝铁 3.0%+丙烯酰胺 5.0%+尿素 **0.8%**+交联剂 0.06%+引发剂 0.05%，候凝 168h）+后续水驱。

方案 1-2-1-2：注入 1.2PV 封堵剂（聚合硫酸铝铁 3.0%+丙烯酰胺 5.0%+尿素 **1.0%**+交联剂 0.06%+引发剂 0.05%，候凝 168h）+后续水驱。

方案 1-2-1-3：注入 1.2PV 封堵剂（聚合硫酸铝铁 3.0%+丙烯酰胺 5.0%+尿素 **1.2%**+交联剂 0.06%+引发剂 0.05%，候凝 168h）+后续水驱。

② 淀粉（岩心Ⅰ）

方案 1-2-2-1：注入 1.2PV 封堵剂（淀粉 **0.0%**+聚合硫酸铝铁 3.0%+丙烯酰胺 5.0%+尿素 1.0%+交联剂 0.06%+引发剂 0.05%，候凝 168h）+后续水驱。

方案 1-2-2-2：注入 1.2PV 封堵剂（淀粉 **1.0%**+聚合硫酸铝铁 3.0%+丙烯酰胺 5.0%+尿素 1.0%+交联剂 0.06%+引发剂 0.05%，候凝 168h）+后续水驱。

方案 1-2-2-3：注入 1.2PV 封堵剂（淀粉 **2.0%**+聚合硫酸铝铁 3.0%+丙烯酰胺 5.0%+尿素 1.0%+交联剂 0.06%+引发剂 0.05%，候凝 168h）+后续水驱。

方案 1-2-2-4：注入 1.2PV 封堵剂（淀粉 **2.5%**+聚合硫酸铝铁 3.0%+丙烯酰胺 5.0%+尿素 1.0%+交联剂 0.06%+引发剂 0.05%，候凝 168h）+后续水驱。

③ 牺牲剂（聚合硫酸铝铁）（岩心Ⅰ）

方案 1-2-3-1：注入 1.2PV 封堵剂（聚合硫酸铝铁 **3.0%**+丙烯酰胺 5.0%+尿素 1.0%+交联剂 0.06%+引发剂 0.05%，候凝 168h）+后续水驱。

方案 1-2-3-2：注入 1.2PV 封堵剂（淀粉 **2.0%**+聚合硫酸铝铁 **3.0%**+丙烯酰胺 5.0%+尿素 1.0%+交联剂 0.06%+引发剂 0.05%，候凝 168h）+后续水驱。

方案 1-2-3-3：注入 2.0PV 牺牲剂（聚合硫酸铝铁 **7.0%**，吸附 24h）+1.2PV 封堵剂（聚合硫酸铝铁 **3.0%**+丙烯酰胺 5.0%+尿素 1.0%+交联剂 0.06%+引发剂 0.05%，候凝 168h）+后续水驱。

方案 1-2-3-4：注入 2.0PV 牺牲剂（聚合硫酸铝铁 **7.0%**，吸附 24h）+1.2PV 封堵剂（淀粉 **2.0%**+聚合硫酸铝铁 **3.0%**+丙烯酰胺 5.0%+尿素 1.0%+交联剂 0.06%+引发剂 0.05%，候凝 168h）+后续水驱。

④ 交联剂和引发剂（岩心Ⅰ）

方案 1-2-4-1：注入 1.2PV 封堵剂（淀粉 2.0%+聚合硫酸铝铁 3.0%+丙烯酰胺 5.0%+尿素 1.0%+交联剂 **0.06%**+引发剂 **0.05%**，候凝 168h）+后续水驱。

方案 1-2-4-2：注入 2.0PV 牺牲剂（聚合硫酸铝铁 7.0%+吸附 24h）+1.2PV 封堵剂（淀粉 2.0%+聚合硫酸铝铁 3.0%+丙烯酰胺 5.0%+尿素 1.2%+交联剂 **0.1%**+引发剂 **0.1%**，候凝 168h）+后续水驱。

方案 1-2-4-3：注入 2.0PV 牺牲剂（聚合硫酸铝铁 7.0%+吸附 24h）+1.2PV 封堵剂（淀粉 2.0%+聚合硫酸铝铁 3.0%+丙烯酰胺 5.0%+尿素 1.2%+交联剂 **0.2%**+引发剂 **0.2%**，候凝 168h）+后续水驱。

方案 1-2-4-4：注入 2.0PV 牺牲剂（聚合硫酸铝铁 7.0%，吸附 24h）+1.2PV 封堵剂（淀粉 2.0%+聚合硫酸铝铁 3.0%+丙烯酰胺 5.0%+尿素 1.2%+交联剂 **0.3%**+引发剂 **0.3%**，候凝 168h）+后续水驱。

方案 1-2-4-5：注入 2.0PV 牺牲剂（聚合硫酸铝铁 7.0%，吸附 24h）+1.2PV 封堵剂（淀粉 2.0%+聚合硫酸铝铁 3.0%+丙烯酰胺 5.0%+尿素 1.2%+交联剂 **0.5%**+引发剂 **0.5%**，候凝 168h）+后续水驱。

⑤ 丙烯酰胺（岩心Ⅱ）

方案 1-2-5-1：注入 2.0PV 牺牲剂（聚合硫酸铝铁 7.0%，吸附 24h）+1.2PV 封堵剂（聚合硫酸铝铁 3.0%+丙烯酰胺 **3.0%**+尿素 1.2%+交联剂 0.3%+引发剂 0.3%，候凝 168h）+后续水驱。

方案 1-2-5-2：注入 2.0PV 牺牲剂（聚合硫酸铝铁 7.0%，吸附 24h）+1.2PV

封堵剂（聚合硫酸铝铁 3.0%+丙烯酰胺 **5.0%**+尿素 1.2%+交联剂 0.3%+引发剂 0.3%，候凝 168h）+后续水驱。

方案 1-2-5-3：注入 2.0PV 牺牲剂（聚合硫酸铝铁 7.0%，吸附 24h）+1.2PV 封堵剂（聚合硫酸铝铁 3.0%+丙烯酰胺 **7.0%**+尿素 1.2%+交联剂 0.3%+引发剂 0.3%，候凝 168h）+后续水驱。

方案 1-2-5-4：注入 2.0PV 牺牲剂（聚合硫酸铝铁 7.0%，吸附 24h）+1.2PV 封堵剂（聚合硫酸铝铁 3.0%+丙烯酰胺 **10.0%**+尿素 1.2%+交联剂 0.3%+引发剂 0.3%，候凝 168h）+后续水驱。

3）复合凝胶段塞尺寸的影响（岩心 Ⅱ）

方案 1-3-1：注入 2.0PV 牺牲剂（聚合硫酸铝铁 7.0%，吸附 24h）+**1.2PV** 封堵剂（聚合硫酸铝铁 3.0%+丙烯酰胺 5.0%+尿素 1.2%+交联剂 0.3%+引发剂 0.3%，候凝 168h）+后续水驱。

方案 1-3-2：注入 2.0PV 牺牲剂（聚合硫酸铝铁 7.0%，吸附 24h）+**2.0PV** 封堵剂（聚合硫酸铝铁 3.0%+丙烯酰胺 5.0%+尿素 1.2%+交联剂 0.3%+引发剂 0.3%，候凝 168h）+后续水驱。

方案 1-3-3：注入 2.0PV 牺牲剂（聚合硫酸铝铁 7.0%，吸附 24h）+**3.0PV** 封堵剂（聚合硫酸铝铁 3.0%+丙烯酰胺 5.0%+尿素 1.2%+交联剂 0.3%+引发剂 0.3%，候凝 168h）+后续水驱。

4）前置淀粉牺牲剂的影响（岩心 Ⅱ）

① 段塞尺寸

方案 1-4-1-1：注入 **0.15PV** 淀粉溶液（1%）+**1.05PV** 封堵剂（聚合硫酸铝铁 2%+丙烯酰胺 5%+尿素 1%+交联剂 0.3%+引发剂 0.3%，候凝 120h）+后续水驱。

方案 1-4-1-2：注入 **0.25PV** 淀粉溶液（1%）+**0.95PV** 封堵剂（聚合硫酸铝铁 3.0%+丙烯酰胺 5%+尿素 1%+交联剂 0.3%+引发剂 0.3%，候凝 120h）+后续水驱。

方案 1-4-1-3：注入 **0.35PV** 淀粉溶液（1%）+**0.85PV** 封堵剂（聚合硫酸铝铁 3.0%+丙烯酰胺 5%+尿素 1%+交联剂 0.3%+引发剂 0.3%，候凝 120h）+后续水驱。

② 药剂浓度

方案 1-4-2-1：注入 0.25PV 淀粉溶液（**0.5%**）+0.95PV 封堵剂（聚合硫酸铝铁 3.0%+丙烯酰胺 5%+尿素 1%+交联剂 0.3%+引发剂 0.3%，候凝 120h）+后续水驱。

方案 1-4-2-2：注入 0.25PV 淀粉溶液（**1%**）+0.95PV 封堵剂（聚合硫酸铝铁 3.0%+丙烯酰胺 5%+尿素 1%+交联剂 0.3%+引发剂 0.3%，候凝 120h）+后续水驱。

方案 1-4-2-3：注入 0.25PV 淀粉溶液（**1.5%**）+0.95PV 封堵剂（聚合硫酸铝铁 3.0%+丙烯酰胺 5%+尿素 1%+交联剂 0.3%+引发剂 0.3%，候凝 120h）+后续水驱。

方案 1-4-2-4：注入 0.25PV 淀粉溶液（**2%**）+0.95PV 封堵剂（聚合硫酸铝铁 3.0%+丙烯酰胺 5%+尿素 1%+交联剂 0.3%+引发剂 0.3%，候凝 120h）+后续水驱。

③　前置淀粉和聚合硫酸铝铁

方案 1-4-3-1：注入 0.25PV 淀粉溶液（1%）+0.95PV 封堵剂（聚合硫酸铝铁 **1.0%**+丙烯酰胺 5%+尿素 1%+交联剂 0.3%+引发剂 0.3%，候凝 120h）+后续水驱。

方案 1-4-3-2：注入 0.25PV 淀粉溶液（1%）+0.95PV 封堵剂（聚合硫酸铝铁 **1.5%**+丙烯酰胺 5%+尿素 1%+交联剂 0.3%+引发剂 0.3%，候凝 120h）+后续水驱。

方案 1-4-3-3：注入 0.25PV 淀粉溶液（1%）+0.95PV 封堵剂（聚合硫酸铝铁 **2.0%**+丙烯酰胺 5%+尿素 1 %+交联剂 0.3%+引发剂 0.3%，候凝 120h）+后续水驱。

方案 1-4-3-4：注入 0.25PV 淀粉溶液（1%）+0.95PV 封堵剂（聚合硫酸铝铁 **2.5%**+丙烯酰胺 5%+尿素 1 %+交联剂 0.3%+引发剂 0.3%，候凝 120h）+后续水驱。

方案 1-4-3-5：注入 0.25PV 淀粉溶液（1%）+0.95PV 封堵剂（聚合硫酸铝铁 **3.0%**+丙烯酰胺 5%+尿素 1%+交联剂 0.3%+引发剂 0.3%，候凝 120h）+后续水驱。

④　前置淀粉和尿素

方案 1-4-4-1：注入 0.25PV 淀粉溶液（1%）+0.95PV 封堵剂（聚合硫酸铝铁 1.5%+丙烯酰胺 5%+尿素 **0.6%**+交联剂 0.3%+引发剂 0.3%，候凝 120h）+后续水驱。

方案 1-4-4-2：注入 0.25PV 淀粉溶液（1%）+0.95PV 封堵剂（聚合硫酸铝铁 1.5%+丙烯酰胺 5%+尿素 **0.8%**+交联剂 0.3%+引发剂 0.3%，候凝 120h）+后续水驱。

方案 1-4-4-3：注入 0.25PV 淀粉溶液（1%）+0.95PV 封堵剂（聚合硫酸铝铁 1.5%+丙烯酰胺 5%+尿素 **1%**+交联剂 0.3%+引发剂 0.3%，候凝 120h）+后续水驱。

⑤　前置淀粉、交联剂和引发剂

方案 1-4-5-1：注入 0.25PV 淀粉溶液（1%）+0.95PV 封堵剂（聚合硫酸铝铁 1.5%+丙烯酰胺 5%+尿素 0.8%+交联剂 **0.2%**+引发剂 **0.2%**，候凝 120h）+后续水驱。

方案 1-4-5-2：注入 0.25PV 淀粉溶液（1%）+0.95PV 封堵剂（聚合硫酸铝铁 1.5%+丙烯酰胺 5%+尿素 0.8%+交联剂 **0.3%**+引发剂 **0.3%**，候凝 120h）+后续水驱。

方案 1-4-5-3：注入 0.25PV 淀粉溶液（1%）+0.95PV 封堵剂（聚合硫酸铝铁 1.5%+丙烯酰胺 5%+尿素 0.8%+交联剂 **0.4%**+引发剂 **0.4%**，候凝 120h）+后续水驱。

5）前置聚合硫酸铝铁牺牲剂的影响（填砂管）

方案 1-4-6：**2.0PV 牺牲剂**（聚合硫酸铝铁 7.0%，吸附 24h）+1.2PV 封堵剂（淀粉 1.5%+聚合硫酸铝铁 3.0%+丙烯酰胺 5.0%+尿素 1.2%+交联剂 0.3%+引发剂

0.3%，候凝 168h）+后续水驱。

（2）复合凝胶成胶效果及其影响因素——封堵剂Ⅱ（聚合氯化铝）

1）聚合氯化铝浓度的影响（岩心Ⅱ）

方案 2-1-1：注入 1.2PV 封堵剂（聚合氯化铝 **2.0%**+丙烯酰胺 5%+尿素 0.8%+交联剂 0.3%+引发剂 0.3%，候凝 120h）+后续水驱。

方案 2-1-2：注入 1.2PV 封堵剂（聚合氯化铝 **2.5%**+丙烯酰胺 5%+尿素 0.8%+交联剂 0.3%+引发剂 0.3%，候凝 120h）+后续水驱。

方案 2-1-3：注入 1.2PV 封堵剂（聚合氯化铝 **3.0%**+丙烯酰胺 5%+尿素 0.8%+交联剂 0.3%+引发剂 0.3%，候凝 120h）+后续水驱。

2）尿素浓度的影响（岩心Ⅱ）

方案 2-2-1：注入 1.2PV 封堵剂（聚合氯化铝 2.5%+丙烯酰胺 5%+尿素 **0.6%**+交联剂 0.3%+引发剂 0.3%，候凝 120h）+后续水驱。

方案 2-2-2：注入 1.2PV 封堵剂（聚合氯化铝 2.5%+丙烯酰胺 5%+尿素 **0.8%**+交联剂 0.3%+引发剂 0.3%，候凝 120h）+后续水驱。

方案 2-2-3：注入 1.2PV 封堵剂（聚合氯化铝 2.5%+丙烯酰胺 5%+尿素 **1%**+交联剂 0.3%+引发剂 0.3%，候凝 120h）+后续水驱。

3）"交联剂和引发剂"浓度的影响（岩心Ⅱ）

方案 2-3-1：注入 1.2PV 封堵剂（聚合氯化铝 2.5%+丙烯酰胺 5%+尿素 0.8%+交联剂 **0.2%**+引发剂 **0.2%**，候凝 120h）+后续水驱。

方案 2-3-2：注入 1.2PV 封堵剂（聚合氯化铝 2.5%+丙烯酰胺 5%+尿素 0.8%+交联剂 **0.3%**+引发剂 **0.3%**，候凝 120h）+后续水驱。

方案 2-3-3：注入 1.2PV 封堵剂（聚合氯化铝 2.5%+丙烯酰胺 5%+尿素 0.8%+交联剂 **0.4%**+引发剂 **0.4%**，候凝 120h）+后续水驱。

4）丙烯酰胺浓度的影响（岩心Ⅱ）

方案 2-4-1：注入 1.2PV 封堵剂（聚合氯化铝 2.5%+丙烯酰胺 **4%**+尿素 0.8%+交联剂 0.3%+引发剂 0.3%，候凝 120h）+后续水驱。

方案 2-4-2：注入 1.2PV 封堵剂（聚合氯化铝 2.5%+丙烯酰胺 **5%**+尿素 0.8%+交联剂 0.3%+引发剂 0.3%，候凝 120h）+后续水驱。

方案 2-4-3：注入 1.2PV 封堵剂（聚合氯化铝 2.5%+丙烯酰胺 **6%**+尿素 0.8%+交联剂 0.3%+引发剂 0.3%，候凝 120h）+后续水驱。

（3）三种封堵剂成胶和封堵效果对比（岩心Ⅱ）

方案 3-1：注入 1.2PV 淀粉接枝共聚物凝胶（羟丙基淀粉 4.0%+丙烯酰胺 4.0%+交联剂 0.036%+引发剂 0.012%+无水亚硫酸钠 0.002%，候凝 120h）+后续水驱。

方案 3-2：注入 0.25PV 淀粉溶液（1.0%）+0.95PV 封堵剂Ⅰ（聚合硫酸铝铁 1.5%+丙烯酰胺 5.0%+尿素 0.8%+交联剂 0.3%+引发剂 0.3%，候凝 120h）+后续水驱。

方案 3-3：注入 1.2PV 封堵剂 Ⅱ（聚合氯化铝 2.5%+丙烯酰胺 5.0%+尿素 0.8%+交联剂 0.3%+引发剂 0.3%，候凝 120h）+后续水驱。

3.2
复合凝胶成胶效果及影响因素——封堵剂 Ⅰ

3.2.1　候凝时间的影响

候凝时间对复合凝胶成胶和封堵效果影响实验数据见表 3-2。

表 3-2　静态成胶效果实验数据（K_w=3.086μm^2）

方案编号	候凝时间/h	压力梯度/(MPa/m)		压力梯度比	残余阻力系数
		封堵剂驱	后续水驱		
1-1-1	72	0.17	0.23	1.35	86.3
1-1-2	120	0.17	0.27	1.59	101.3
1-1-3	168	0.17	0.36	2.12	135.0
1-1-4	216	0.17	0.37	2.18	138.8

从表 3-2 可以看出，随候凝时间增加，压力梯度比和残余阻力系数逐渐增大。当候凝时间达到 168h 以后，压力梯度比和残余阻力系数变化幅度明显减小。

实验过程中注入压力与 PV 数关系对比见图 3-5。

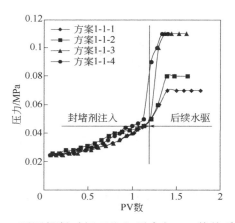

图 3-5　不同候凝时间下注入压力与 PV 数关系对比

从图 3-5 可以看出，随候凝时间延长，后续水驱阶段注入压力增加。当候凝时间达到 168h 以后，注入压力升高幅度逐渐减小，注入压力趋于稳定。

3.2.2　药剂组成的影响

（1）尿素

尿素浓度对复合凝胶成胶和封堵效果影响实验数据见表 3-3。

表 3-3　静态成胶效果实验数据（ $K_w=3.037\mu m^2$ ）

方案编号	配方组成/%						压力梯度/(MPa/m)		压力梯度比	残余阻力系数
	淀粉	聚合硫酸铝铁	丙烯酰胺	尿素	交联剂	引发剂	封堵剂驱	后续水驱		
1-2-1-1	0.0	3.0	5.0	0.8	0.06	0.05	0.17	0.37	2.15	138.8
1-2-1-2	0.0	3.0	5.0	1.0	0.06	0.05	0.18	0.39	2.17	146.3
1-2-1-3	0.0	3.0	5.0	1.2	0.06	0.05	0.20	0.46	2.30	172.5

从表 3-3 可以看出，在封堵剂组成中其它药剂组分保持不变的条件下，随尿素浓度增加，注入压力梯度比和残余阻力系数增加，但增幅并不明显。

实验过程中各个方案注入压力与 PV 数关系对比见图 3-6。

从图 3-6 可以看出，随尿素浓度增加，注入压力升高，但升幅并不明显，表明尿素浓度变化对成胶效果和注入压力影响不明显。

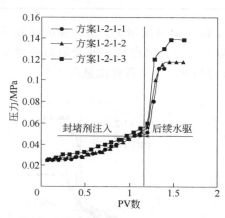

图 3-6　加入不同浓度尿素条件下，注入压力与 PV 数关系对比

（2）淀粉

淀粉浓度对复合凝胶成胶和封堵效果影响实验数据见表 3-4，相关曲线见图 3-7。

从表 3-4 可以看出，随淀粉浓度增加，封堵剂注入阶段和后续水驱阶段注入压力梯度都增大，压力梯度比值却减小。由此可见，淀粉可提高封堵剂成胶性能，但也使其注入性变差。

表 3-4　静态成胶效果实验数据（K_w=3.046μm^2）

方案编号	配方组成/%						压力梯度/(MPa/m)		压力梯度比	残余阻力系数
	淀粉	聚合硫酸铝铁	丙烯酰胺	尿素	交联剂	引发剂	封堵剂驱	后续水驱		
1-2-2-1	0.0	3.0	5.0	1.0	0.06	0.05	0.19	0.39	2.07	146.3
1-2-2-2	1.0	3.0	5.0	1.0	0.06	0.05	0.38	0.70	1.83	262.5
1-2-2-3	2.0	3.0	5.0	1.0	0.06	0.05	1.00	1.76	1.76	660.0
1-2-2-4	2.5	3.0	5.0	1.0	0.06	0.05	1.62	2.79	1.72	1046.3

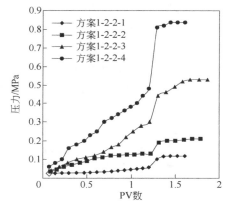

图 3-7　加入不同浓度淀粉条件下，注入压力与 PV 数关系对比

从图 3-7 可以看出，随淀粉加入浓度增加，封堵剂注入和后续水驱阶段注入压力升高，表明封堵剂封堵强度提高，但注入性变差。

（3）牺牲剂（聚合硫酸铝铁）

前期实验过程中采出液分析发现，在后续水驱阶段采出液颜色变浅，这可能与聚合硫酸铝铁在岩心孔隙内的吸附有关。因此，开展了聚合硫酸铝铁溶液岩心内吸附实验，证实它在岩心孔隙内存在吸附损耗。为了减小吸附对封堵剂成胶效果的影响，在后续实验中预先注 2PV 牺牲剂（7%聚合硫酸铝铁），静态吸附 24h，然后再注入封堵剂进行静态成胶实验。

牺牲剂对封堵剂静态成胶效果影响的实验结果见表 3-5。

表 3-5　有无牺牲剂条件下，静态成胶效果实验数据（K_w=3.058μm^2）

方案编号	配方组成/%						压力梯度/(MPa/m)		压力梯度比	残余阻力系数
	淀粉	聚合硫酸铝铁	丙烯酰胺	尿素	交联剂	引发剂	封堵剂驱	后续水驱		
1-2-3-1	0.0	3.0	5.0	1.0	0.06	0.05	0.19	0.39	2.07	146.3
1-2-3-2	2.0	3.0	5.0	1.0	0.06	0.05	1.00	1.76	1.76	660.0

续表

方案编号	配方组成/%						压力梯度/(MPa/m)		压力梯度比	残余阻力系数
	淀粉	聚合硫酸铝铁	丙烯酰胺	尿素	交联剂	引发剂	封堵剂驱	后续水驱		
1-2-3-3[①]	0.0	3.0	5.0	1.0	0.06	0.05	0.20	0.53	2.65	198.8
1-2-3-4[①]	2.0	3.0	5.0	1.0	0.06	0.05	1.47	2.68	1.82	1005.0

① 加入牺牲剂。

从表 3-5 可以看出，岩心孔隙经过牺牲剂预吸附后封堵剂成胶效果得到提高，表现为后续水驱阶段注入压力梯度和残余阻力系数增加（方案 1-2-3-1 与方案 1-2-3-3 对比，方案 1-2-3-2 与方案 1-2-3-4 对比）。由此可见，牺牲剂可以改善封堵剂岩心内静态成胶效果。

实验过程中各个方案注入压力与 PV 数的关系对比见图 3-8。可以看出，当预先向岩心内注入牺牲剂后，后续水驱阶段注入压力增加，表明封堵剂在岩心孔隙内成胶和封堵效果得到提升。

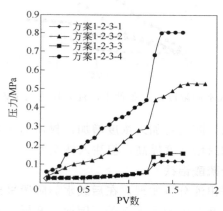

图 3-8　有无牺牲剂条件下，注入压力与 PV 数关系对比

（4）交联剂和引发剂

在岩心预先注入牺牲剂（方案 1-2-3-1 除外）条件下，尿素、交联剂和引发剂浓度对封堵剂静态成胶效果影响实验结果见表 3-6。

表 3-6　预先注入牺牲剂条件下，静态成胶效果实验数据（K_w=3.037μm^2）

方案编号	配方组成/%						压力梯度/(MPa/m)		压力梯度比	残余阻力系数
	淀粉	聚合硫酸铝铁	丙烯酰胺	尿素	交联剂	引发剂	封堵剂驱	后续水驱		
1-2-4-1	2.0	3.0	5.0	1.0	0.06	0.05	1.00	1.76	1.76	660.0
1-2-4-2	2.0	3.0	5.0	1.2	0.10	0.10	2.70	3.70	1.37	1387.5

方案编号	配方组成/%						压力梯度/(MPa/m)		压力梯度比	残余阻力系数
	淀粉	聚合硫酸铝铁	丙烯酰胺	尿素	交联剂	引发剂	封堵剂驱	后续水驱		
1-2-4-3	2.0	3.0	5.0	1.2	0.20	0.20	3.30	4.00	1.21	1500.0
1-2-4-4	2.0	3.0	5.0	1.2	0.30	0.30	3.50	4.20	1.19	1575.0
1-2-4-5	2.0	3.0	5.0	1.2	0.50	0.50	3.70	4.30	1.16	1612.5

从表 3-6 可以看出,在岩心预先注入牺牲剂(2%淀粉)条件下,随交联剂和引发剂浓度增加,封堵剂成胶效果提升,药剂注入和后续水驱阶段注入压力梯度增加,但增幅并不明显。进一步分析发现,由于牺牲剂加入,残余阻力系数逐渐增加,但压力梯度比呈现减小趋势。

实验过程中各个方案注入压力与 PV 数关系对比见图 3-9。可以看出,牺牲剂可使后续水驱阶段注入压力明显提高。此外,随交联剂和引发剂浓度增加,注入压力升高,但浓度超过 0.2%时增幅减小。从技术经济角度考虑,推荐交联剂和引发剂浓度为 0.2%~0.3%。

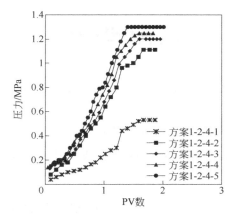

图 3-9　预先注入牺牲剂条件下,注入压力与 PV 数关系对比

(5)丙烯酰胺

丙烯酰胺浓度对封堵剂在岩心内静态成胶效果影响的实验结果见表 3-7。可以看出,随丙烯酰胺浓度增加,压力梯度比和残余阻力系数增大。当丙烯酰胺浓度超过 5%时,残余阻力系数增幅减小。

注入压力与 PV 数关系对比见图 3-10。可以看出,随丙烯酰胺浓度增加,注入压力升高。当丙烯酰胺浓度超过 5.0%时,后续水驱压力增幅减小。从技术经济角度考虑,推荐丙烯酰胺浓度 3%~5.0%。

表 3-7　改变丙烯酰胺浓度下，静态成胶效果实验数据（K_w=7.046μm²）

方案编号	配方组成/%						压力梯度/(MPa/m)		压力梯度比	残余阻力系数
	淀粉	聚合硫酸铝铁	丙烯酰胺	尿素	交联剂	引发剂	封堵剂驱	后续水驱		
1-2-5-1	0	3.0	3.0	1.2	0.3	0.3	0.19	0.22	1.16	188.6
1-2-5-2	0	3.0	5.0	1.2	0.3	0.3	0.20	1.00	5.00	857.1
1-2-5-3	0	3.0	7.0	1.2	0.3	0.3	0.23	1.36	5.91	1165.7
1-2-5-4	0	3.0	10.0	1.2	0.3	0.3	0.27	1.50	5.56	1285.7

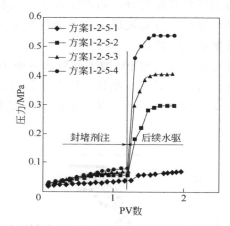

图 3-10　随丙烯酰胺浓度增加，注入压力与 PV 数关系对比

3.2.3　封堵剂段塞尺寸的影响

封堵剂段塞尺寸对封堵剂岩心内静态成胶和封堵效果影响的实验数据见表 3-8。

表 3-8　封堵剂段塞尺寸对静态成胶和封堵效果影响的实验数据（K_w=7.052μm²）

方案编号	段塞尺寸（PV 数）	配方组成/%					压力梯度/(MPa/m)		压力梯度比	残余阻力系数
		聚合硫酸铝铁	丙烯酰胺	尿素	交联剂	引发剂	封堵剂驱	后续水驱		
1-3-1	1.2	3	5	1.2	0.3	0.3	0.20	1.00	5.00	857.1
1-3-2	2.0	3	5	1.2	0.3	0.3	0.20	1.03	5.15	882.9
1-3-3	3.0	3	5	1.2	0.3	0.3	0.20	1.07	5.33	917.1

从表 3-8 可以看出，在封堵剂药剂组成不变条件下，随封堵剂段塞尺寸增加，压力梯度比和残余阻力系数逐渐增加，成胶效果提高但增幅并不明显。

实验过程中注入压力与 PV 数关系对比见图 3-11。

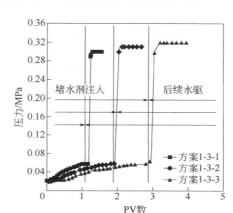

图 3-11　改变段塞尺寸条件下，注入压力与 PV 数关系对比

从图 3-11 可以看出，随岩心注入封堵剂段塞尺寸增加，注入压力略微增大，表明增加封堵剂段塞尺寸对成胶效果影响不大。因此，推荐后续实验封堵剂段塞尺寸为 1.2PV。

3.2.4　前置牺牲剂（淀粉）的影响

（1）段塞尺寸

前置淀粉段塞尺寸对成胶效果影响实验结果见表 3-9。可以看出，随前置淀粉段塞尺寸增大，残余阻力系数增加，但增幅减小。

表 3-9　不同前置淀粉段塞尺寸下的静态成胶效果实验数据（K_w=7.032μm^2）

方案编号	段塞尺寸（PV 数）	压力梯度/(MPa/m)		压力梯度比	残余阻力系数
		封堵剂驱	后续水驱		
1-4-1-1	0.15	0.200	0.500	2.50	428.6
1-4-1-2	0.25	0.206	0.700	3.39	571.7
1-4-1-3	0.35	0.217	0.733	3.37	600.0

实验过程中各个方案注入压力与 PV 数关系对比见图 3-12。可以看出，当前置淀粉段塞尺寸超过 0.25PV 时，后续水驱压力增幅减小，推荐采用该段塞尺寸进行后续岩心静态成胶实验。

（2）淀粉浓度

前置淀粉浓度对成胶效果影响实验结果见表 3-10。可以看出，随前置淀粉浓度增大，压力梯度比和残余阻力系数增加。

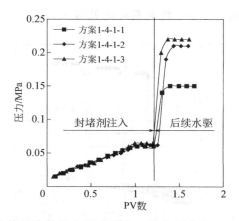

图 3-12　随前置淀粉段塞尺寸增大，注入压力与 PV 数关系对比

表 3-10　改变前置淀粉浓度条件下的静态成胶效果实验数据（ K_w=7.021μm^2 ）

方案编号	淀粉浓度/%	压力梯度/(MPa/m)		压力梯度比	残余阻力系数
		封堵剂驱	后续水驱		
1-4-2-1	0.5	0.173	0.400	2.31	342.9
1-4-2-2	1.0	0.207	0.700	3.38	571.7
1-4-2-3	1.5	0.210	0.733	3.49	628.3
1-4-2-4	2.0	0.220	0.800	3.63	685.7

实验过程中各个方案注入压力与 PV 数关系对比见图 3-13。

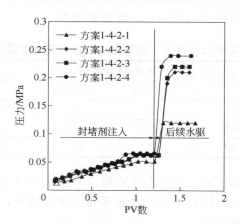

图 3-13　随前置淀粉浓度增大，注入压力与 PV 数关系对比

可以看出，当淀粉浓度超过 1.0% 时，后续水驱压力增幅逐渐减小。从技术经济角度考虑，推荐后续实验淀粉浓度为 1.0%。

（3）前置聚合硫酸铝铁浓度

聚合硫酸铝铁浓度对成胶效果影响实验结果见表3-11。可以看出，随聚合硫酸铝铁浓度增大，压力梯度比和残余阻力系数增加。

表 3-11　不同浓度聚合硫酸铝铁下的静态成胶效果实验数据（K_w=7.083μm²）

方案编号	聚合硫酸铝铁浓度/%	压力梯度/(MPa/m)		压力梯度比	残余阻力系数
		封堵剂驱	后续水驱		
1-4-3-1	1.0	0.163	0.467	2.87	400.3
1-4-3-2	1.5	0.167	0.600	3.15	514.3
1-4-3-3	2.0	0.197	0.633	3.21	568.3
1-4-3-4	2.5	0.200	0.667	3.35	571.7
1-4-3-5	3.0	0.207	0.700	3.38	600.0

实验过程中各个方案注入压力与 PV 数关系对比见图 3-14。可以看出，当聚合硫酸铝铁浓度超过 1.5%时，后续水驱压力增幅减小。从技术经济角度考虑，推荐后续实验用聚合硫酸铝铁浓度为 1.5%。

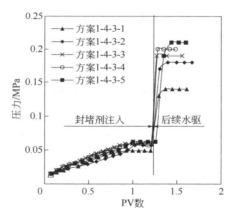

图 3-14　随聚合硫酸铝铁浓度增大，注入压力与 PV 数关系对比

（4）前置尿素浓度

尿素浓度对成胶效果影响实验结果见表3-12。可以看出，随尿素浓度增大，压力梯度比和残余阻力系数增加。

表 3-12　不同浓度尿素下的静态成胶效果实验数据（K_w=7.106μm²）

方案编号	尿素浓度/%	压力梯度/(MPa/m)		压力梯度比	残余阻力系数
		封堵剂驱	后续水驱		
1-4-4-1	0.6	0.160	0.467	2.92	400.3
1-4-4-2	0.8	0.163	0.567	3.48	486.0
1-4-4-3	1.0	0.167	0.600	3.59	514.3

实验过程中各个方案注入压力与 PV 数关系对比见图 3-15。可以看出，当尿素浓度超过 0.8%时，后续水驱压力增幅减小。从技术经济角度考虑，推荐后续实验用尿素浓度为 0.8%。

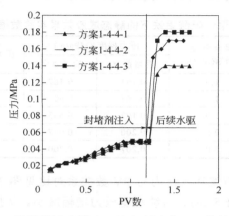

图 3-15　随尿素浓度增大，注入压力与 PV 数关系对比

（5）前置交联剂和引发剂

交联剂和引发剂浓度对成胶效果影响实验结果见表 3-13。可以看出，随交联剂和引发剂浓度增大，压力梯度比和残余阻力系数增加。

表 3-13　不同"交联剂+引发剂"浓度条件下的静态成胶效果实验数据（K_w=7.097μm²）

方案编号	"交联剂+引发剂"浓度/%	压力梯度/(MPa/m)		压力梯度比	残余阻力系数
		封堵剂驱	后续水驱		
1-4-5-1	0.2	0.160	0.306	1.91	262.9
1-4-5-2	0.3	0.163	0.567	3.48	485.7
1-4-5-3	0.4	0.167	0.633	3.79	542.9

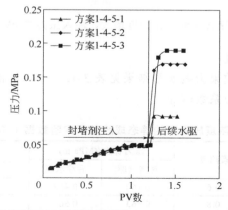

图 3-16　随交联剂和引发剂浓度增大，注入压力与 PV 数关系对比

实验过程中各个方案注入压力与 PV 数关系对比见图 3-16。可以看出，当"交联剂+引发剂"浓度超过 0.3%时，后续水驱压力增幅减小。从技术经济角度考虑，推荐后续实验中"交联剂+引发剂"浓度 0.3%。

3.2.5　前置聚合硫酸铝铁对成胶效果的影响——填砂管

聚合硫酸铝铁对复合凝胶成胶效果影响实验数据见表 3-14，注入压力与 PV 数的关系见图 3-17。

表 3-14　加入聚合硫酸铝铁时的静态成胶效果实验数据

配方组成/%						压力梯度 /(MPa/m)		突破压力梯度 /(MPa/m)	残余阻力系数
淀粉	聚合硫酸铝铁	丙烯酰胺	尿素	交联剂	引发剂	封堵剂驱	后续水驱		
1.5	3.0	5.0	1.2	0.3	0.3	0.26	7.67	12.48	38333.3

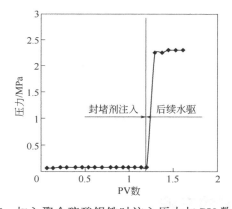

图 3-17　加入聚合硫酸铝铁时注入压力与 PV 数的关系

可以看出，未成胶复合凝胶注入压力较低，表明其注入性较好。静态成胶完成后的后续水驱压力梯度升高到 7.67MPa/m，残余阻力系数 38333.3。继续提高水驱注入速度，最终发生注入水突破时压力梯度为 12.48MPa/m（指标要求 10 MPa/m）。

3.3
复合凝胶成胶效果及影响因素——封堵剂Ⅱ

3.3.1　聚合氯化铝浓度的影响

聚合氯化铝浓度对成胶效果影响实验结果见表 3-15。可以看出，随聚合氯化铝浓度增大，压力梯度比和残余阻力系数增加。

表 3-15　不同浓度聚合氯化铝条件下的静态成胶效果实验数据（K_w=4.098μm²）

方案编号	聚合氯化铝浓度/%	压力梯度/(MPa/m)		压力梯度比	残余阻力系数
		封堵剂驱	后续水驱		
2-1-1	2.0	0.260	1.73	6.7	866.7
2-1-2	2.5	0.263	3.00	11.4	1500.0
2-1-3	3.0	0.267	3.03	11.3	1533.3

实验过程中各个方案注入压力与 PV 数关系对比见图 3-18。可以看出，当聚合氯化铝浓度超过 2.5%时，后续水驱压力增幅减小。从技术经济角度考虑，推荐后续实验聚合氯化铝浓度为 2.5%。

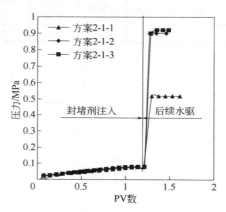

图 3-18　随聚合氯化铝浓度增大，注入压力与 PV 数关系对比

3.3.2　尿素浓度的影响

尿素浓度对成胶效果影响实验结果见表 3-16。可以看出，随尿素浓度增大，压力梯度比和残余阻力系数增加。

表 3-16　不同尿素浓度下的静态成胶效果实验数据（K_w=4.023μm²）

方案编号	尿素浓度/%	压力梯度/(MPa/m)		压力梯度比	残余阻力系数
		封堵剂驱	后续水驱		
2-2-1	0.6	0.260	2.40	9.2	1200.0
2-2-2	0.8	0.263	3.00	11.4	1500.0
2-2-3	1.0	0.267	3.03	11.3	1516.7

实验过程中各个方案注入压力与 PV 数关系对比见图 3-19。可以看出，当尿素浓度超过 0.8%时，后续水驱压力增幅减小。从技术经济角度考虑，推荐后续实验用尿素浓度 0.8%。

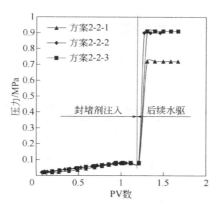

图 3-19　随尿素浓度增大，注入压力与 PV 数关系对比

3.3.3 "交联剂和引发剂"浓度的影响

"交联剂+引发剂"浓度对成胶效果影响实验结果见表 3-17。可以看出，随交联剂、引发剂浓度增大，压力梯度比和残余阻力系数增加。

表 3-17　在不同"交联剂+引发剂"浓度下的静态成胶效果实验数据（$K_w=4.077\mu m^2$）

方案编号	交联剂+引发剂浓度/%	压力梯度/(MPa/m)		压力梯度比	残余阻力系数
		封堵剂驱	后续水驱		
2-3-1	0.2	0.247	1.40	5.7	700.0
2-3-2	0.3	0.263	3.00	11.4	1500.0
2-3-3	0.4	0.273	3.17	11.6	1583.3

实验过程中各个方案注入压力与 PV 数关系对比见图 3-20。可以看出，当"交联剂和引发剂"浓度超过 0.3%时，后续水驱压力增幅减小。从技术经济角度考虑，推荐后续实验用交联剂和引发剂浓度为 0.3%。

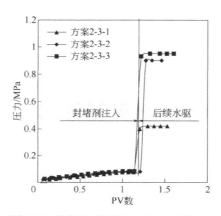

图 3-20　随交联剂和引发剂浓度增大，注入压力与 PV 数关系对比

3.3.4 丙烯酰胺浓度的影响

丙烯酰胺浓度对成胶效果影响实验结果见表 3-18。可以看出，随丙烯酰胺浓度增大，压力梯度比和残余阻力系数增加。

表 3-18 不同丙烯酰胺浓度下的静态成胶效果实验数据（K_w=4.056μm²）

方案编号	丙烯酰胺浓度/%	压力梯度/(MPa/m)		压力梯度比	残余阻力系数
		封堵剂驱	后续水驱		
2-4-1	4.0	0.250	2.16	8.64	1083.3
2-4-2	5.0	0.263	3.00	11.4	1500.0
2-4-3	6.0	0.270	3.10	11.5	1550.0

实验过程中各个方案注入压力与 PV 数关系对比见图 3-21。可以看出，当丙烯酰胺浓度超过 5%时，后续水驱压力增幅减小。从技术经济角度考虑，推荐后续实验丙烯酰胺浓度 5.0%左右。

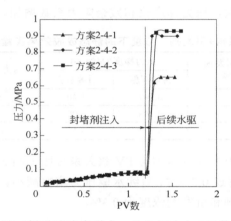

图 3-21 随丙烯酰胺浓度增大，注入压力与 PV 数关系对比

3.4
三种封堵剂技术经济效果对比

3.4.1 封堵效果

三种封堵剂（组成见实验方案设计）成胶和封堵效果实验结果对比见表 3-19，注入压力与 PV 数关系对比见图 3-22。

表 3-19　三种封堵剂静态成胶和封堵效果实验数据（K_w=7.018μm²）

方案编号	封堵剂类型	压力梯度/(MPa/m)		突破压力梯度 /(MPa/m)	残余阻力系数
		封堵剂驱	后续水驱		
3-1	淀粉接枝共聚物	0.333	0.667	4.12	571.4
3-2	封堵剂Ⅰ	0.200	0.567	6.35	485.7
3-3	封堵剂Ⅱ	0.193	1.667	10.59	1428.0

注：淀粉接枝共聚物组成"4%淀粉+4%丙烯酰胺+0.036%交联剂+0.012%引发剂+0.002%无水亚硫酸钠"。

从表 3-19 可以看出，在封堵剂注入阶段，与淀粉接枝共聚物凝胶相比较，"封堵剂Ⅰ"和"封堵剂Ⅱ"压力梯度较低。在后续水驱阶段，淀粉接枝共聚物凝胶和"封堵剂Ⅰ"残余阻力系数值基本相当，而"封堵剂Ⅱ"残余阻力系数值明显较高。由此可见，"封堵剂Ⅱ"不仅注入能力较强，而且成胶和封堵效果也较好。继续增大注入速度，注入压力会继续上升，当压力达到一定值时压力会下降即发生注入水突破，此时注入压力称之为突破压力。"封堵剂Ⅱ"突破压力为 3.18MPa，突破压力梯度达到 10.59MPa/m，"封堵剂Ⅰ"突破压力为 1.91MPa，淀粉接枝共聚物凝胶突破压力为 1.24MPa。

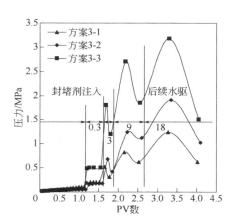

图 3-22　三种封堵剂注入压力与 PV 数关系对比

3.4.2　经济效益

封堵剂组成药剂价格见表 3-20。

表 3-20　药剂价格表

药剂	羟丙基淀粉	聚合氯化铝	聚合硫酸铝铁	丙烯酰胺	尿素	交联剂（N,N-亚甲基双丙烯酰胺）	引发剂（过硫酸铵）	无水亚硫酸钠
价格/(万元/t)	2.00	0.24	9.00	1.10	1.90	6.50	2.00	1.10

　　1m³ 三种封堵剂药剂费用计算结果见表 3-21。可以看出,由于聚合氯化铝价格远低于聚合硫酸铝铁,"封堵剂Ⅱ"药剂费用要比"封堵剂Ⅰ"低。与淀粉接枝共聚物凝胶相比较,"封堵剂Ⅱ"药剂费用仍然较低,技术经济效果较好。

表 3-21　药剂费用计算结果

药剂	淀粉接枝共聚物		封堵剂Ⅰ(聚合硫酸铝铁)		封堵剂Ⅱ(聚合氯化铝)	
	用量/t	价格/万元	用量/t	价格/万元	用量/t	价格/万元
羟丙基淀粉	0.04	0.08	0.00208	0.004167	0	0
聚合氯化铝	0	0	0	0	0.025	0.006
聚合硫酸铝铁	0	0	0.011875	0.106875	0	0
丙烯酰胺	0.04	0.044	0.03958	0.04354	0.05	0.055
尿素	0	0	0.00633	0.01203	0.008	0.0152
N,N-亚甲基双丙烯酰胺	0.00036	0.00234	0.002375	0.0154375	0.003	0.0195
过硫酸铵	0.00012	0.00024	0.002375	0.00475	0.003	0.006
无水亚硫酸钠	0.00002	0.000022	0	0	0	0
总价/万元	0.1266		0.1868		0.1017	

3.5
小结

　　① 与淀粉接枝共聚物凝胶相比较,复合凝胶初始黏度较低,注入性较好。采用聚合氯化铝替代聚合硫酸铝铁后复合凝胶成本大幅降低,注入性和封堵性也明显提高。

　　② 复合凝胶中丙烯酰胺为小分子材料,初始黏度较低,岩心孔隙内滞留量较小,传输运移能力良好,可以实现深部放置。复合凝胶在岩心内可以发生成胶反应,封堵率超过98%。突破压力梯度 10.59MPa/m(封堵剂Ⅱ,人造均质岩心)和 12.48MPa/m(封堵剂Ⅰ,填砂管),均超过合同指标要求值 10MPa/m,表现出较强的优势通道封堵能力。

　　③ 从技术经济角度考虑,推荐复合凝胶组成:"聚合氯化铝 2%～3%+丙烯酰胺 4.0%～6.0%+尿素 0.6%～1.0%+引发剂 0.1%～0.3%+交联剂 0.1%～0.3%"。

第**4**章
聚合物微球组成构建、性能测试和结构表征

    聚合物驱油技术已在国内大庆、胜利和渤海等油田应用或试验，取得明显增油降水效果。矿场实践表明，聚合物驱油技术自身也存在不足。一是聚合物溶液注入过程中吸液剖面会发生反转，进而减小聚合物溶液波及体积和最终采收率；二是聚合物溶液存在不可及孔隙体积，其中剩余油难以被采出，这也会降低聚合物驱采收率。与聚合物溶液中聚合物分子聚集体尺寸大小相差几百倍相比较，微观非均质调驱体系（又称聚合物微球）中颗粒粒径大小相差最多几倍。聚合物溶液是一个均匀分散体系，又称之为连续相体系。微观非均质调驱体系是一个不均匀分散体系即非连续相体系。因此，二者渗流特性和调驱机理方面存在较大差异，微观非均质调驱体系作为一种性能优异的深部液流转向剂而受到广泛关注。近些年来，国内外许多关于微球调驱机理的研究认为，聚合物微球膨胀性和黏弹性直接影响它的滞留和运移特性。现有聚合物微球材料通常存在聚合物分子链密度小、分子链作用力小和网络结构任意性强等缺陷，致使微球宏观上表现出力学性、稳定性和刺激响应性差等缺点，最终影响微球矿场调驱应用效果。为了提高微球材料黏弹性和抗盐性，科技工作者开发出具有新颖结构特征和优良力学性能的凝胶，主要包括拓扑（topological）凝胶、纳米复合凝胶、双网络水凝胶、大分子微球复合凝胶、疏水缔合凝胶和 tetra-PEG 凝胶等，其中疏水缔合凝胶既可以有效地控制吸水溶胀速率又可以显著地提高力学性能，成为科技工作者研究热点。

    本章拟采用反相乳液聚合方法，开展疏水单体、阳离子单体甲基丙烯酰氧乙基三甲基氯化铵和丙烯酰胺等三元共聚实验研究，预期合成一种疏水缔合聚合物微球。在此基础上，利用宏观和微观检测方法，开展了新型疏水缔合聚合物微球材料流变性和黏弹性及影响因素研究，同时还开展了疏水缔合聚合物微球缓膨性、封堵性和油藏适应性研究。

4.1
测试条件

4.1.1 实验材料

丙烯酰胺（AM），分析纯；甲基丙烯酰氧乙基三甲基氯化铵（DMC），阳离子单体，有效含量 65%，分析纯；丙烯酸（AA），分析纯；氢氧化钠，分析纯；氯化钠，分析纯；过硫酸铵与亚硫酸钠，氧化还原引发剂，分析纯；N,N-亚甲基双丙烯酰胺，交联剂，分析纯；Tween-60 和 Span-60，乳化剂，分析纯；液体石蜡，分析纯；乙酸钠，分析纯；EDTA，分析纯；尿素，分析纯；ALE 疏水单体，分析纯。

以上试剂由天津市福晨试剂厂提供。

4.1.2 合成步骤

（1）AM-AANa-ALE 水溶性共聚物制备

共聚物（微球材料）合成配方组成见表 4-1。

表 4-1 AM-AANa-ALE 水溶性共聚物合成配方组成

组成 样品代号	AM/g	AA/g	ALE/g	ALE/%	氢氧化钠/g	蒸馏水/g
PAAE1	57.60	14.40	0	0	8.0	176.0
PAAE2	57.53	14.40	0.40	0.03	8.0	177.0
PAAE3	57.38	14.40	1.19	0.09	8.0	179.0
PAAE4	57.24	14.40	1.99	0.16	8.0	180.0
PAAE5	57.10	14.40	2.79	0.22	8.0	182.0
PAAE6	56.95	14.40	3.58	0.28	8.0	184.0
PAAE7	56.88	14.40	3.98	0.32	8.0	184.0

注：过硫酸铵用量 0.42%（质量分数，相对单体的量），亚硫酸钠 0.84%（质量分数，相对单体的量），EDTA 浓度为 56mg/L，尿素浓度为 30000mg/L。

合成步骤：①将 NaOH 加入蒸馏水中，冷却至室温后缓慢地加入丙烯酸，将丙烯酸中和成丙烯酸钠；②按照表 4-1 的配方将其它试剂逐渐加入烧杯中，在磁力加热搅拌器上搅拌溶解，使其混合均匀，再用乙酸钠调节溶液 pH 值至 5~6；③向烧杯加入适量氧化还原引发剂，在搅拌条件下通氮气 30min；④烧杯停止通氮气，将反应体系转移至安瓿瓶中，在 30℃恒温水浴中放置约 5h 后；⑤将生成的聚合物从安瓿瓶中取出，用剪刀将聚合物剪成小颗粒，再用无水乙醇对反应产物进行洗涤，反复提纯，将提纯好的产物置于 50℃真空烘箱中烘干至恒重，最后放入干燥器中备用。

（2）AM-DMC-ALE 反相乳液共聚物微球的制备

AM-DMC-ALE 反相乳液共聚物微球的合成配方见表 4-2。

表 4-2　AM-DMC-ALE 聚合物微球合成配方

组成 样品号	AM/g	DMC/g	ALE/g	ALE/%	Span-60/g	Tween-60/g	液体石蜡/g	蒸馏水/g
MAAE1	23.02	16.10	0	0	19.25	2.145	120	60
MAAE2	22.54	16.10	0.78	0.16	19.25	2.145	120	60
MAAE3	22.32	16.10	1.09	0.22	19.25	2.145	120	60
MAAE4	22.11	16.10	1.39	0.28	19.25	2.145	120	60
MAAE5	21.89	16.10	1.69	0.34	19.25	2.145	120	60

注：硫酸铵用量 0.55%（质量分数，相对单体的量），亚硫酸钠 1.1%（质量分数，相对单体的量），N,N-亚甲基双丙烯酰胺 0.47%（质量分数，相对单体的量）。

采用反相乳液聚合方法，按比例称量共聚单体丙烯酰胺（AM）、疏水单体（ALE）、甲基丙烯酰氧乙基三甲基氯化铵（DMC）、过硫酸铵、亚硫酸钠、乳化剂 Tween-60、表面活性剂 Span-60、交联剂、蒸馏水和液体石蜡。

实验步骤：①在三口烧瓶上其中一个滴液漏斗中加入油相，在另一个滴液漏斗中加入水相，在 30℃条件下搅拌乳化约 30min，然后升温至 45℃；②先加入部分氧化剂-还原剂，0.5h 后再加入剩余部分。反应进行 5h 之后，关闭搅拌器，拆下环形冷凝器和温度计，将反应乳液倒入洗净的干燥试剂瓶中备用。

4.1.3　共聚物纯化

将乳液以体积比为 1∶10 放入无水乙醇中，充分搅拌进行破乳，在烧杯底部生成大量白色絮凝状沉淀。为除去微球表面吸附表面活性剂，经多次蒸馏水洗涤，抽滤后得到滤饼。再以体积比为 1∶5 的乙醇洗涤和抽滤，得到滤饼，自然风干得到白色粉末。

4.1.4　微球材料和微球性能表征

（1）红外光谱分析

采用 Nicolet Magna-IR 750 傅里叶变换红外分析测试仪，将提纯后的样品与 KBr 粉末研细压制成膜进行测试。

（2）微球材料基本性能

采用德国 HAAKE 公司 RS600 型流变仪测定共聚物材料黏度、流变性和黏弹性，测定温度为 45℃。两个样分别测试应力扫描模式，测试屈服应力，以及蠕变回复实验。应力扫描条件，固定频率 1Hz，应力扫描范围 0～600Pa。蠕变恢复实验条件，膨胀后的两种样品，固定频率 1Hz，施加应力 2.5Pa，作用 240s 之后撤掉应力，得到应变随应力变化曲线。在 45℃平板上预热 10min，平板间隙 2mm。

（3）外部形态

采用模拟地层水配制 100 mg/L 微球溶液。先测试微球初始粒径，并置于 65℃保温箱中，一定时间后采用体视显微镜（德国莱卡 DM1750m）观测微球外部形态。

（4）粒径

微球粒径分布计算方法：

① 在采用生物显微镜观测微球形态时，在载玻片上划定一个正方形区域，统计在此区域内微球数目和粒径，求出其最大值和最小值。

② 将微球粒径数据分成若干组，分组数量在 5～12 之间较为适宜，本次测试数据分为 9 组，分组个数称为组数，每组两个端点差值称为组距。

③ 计算组距宽度。用最大值和最小值之差去除组数，求出组距宽度。

④ 计算各组界限位。各组界限位可以从第一组开始依次计算，第一组下界为最小值，第一组上界为其下界值加上组距。第二组下界限位为第一组上界限值，第二组下界限值加上组距，就是第二组上界限位，依此类推。

⑤ 统计各组数据出现频数，计算各组频率（频率=频数÷微球总数）。

⑥ 作微球粒径分布曲线图。以组距为底长，以频率为高，绘制各组粒径分布曲线。

在 65℃模拟地层水下，微球浸泡不同时间后取样测试。模拟地层水离子组分见表 4-3。

表 4-3 模拟地层水离子组成

离子组分	$K^+ + Na^+$	Ca^{2+}	Mg^{2+}	Cl^-	SO_4^{2-}	CO_3^{2-}	HCO_3^-	总矿化度
离子浓度/(mg/L)	2968.8	826.7	60.8	6051.6	60.0	0.0	208.7	10176.6

（5）膨胀性

吸水膨胀倍数为微球吸水膨胀后的粒径与吸水膨胀前的粒径之比，能反映微球的吸水膨胀能力，其值越大，说明微球吸水膨胀能力越强，反之越弱。

膨胀倍数计算公式：

$$Q = (d_2 - d_1)/d_1 \qquad (4-1)$$

式中　　Q——膨胀倍数，无因次；

d_1 和 d_2——吸水膨胀前和吸水膨胀后的微球粒径，μm。

（6）流变性和黏弹性

采用德国 HAAKE 公司 RS600 型流变仪测定共聚物微球流变特性，测定温度为 45℃。两个样品分别测试应力扫描模式、测试屈服应力以及蠕变回复实验。应力扫描条件：固定频率 1Hz，应力扫描范围 0～600Pa。蠕变恢复实验条件：膨胀后的两种样品，固定频率 1Hz，施加应力 2.5Pa，作用 240s 之后撤掉应力，得到应变随应力变化曲线。在 45℃平板上预热 10min，平板间隙 2mm。

（7）渗流及油藏适应性

岩心为石英砂环氧树脂胶结均质岩心，环氧树脂浇铸密封。岩心渗透率 K_g=0.11μm²、0.170μm²、0.210μm²、0.320μm²、0.325μm²、0.356μm²、0.365μm²、0.435μm²、0.450μm²、0.475μm²、0.496μm²、0.581μm²、0.657μm²、0.750μm²、0.768μm²、0.867μm²、0.924μm²、1.240μm² 和 1.500μm²，几何尺寸 ϕ2.5cm×10cm。聚合物微球与孔隙配伍性可以用微球与孔隙尺寸匹配关系来评价。若水化前微球能够进入岩心孔隙并在其中运移，且注入压力呈现"升高—趋于稳定"态势，就认定二者间是相匹配即适应的，此时岩心渗透率被称之为微球渗透率极限值。否则，微球颗粒会在岩心孔隙入口或端面聚并或形成桥堵。

微球在多孔介质内滞留量大小用阻力系数和残余阻力系数（F_R 和 F_{RR}）表征：

$$F_R = \frac{\delta p_2}{\delta p_1} \tag{4-2}$$

$$F_{RR} = \frac{\delta p_3}{\delta p_1} \tag{4-3}$$

其中，δp_1 为岩心水驱压差；δp_2 为微球注入压差；δp_3 为后续水驱压差。上述注入过程必须保持注液速度相同，注入量 4PV～6PV，实验温度 65℃，注液速度保持 0.3mL/min。

4.2
抗盐微球合成和基本性能表征

4.2.1　微球材料红外光谱分析

3 个微球材料样品 PAM1、PAAE2 和 PAAE4 的红外光谱测试结果见图 4-1。

可以看出，PAM 材料红外光谱图中存在氨基（3424cm⁻¹）、饱和碳氢键（2929cm⁻¹）和羧基（1646cm⁻¹）等特征吸收峰。与 PAM 材料红外光谱图对比表明，PAAE1 材料中氨基和羧基特征吸收峰位移和峰形变小、变弱，新增了 C—N 键

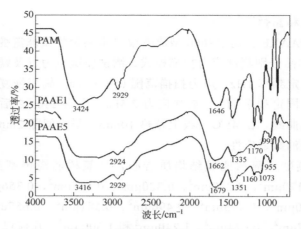

图 4-1　微球材料红外光谱图

伸缩振动特征吸收峰（1335cm^{-1}），说明甲基丙烯酰氧乙基三甲基氯化铵中氨基已经被引入到大分子链中。与 PAAE1 相比较，PAAE5 材料中氨基和羰基特征吸收峰位移和峰形变化不大，只是新增了 ALE 分子链中 C—O 伸缩振动峰（1244cm^{-1}）和长链烷基（722cm^{-1}）变形振动特征峰，疏水单体醚键—CH$_2$—O—CH$_2$ 特征吸收峰向低频移动至 1073cm^{-1}，这是由于 ALE 单元醚键上氧原子与酰胺基中氢原子间形成分子内氢键，表明在 PAAE5 中引入了具有醚氧键的大分子结构单元。

4.2.2　微球材料基本性能

（1）特性黏度和分子量

微球材料溶液特性黏度和分子量测试结果见表 4-4。

表 4-4　微球材料特性黏度和分子量测试结果

参数＼样品	PAAE1（0.0%）	PAAE2（0.03%）	PAAE3（0.09%）	PAAE4（0.16%）	PAAE5（0.22%）	PAAE6（0.28%）
$[\eta]/(\text{dL/g})$	0.63	1.10	1.18	2.24	4.45	2.00
$[M_n]\times10^{-5}/(\text{g/mol})$	0.31	0.73	0.81	2.14	6.05	1.80
$[M_w]\times10^{-5}/(\text{g/mol})$	1.00	2.00	2.19	4.87	11.49	4.23

可以看出，随疏水单体 ALE 摩尔浓度增加，相关参数呈现"先增后降"的变化趋势。当疏水单体 ALE 为 0.22% 时，样品 PAAE5 分子量最大。分析表明，当疏水单体浓度较小时，随疏水单体含量增加，微球材料中分子间缔合作用增强，特性黏度逐渐增加。当疏水单体浓度增至一定值后，疏水单体低活性和位阻效应对聚合反应活性影响显著增加，导致微球材料分子量降低。

（2）表观黏度

微球材料溶液表观黏度与浓度关系见图 4-2。

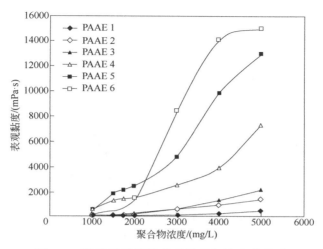

图 4-2　微球材料溶液表观黏度与浓度的关系

从图 4-2 可以看出，当疏水单体 ALE 浓度小于 0.16%时，随微球材料浓度和疏水单体用量增加，溶液黏度缓慢增大。当 ALE 浓度在 0.16%～0.32%时，在微球材料浓度相同的条件下，随疏水单体浓度增加，微球材料溶液黏度显著增大。在疏水单体浓度的相同条件下，微球材料溶液黏度与浓度关系曲线存在拐点，拐点对应的微球材料浓度被称之为临界缔合浓度。临界缔合浓度随 ALE 浓度增加呈现"先减后增"变化趋势。当 ALE 浓度为 0.22%时，样品 PAAE5 临界缔合浓度最低，为 1750mg/L。机理分析表明，当疏水单体浓度增大到临界缔合浓度时，微球材料大分子链间容易形成分子间缔合作用，从而增大了分子聚集体流体力学半径，同时增大了微球材料溶液内摩擦阻力。因此，当微球材料浓度达到临界缔合浓度时，溶液黏度就会显著增加。当疏水单体浓度增大到一定值后，疏水单体位阻效应降低微球材料分子量的作用较显著，从而导致微球材料临界缔合浓度随 ALE 浓度增大而增加的变化趋势。

（3）第一法向应力差

微球材料溶液的第一法向应力差与剪切速率关系见图 4-3。

从图 4-3 可以看出，随微球材料中疏水单体浓度增加，第一法向应力差呈现"先增后减"的变化趋势，即微球材料溶液弹性呈现"先增后减"的变化趋势。分析表明，一方面，微球材料大分子中疏水单体链段浓度增大促进了分子间缔合作用，增大了溶液内"缠结点密度"，导致溶液黏弹性随疏水单体浓度增大而增大。另一方面，由于疏水单体链段具有位阻效应，当其浓度超过 0.22%以后微球材料分子量明显降低，从而导致分子链缠结减弱。因此，微球材料溶液弹性随疏水单体浓度增大而降低。

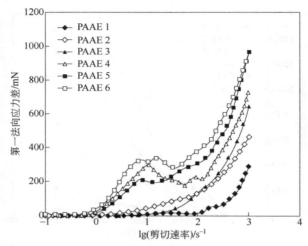

图 4-3　第一法向应力差与剪切速率的关系

（4）流变性

微球材料溶液表观黏度与剪切速率关系见图 4-4。

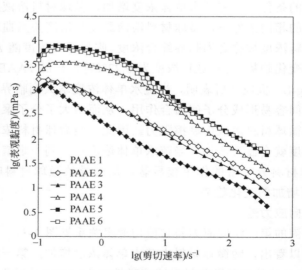

图 4-4　表观黏度与剪切速率的关系

可以看出，在较低剪切速率时，微球材料溶液表观黏度受剪切速率影响尤为明显。当 ALE 含量高于 0.16%，出现明显剪切增稠现象；在较高剪切速率时，微球材料溶液表现出剪切变稀现象，高疏水单体含量微球材料表观黏度绝对值要高一些。分析表明，低剪切作用下，分子链间作用力影响显著。ALE 含量 0.16% 已经超过临界胶束浓度，PAAE1 大分子链间产生明显的分子间疏水缔合作用。在较低剪切速率条件下，剪切作用不足以破坏分子间作用力，反而促进分子链间缠结，从而表现出剪切增稠现象。当剪切速率增加到足以破坏分子链缔合作用和物理缠绕时，微球材料溶液内平均缠结点密度下降，内摩擦阻力降低，从而表现出剪切变稀现象。

（5）黏弹性

黏弹体线性应变和屈服应变对应的临界应力称为屈服应力。在低剪切应力条件下，微球材料溶液（凝胶）储能模量和损耗模量变化存在一段平稳期，即产生线性应变，形变可全部回复，此时微球材料结构没有发生破坏。随剪切应力增加，微球材料溶液产生非线性应变，形变只有部分可以恢复。屈服应力测量值愈大，微球材料强度愈高，抗剪切性能愈好。

经典凝胶网孔尺寸 L_C 可由下式计算：

$$L_C = \phi^{-1/3}(C_\infty N)^{1/2} a \tag{4-4}$$

式中，C_∞ 为凝胶特性常数；ϕ 为凝胶溶胀时的体积分数；N 为网络交联点之间的平均单元数［以溶剂体积（a^3）为标度］。由公式（4-4）可知，随交联点间分子链长增加，网孔尺寸增大。

在低形变（0.1%~0.6%）和低频率（1Hz，完全可回复弹性区）条件下，储能模量 G' 和网络交联点间分子链长 N［以溶剂体积（a^3）为标度］存在以下关系：

$$G' = \frac{RT}{N_a a^3 N} \phi_0^{2/3} \phi^{1/3} \tag{4-5}$$

式中，G' 为储能模量；N_a 为阿伏伽德罗常数；R 是通用气体常数；T 是热力学温度；ϕ_0 和 ϕ 分别为凝胶松弛时和溶胀时的体积分数；$N_a a^3$ 为溶剂摩尔体积。假定凝胶干燥状态为松弛状态，对于所有样品 ϕ_0 均为 1。由公式（4-5）可知，随网孔尺寸增大，储能模量减小。随温度升高，储能模量增加。

4.2.3 微球基本性能

采用反相乳液共聚法制备丙烯酰胺、ALE 和甲基丙烯酰氧乙基三甲基氯化铵等三元共聚物微球。

（1）缓膨性

微球膨胀速率与 ALE 浓度关系实验数据见表 4-5 和图 4-5。

表 4-5　微球粒径与溶胀时间关系

样品号	粒径/μm				
	0h	1h	3h	5h	7h
PAAE1	6.36	25.71	31.08	31.59	31.81
PAAE4	8.73	21.11	25.19	27.53	35.08
PAAE5	9.32	18.85	21.71	35.42	39.38
PAAE6	13.15	14.92	20.82	22.00	35.98
PAAE7	13.43	13.81	15.45	16.89	25.71

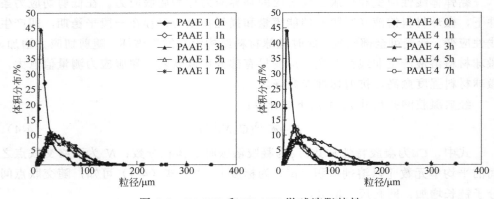

图 4-5　PAAE1 和 PAAE4 微球溶胀特性

　　从图 4-5 和表 4-5 可以看出，随疏水单体 ALE 含量增加，聚合物微球初始粒径由 6.36μm 逐渐增加到 13.43μm。与含疏水单体 ALE 微球相比较，不含 ALE 疏水单体 PAAE1 微球膨胀速率较快，1h 膨胀倍数达到平衡溶胀倍数的 81.7%。随 ALE 浓度增加，PAAE3～PAAE7 微球膨胀速率逐渐减小。由于 ALE 单体疏水链段伸展，促进了微球流体力学半径增大，因而微球初始粒径随 ALE 单体浓度增加而增大。疏水单体 ALE 在水相中能形成洋葱状多层囊泡，聚合后这种囊泡结构仍然存在。囊泡结构、ALE 烷基尾链间疏水缔合作用以及聚乙二醇单元中醚键与酰胺基间氢键使得三维网络结构收缩，从而减缓了水分子扩散。当微球浸泡在水相中时，随吸水时间延长，一方面分子链上氢键随之解离，微球溶胀；另一方面，ALE 与烷基链间疏水作用依然存在，这减小了三维网孔尺寸，限制了微球溶胀速率。ALE 浓度愈高，分子链间疏水缔合作用愈强，微球溶胀速率越慢，溶胀倍数越小。因此，随 ALE 浓度增加，微球膨胀速率减小，膨胀倍数降低。

（2）滞留和封堵特性

MAAE 凝胶样品注入压力与注入孔隙体积倍数（PV 数）关系见图 4-6。

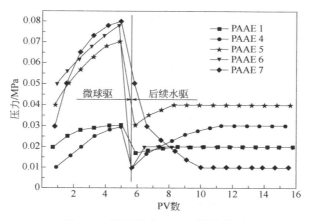

图 4-6　注入压力与 PV 数的关系

可以看出，随疏水单体 ALE 浓度增加，后续水驱注入压力呈现"先增后降"变化趋势，PAAE3 微球封堵性能较好，这与微球膨胀性和黏弹性密切相关。由于微球是黏弹体，具有一定外观形状，其变形难度远大于普通聚合物溶液。在岩心孔隙中，微球是靠物理堵塞来封堵大孔道，促使后续驱油剂绕流进入中小孔隙，进而达到扩大其波及体积作用，并依靠弹性形变作用产生深部运移。微球缓膨性提高了注入性，微球膨胀粒径增加，封堵作用增强。随疏水单体 ALE 含量增加，微球膨胀速率降低，完全膨胀时平均粒径呈现"先增后降"的变化趋势。随注入压力升高，滞留在孔喉处的微球发生弹性变形，最终通过孔喉。微球黏弹性越大，它在孔隙内恢复形变和运移愈困难。

综上所述，在几种微球中，PAAE3 微球黏弹性较强，滞留和深部液流转向效果较好。

4.2.4　单体转化率和固含量

（1）标准溶液配制

① 0.1mol/L 的 $Na_2S_2O_3$ 溶液：用天平称取 8.667g 硫代硫酸钠、0.067g $Na_2S_2O_3$，加入 500mL 烧杯中，用 333.333g 蒸馏水溶解，并煮沸 10min，冷却放置一段时间，转移至棕色试剂瓶中待用。

② 淀粉指示剂：用天平称取 1.25g 淀粉和 250mL 蒸馏水，先在小烧杯中用数滴蒸馏水将淀粉调成糊状并转移至四口烧瓶中，取 150mL 蒸馏水加入烧瓶中并加热至沸腾。将剩余的蒸馏水冲洗小烧杯，冲洗液也转移至烧杯中，加入 3～4 滴稀盐酸微沸 3min。冷却后转移至试剂瓶中待用。

③ 溴指示剂：用天平称取 3g 溴酸钾和 25g 溴化钾，用量筒量取 50mL 蒸馏水，先在小烧杯中将量取的蒸馏水将这两种试剂依次溶解，然后用玻璃棒转移至

1000mL 容量瓶中并定容，摇晃均匀并转移至棕色试剂瓶中待用。

（2）实验操作步骤

① 空白对照样的滴定：在碘量瓶中用移液管依次加入 10mL 蒸馏水、25mL 溴试剂和 10mL 1∶1 的盐酸，用 KI 溶液封口。放置在暗处 10min，反应完毕后打开塞子，加入 10mL 20% KI 溶液，再次用 KI 溶液封口，放置在暗处 20min，加入几滴淀粉指示剂，在滴定管中加入 0.1mol/L 的 $Na_2S_2O_3$ 溶液，缓慢滴定，待溶液变为无色的时候记录消耗的 $Na_2S_2O_3$ 溶液的体积。做三个平行试验，取平均值。

② 在不同的时间点从广口瓶中取出 1g 聚合物，用蒸馏水稀释 100 倍，在碘量瓶中用移液管依次加入取 10mL 稀释后的聚合物溶液、25mL 溴试剂和 10mL 1∶1 的盐酸，其它步骤同空白对照样的操作方法一样。每一个样重复做三次，取平均值。

（3）单体转化率和有效含量的计算方法

所测聚合物溶液中剩余丙烯酰胺的含量：

$$M_1 = \frac{(V_1 - V_2) \times 0.1 \times 72}{2} \times 10^{-3} \tag{4-6}$$

所测聚合物中原有丙烯酰胺的含量：

$$M_{单} = 10 \times c \times \frac{10}{110} \tag{4-7}$$

转化率计算公式：

$$转化率 = \frac{M_{单} - M_1}{M_{单}} \tag{4-8}$$

式中，V_1 是空白对照样滴定时所消耗的 $Na_2S_2O_3$ 溶液的体积；V_2 是试样滴定时所消耗的 $Na_2S_2O_3$ 溶液的体积；c 是单体浓度。

聚合物微球的有效含量：

$$\omega = \frac{Q_1}{Q_{总}} \times 100\% \tag{4-9}$$

式中，Q_1 是干样的总质量；$Q_{总}$ 是种液和滴液的总质量。

各样品测定的转化率和有效含量见表 4-6。因为 AAE-4、AAE-5 和 1 号样品破乳，所以未测定转化率和有效含量。

从表 4-6 可以看出，工艺优化后系列 I 微球较系列 MAAE 微球转化率更高，其中 I₃ 微球和 I₄ 微球转化率最好，分别为 98.78% 和 99.34%。同时，工艺优化后微球有效含量也更高，其中 2 号微球有效含量最高，为 27.62%。

表 4-6 转化率和有效含量测定结果

参数 \ 序号	微球批号							
	MAAE-1	MAAE-2	MAAE-3	2 号	I_1	I_2	I_3	I_4
V_2	19.45	18.53	18.83	9.733	18.23	18.53	22.1	22.3
转化率/%	91.28	88.67	89.50	92.39	87.83	88.68	98.78	99.34
有效含量/%	25.79	25.78	26.44	27.62	26.38	26.39	26.41	26.42

4.3
微球与储层孔隙配伍性

4.3.1 微球膨胀性和粒径分布

（1）外观形态

采用体视显微镜（德国莱卡 DM1750m）观测 3 种尺寸规格疏水缔合共聚物微球（代号为 S 微球、Z 微球和 D 微球）的外观形态，测试结果见图 4-7。

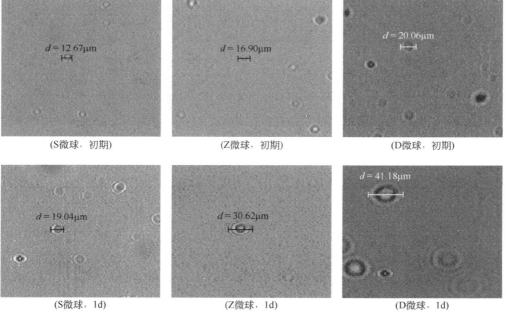

$d = 12.67\mu m$	$d = 16.90\mu m$	$d = 20.06\mu m$
（S微球，初期）	（Z微球，初期）	（D微球，初期）
$d = 19.04\mu m$	$d = 30.62\mu m$	$d = 41.18\mu m$
（S微球，1d）	（Z微球，1d）	（D微球，1d）

图 4-7

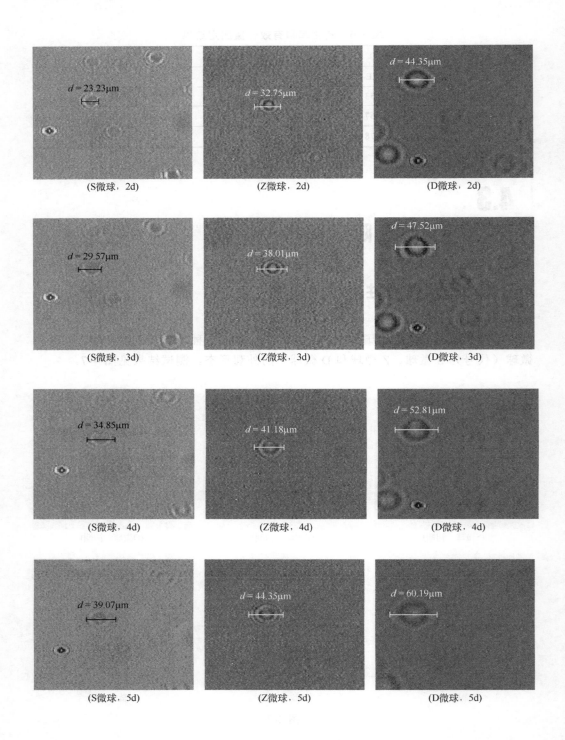

(S微球，2d)　(Z微球，2d)　(D微球，2d)

(S微球，3d)　(Z微球，3d)　(D微球，3d)

(S微球，4d)　(Z微球，4d)　(D微球，4d)

(S微球，5d)　(Z微球，5d)　(D微球，5d)

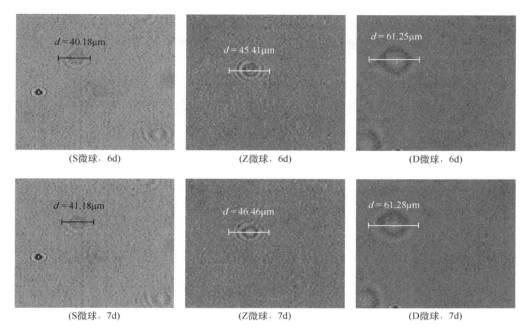

图 4-7　微球外观形态与时间关系

从图 4-7 可以看出，三种微球外观为球形，内部为致密结构凝胶层，外部为吸水膨胀溶胀层。随水化时间延长，内外两层逐渐增大。机理分析表明，随水化时间延长，微球大分子链段分子间疏水缔合作用以及氢键作用逐渐遭到破坏，分子链由收缩状态逐渐舒展伸长，从而促进外部溶剂水分子不断向微球三维网络结构扩散，因而微球粒径逐渐增加。

S 微球、Z 微球和 D 微球粒径测试结果见表 4-7。

表 4-7　粒径测试结果（浓度 100mg/L）

水化时间/d	粒径/µm		
	S 微球	Z 微球	D 微球
初始	12.67	16.90	20.06
1	19.04	30.62	41.18
2	23.23	32.75	44.35
3	29.57	38.01	47.52
4	34.85	41.18	52.81
5	39.07	44.36	60.19
6	40.18	45.41	61.25
7	41.18	46.46	61.28

从表 4-7 可以看出，随水化时间延长，微球缓慢膨胀，粒径逐渐增加。进一步分析发现，三种微球粒径初期膨胀速率较快，2d 后膨胀速率缓慢，5d 水化膨胀达到稳定状态。

（2）粒径分布

S 微球、Z 微球和 D 微球粒径分布及其与时间的关系见图 4-8～图 4-10。

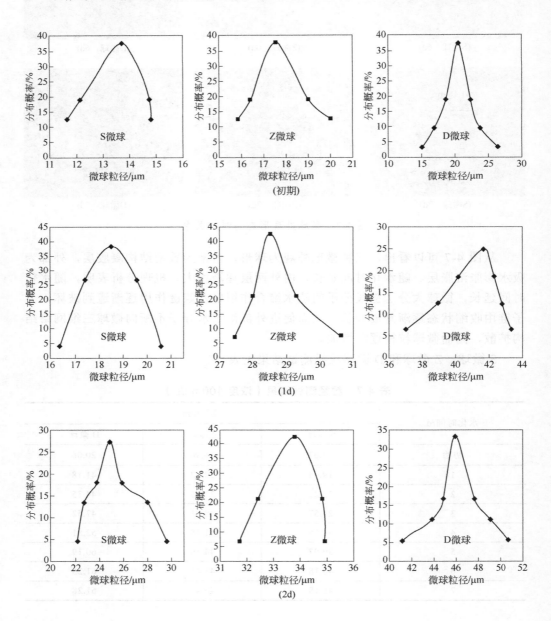

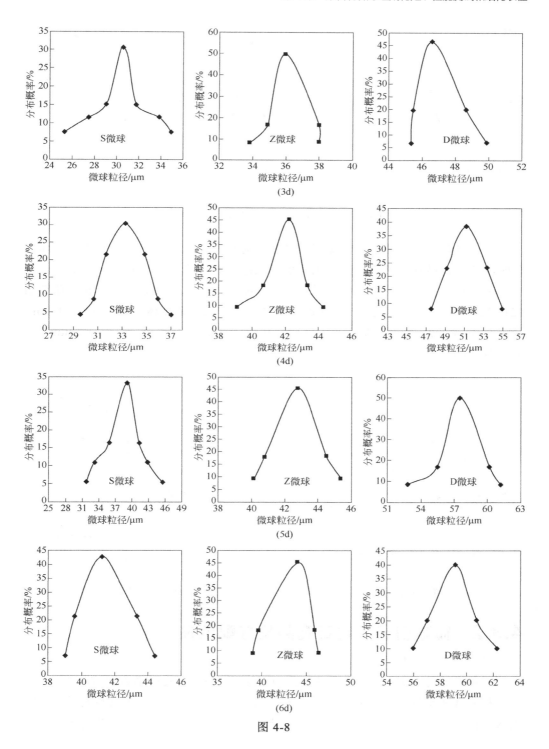

图 4-8

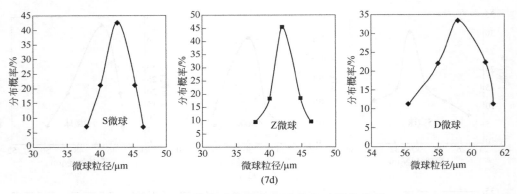

图 4-8   三种微球粒径分布及其与时间的关系

从图 4-8 可以看出，三种微球粒径呈正态分布，粒径分布范围比较窄。随水化时间延长，微球缓慢膨胀，但仍然保持正态分布规律，只是分布范围变窄。

微球粒径和膨胀倍数与时间关系见图 4-9 和图 4-10。可以看出，S 微球初始粒径 12.67μm，水化稳定时 41.18μm，膨胀倍数 2.25；Z 微球初始粒径 16.90μm，稳定时 46.46μm，膨胀倍数 1.75；D 微球初始粒径 20.06μm，稳定时 61.28μm，膨胀倍数 2.05。

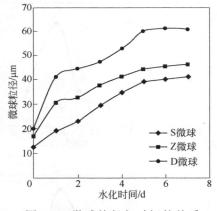

图 4-9   微球粒径与时间的关系

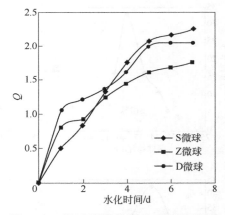

图 4-10   微球膨胀倍数与时间的关系

4.3.2   微球粒径与岩石孔隙尺寸配伍性

（1）阻力系数和残余阻力系数

三种微球的阻力系数（F_R）和残余阻力系数（F_{RR}）实验数据见表 4-8。

从表 4-8 可以看出，随岩心渗透率增大，阻力系数和残余阻力系数减小。随微球粒径增大，滞留量增大，渗流阻力增大，阻力系数和残余阻力系数增大。

表 4-8　阻力系数和残余阻力系数实验数据

微球类型	渗透率 $K_g/10^{-3}\mu m^2$	阻力系数（F_R）	残余阻力系数（F_{RR}）
S 微球	110	堵塞	堵塞
	170	堵塞	堵塞
	325	244.8	74.38
	365	225.0	64.81
	450	214.8	52.08
	496	210.7	30.56
Z 微球	210	堵塞	堵塞
	356	堵塞	堵塞
	475	399.6	118.01
	581	303.75	91.84
	750	298.97	69.22
	867	292.02	32.39
D 微球	320	堵塞	堵塞
	435	堵塞	堵塞
	657	442.07	130.02
	768	384.61	116.29
	924	350.18	85.27
	1240	322.48	40.16

（2）渗透率极限

三种微球通过不同渗透率岩心时注入压力与 PV 数的关系见图 4-11。

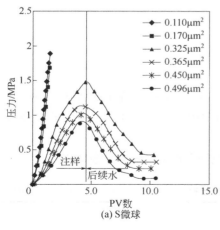
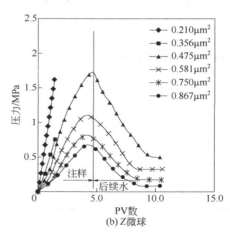

图 4-11

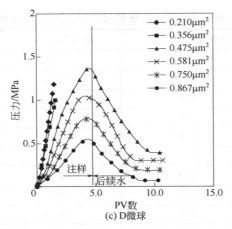

图 4-11 注入压力与 PV 数的关系

可以看出，在微球溶液注入过程中，随岩心渗透率减小，注入压力升高、速率加快，稳定压力值较高。当渗透率低于某个值（通常称之为岩心渗透率极限值）时，注入压力持续升高，表明微球粒径与岩心孔喉尺寸间匹配关系变差直至不匹配。

依据渗透率极限值定义和注入压力与 PV 数关系曲线变化趋势，确定 S 微球、Z 微球和 D 微球渗透率极限 K_g=0.365μm²、0.581μm² 和 0.768μm²。

4.4
微球调驱作用机理

4.4.1 测试条件

（1）药剂

聚合物为大庆炼化公司生产部分水解聚丙烯酰胺干粉（HPAM），分子量为 $2.5×10^7$，固含量 90%；聚合物微球，固含量 100%；有机铬，Cr^{3+} 含量 1.52%。

（2）油和水

实验用油为模拟油，黏度 74mPa·s。实验用水水质分析见表 4-9。

表 4-9 水质分析   单位：mg/L

离子组成	阳离子			阴离子				矿化度
	Ca^{2+}	Mg^{2+}	K^++Na^+	CO_3^{2-}	HCO_3^-	Cl^-	SO_4^{2-}	
污水	44.37	14.95	1648.34	0.00	2349.27	1289.14	11.82	5357.89

（3）调驱剂

调驱剂包括聚合物微球、聚合物溶液和聚合物凝胶。微球溶液质量浓度为 0.3%，黏度 1.8mPa·s；聚合物溶液质量浓度 0.1%，黏度 40.6mPa·s；聚合物凝胶（大庆"高分"聚合物，聚：$Cr^{3+}=120：1$）聚合物浓度 0.1%，黏度 53.2mPa·s。

（4）微观模型

微观模型包括微流控芯片模型和石英砂充填模型。微流控芯片模型（微流控芯片基体材料亚格力）结构示意图见图 4-12，几何尺寸：宽×长=1.0cm×4.0cm，孔径 20μm～50μm。

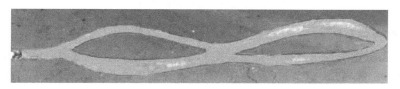

图 4-12　微流控芯片模型

石英砂充填微观模型结构示意图见图 4-13。

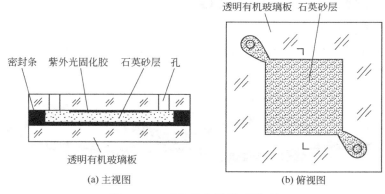

(a) 主视图　　　　　　　　　　　(b) 俯视图

图 4-13　石英砂充填微观模型

（5）实验设备、流程和步骤

可视化微观模型驱油装置由体视显微镜、图像采集处理系统、精密平流泵和人造微观模型等组成，实验设备和流程见图 4-14。

微流控芯片和填砂微观模型驱替实验步骤：

1）聚合物微球和聚合物溶液

①首先将微流控芯片模型抽空、饱和水；②模型饱和模拟油，记录图像；③水驱至含水 98%，记录驱替过程图像；④注入设计 PV 数聚合物微球或聚合物溶液，记录驱替过程图像。

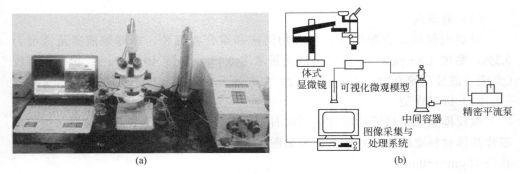

图 4-14　实验设备（a）和流程示意图（b）

2）聚合物凝胶

①首先将微流控芯片模型抽空、饱和水；②模型饱和模拟油，记录图像；③水驱至含水 98%，记录驱替过程图像；④注入设计 PV 数聚合物凝胶，记录驱替过程的动态图像；⑤候凝 1d；⑥后续水驱到含水 98%，记录驱替过程的动态图像。

实验在室内温度条件下进行，注入速率为 0.01mL/min。

4.4.2　调驱过程及作用机理

（1）微流控芯片模型

将微流控芯片模型饱和油，然后进行水驱和聚合物微球调驱，驱替过程见图 4-15。

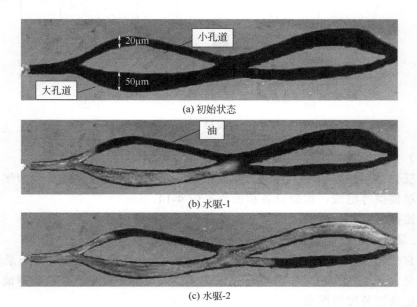

(a) 初始状态

(b) 水驱-1

(c) 水驱-2

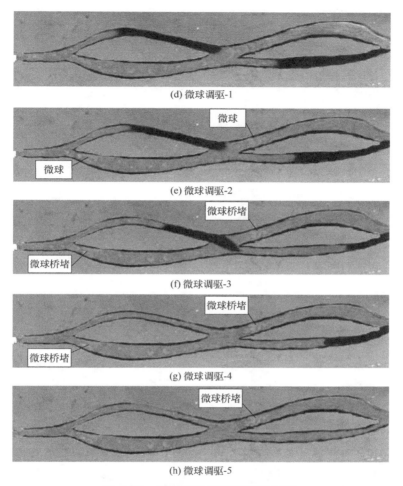

(d) 微球调驱-1

(e) 微球调驱-2

(f) 微球调驱-3

(g) 微球调驱-4

(h) 微球调驱-5

图 4-15　水驱和微球调驱实验过程

　　可以看出，微流控芯片中存在两个孔径不同的并联孔道 [见图 4-15（a）]。依据毛管力理论，孔径愈大，毛管力愈小，渗流阻力愈小。因此，在水驱过程中，注入水首先进入孔径较大的孔道，促使孔道内油发生运移并被采出孔道 [见图 4-15（b）和（c）]。在微球调驱过程中，微球也首先进入孔径较大、剩余油较低的大孔道，由于微球具有水化膨胀特性，它在孔道内发生膨胀和桥堵作用，进而增加渗流阻力和吸液启动压力，致使注入压力升高（注入速率保持恒定）。随着注入压力增加，驱替动力将超过小孔道的毛管力，此时后续水开始转向进入小孔道中驱油 [见图 4-15（d）～（h）]，最终达到液流转向和扩大波及体积作用。

　　（2）填砂微观模型

　　将填砂微观模型饱和油，然后水驱和微球调驱，驱替过程见图 4-16。

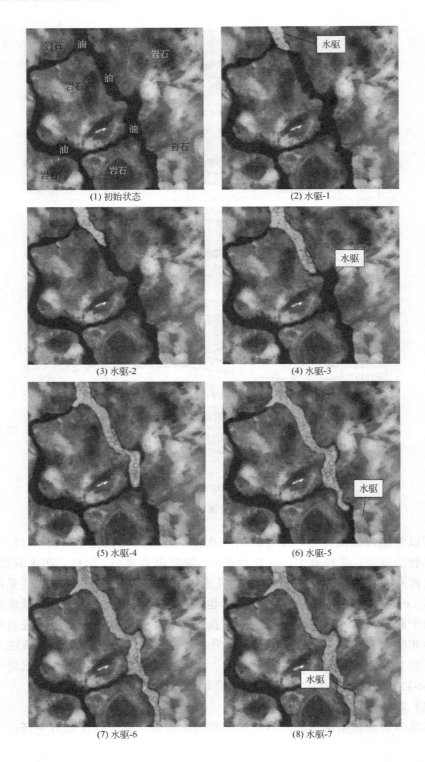

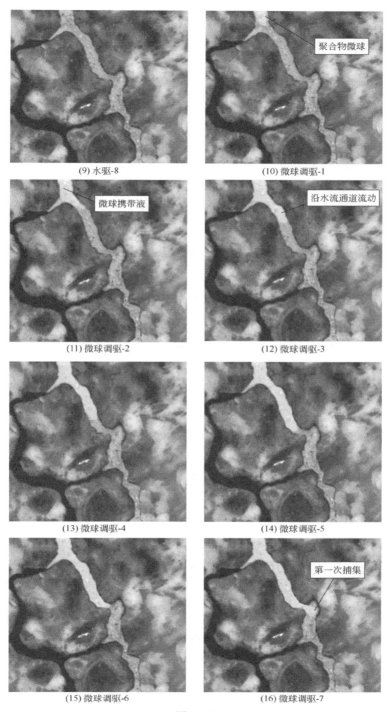

(9) 水驱-8　　　　　　　　　　　(10) 微球调驱-1

(11) 微球调驱-2　　　　　　　　　(12) 微球调驱-3

(13) 微球调驱-4　　　　　　　　　(14) 微球调驱-5

(15) 微球调驱-6　　　　　　　　　(16) 微球调驱-7

图 4-16

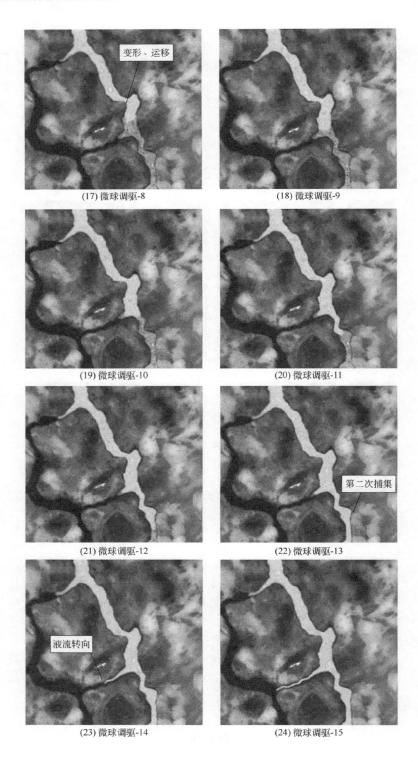

(17) 微球调驱-8

(18) 微球调驱-9

(19) 微球调驱-10

(20) 微球调驱-11

(21) 微球调驱-12

(22) 微球调驱-13

(23) 微球调驱-14

(24) 微球调驱-15

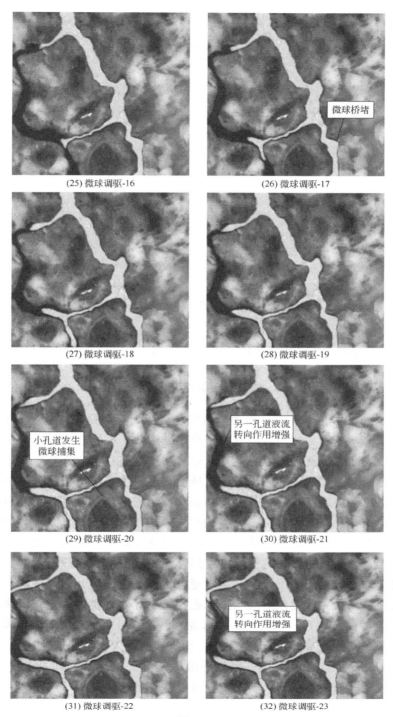

(25) 微球调驱-16

(26) 微球调驱-17

微球桥堵

(27) 微球调驱-18

(28) 微球调驱-19

小孔道发生
微球捕集

(29) 微球调驱-20

另一孔道液流
转向作用增强

(30) 微球调驱-21

(31) 微球调驱-22

另一孔道液流
转向作用增强

(32) 微球调驱-23

图 4-16

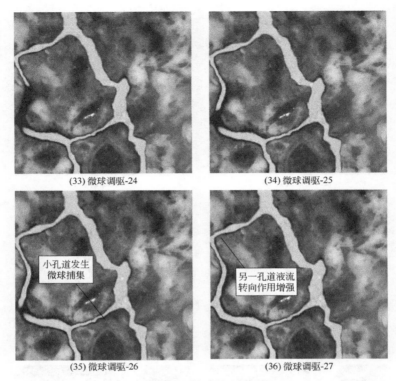

(33) 微球调驱-24   (34) 微球调驱-25

(35) 微球调驱-26   (36) 微球调驱-27

图 4-16　微球调驱过程

　　从图 4-16 可以看出，填砂微观模型中也存在不同孔径的孔道。依据毛管力理论，孔径愈大，毛管力愈小，渗流阻力愈小。因此，在水驱过程中，注入水首先进入孔径较大孔道即优势通道，促使孔道内油发生运移，这部分孔道最终被注入水占据［见图 4-16（2）～（9）］。在微球注入过程中，微球仍然首先进入渗流阻力较小的水流优势通道，并在其中运移和水化膨胀。一旦微球颗粒遇到孔隙喉道就会被喉道捕集［见图 4-16（10）～（16）］，导致渗流阻力增加和注入压力升高。随着注入压力升高，微球一端受到外部作用力逐渐增强，外形由初期球状变为椭圆或长条状，进而通过喉道并继续向前运移。随着孔隙内微球吸水膨胀即尺寸会增加和数量增大，它们在下一个孔隙喉道处又会发生捕集并形成桥堵，增加渗流阻力和提高注入压力，促使后续水进入孔径较小孔道，实现液流转向和扩大波及体积［见图 4-16（17）～（27）］。微球进入小孔道后捕集和滞留作用再次发生，渗流阻力和注入压力进一步提高，促使后续水转向进入更小孔道［见图 4-16（28）～（36）］。如此不断重复"运移—捕集—液流转向—再运移—再捕集—再液流转向……"过程，最终实现逐级转向扩大波及体积目的。

4.5
小结

① 疏水单体 ALE 与丙烯酰胺、丙烯酸钠共聚能形成无规分布疏水缔合共聚物（微球材料）。随疏水单体浓度增加，共聚物分子量和第一法向应力等参数呈现"先增后减"变化趋势。

② 采用反相乳液聚合方法可以制备出疏水缔合共聚物微球，随疏水单体浓度增大，微球膨胀速率和膨胀倍数减小。

③ S 微球初始粒径中值 12.67μm，水化稳定后 41.18μm，膨胀倍数 2.25；Z 微球初始粒径中值 16.90μm，水化稳定后 46.46μm，膨胀倍数 1.75；D 微球初始粒径中值 20.06μm，水化稳定后 61.28μm，膨胀倍数 2.05。上述微球岩心渗透率极限值 K_g=365×10^{-3}μm^2、581×10^{-3}μm^2 和 768×10^{-3}μm^2。

④ 微球在岩心孔隙内具有"堵大不堵小"自选择封堵特性，同时拥有"运移—捕集—液流转向—再运移—再捕集—再液流转向……"渗流特性，能够实现逐级转向扩大波及体积目的。

第 **5** 章
聚合物微球组成优化及中试产品性能测试

在上一章抗盐聚合物微球组成筛选和样品分析基础上，本章将开展抗盐聚合物微球中试和产品性能测试，进一步优化抗盐聚合物微球配方组成和合成工艺，为矿场试验用工业产品生产提供优化配方和最佳工艺。

5.1
测试条件

5.1.1 实验材料

（1）微球合成

水溶性单体丙烯酰胺（AM），分析纯，用于合成水溶性聚合物微球；水溶性单体 2-丙烯酰氨基-2-甲基丙磺酸（AMPS），分析纯，用于合成抗温抗盐聚合物微球；疏水单体 α-甲基苯乙烯（α-MSt），形成阴离子聚合物时解缔合作用使聚合物微球遇水发生膨胀；丙烯酸（AA），分析纯；氢氧化钠，分析纯；过硫酸铵（APS）与亚硫酸钠（Na_2SO_3），氧化还原引发剂，分析纯；N,N-亚甲基双丙烯酰胺，交联剂，分析纯；Tween-60 和 Span-60，乳化剂，分析纯；液体石蜡，分析纯。以上试剂由天津市大茂试剂厂提供或从市场购买。

（2）性能表征

微球包括实验室合成微球 AMPS-0、AMPS-1、AMPS-2、AMPS-3、AMPS-4、AMPS-5、AMPS-6、AMPS-7、AMPS-8 和 AMPS-9 以及中试产品和其它公司生产产品（微球 SMG，中国石油勘探开发研究院；微球 COSL，中海油田服务股份有限公司）。

实验用水为 LD10-1 油田和 QHD32-6 油田模拟注入水，水质分析见表 5-1。

表 5-1　水质分析

油田	离子组成及含量/(mg/L)							总矿化度/(mg/L)
	Na^++K^+	Mg^{2+}	Ca^{2+}	Cl^-	SO_4^{2-}	HCO_3^-	CO_3^{2-}	
LD10-1	2549.8	166.0	684.0	5340.0	0.1	162.0	0	8901.9
QHD32-6	921.7	75.1	7.5	737.5	12.6	61.6	1077.7	2893.7

实验岩心为石英砂环氧树脂胶结人造均质方岩心［见图 5-1（a）］。微球缓膨效果测试：K_g=0.5μm²、0.8μm²、1.6μm² 和 3μm²，外观尺寸"宽×高×长=4.5cm×4.5cm×30cm"。微球传输运移能力测试：K_g=2μm²［见图 5-1（b），60cm］。

 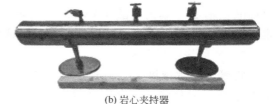

(a) 岩心　　　　　　　　　　　　　(b) 岩心夹持器

图 5-1　岩心和夹持器实物图

5.1.2　仪器设备

（1）微球合成

微球合成仪器有恒温水浴锅、铁架台、搅拌器、四颈烧瓶、玻璃棒、烧杯若干和氮气瓶等（见图 5-2）。

图 5-2　主要仪器设备照片

（2）性能表征

1）红外光谱分析

采用 Nicolet Magna-IR 750 傅里叶红外分析测试仪，将提纯了的样品与 KBr 粉末研细压制成膜进行测试。

① 共聚物纯化 将乳液以体积比 1：10 的比例放入无水乙醇中，充分搅拌进行破乳，在烧杯底部生成大量白色絮凝状沉淀。为除去微球表面吸附的表面活性剂，经多次蒸馏水洗涤，抽滤后得到滤饼。再以体积比 1：5 的乙醇洗涤、抽滤，所得滤饼自然风干，得到白色粉末。以便后续红外光谱测试。

② 红外光谱测试 采用疏水单体 α-甲基苯乙烯（α-MSt）和水溶性单体 2-丙烯酰氨基-2-甲基丙磺酸（AMPS）、丙烯酰胺（AM）以及丙烯酸（AA）四元共聚得到聚合物微球，然后进行红外光谱测试分析。

2）X 射线衍射分析

将聚合物微球烘干、制成样品粉末，然后采用日本岛津公司 LabXXRD-6000 型 X 射线衍射仪测试聚合物微球样品粉末（扫描角度 2θ，扫描速率为 0.02°/min，X 射线管电压 40kV，管流 40mA）XRD。

3）热重分析

将聚合物微球烘干、制成样品粉末，然后采用美国 TA 公司 SDTQ600 型热重分析仪（TGA）对聚合物微球样品进行测试（温度范围 50℃～600℃，升温速率 20℃/min，N_2 流速 40mL/min）。热重测试。

4）扫描电镜

采用 Quanta FEG450 场发射扫描电子显微镜（SEM，美国 FEI 公司）对聚合物微球提纯样品进行测试。

5）流变性和黏弹性

采用 HAAKE 流变仪测试聚合物微球乳液流变性和黏弹性。

6）缓膨效果

聚合物微球配制和储存仪器设备包括 HJ-6 型多头磁力搅拌器、电子天平、烧杯、试管和 HW-ⅢA 型恒温箱等，微球配制后须立即开展粒径检测或岩心流动性实验，以减小放置时间对微球水化膨胀效果带来的影响。采用奥特光学仪器公司生产的 BDS400 倒置生物显微镜（见图 5-3），观测聚合物微球外观形态和尺寸分布及其变化规律。

7）岩心孔隙内微球缓膨效果

岩心驱替实验设备主要包括平流泵、压

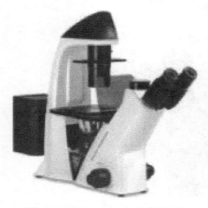

图 5-3　BDS400 生物显微镜

力传感器、手摇泵和中间容器等。除平流泵和手摇泵外，其它部分置于油藏温度65℃恒温箱内，见图5-4。

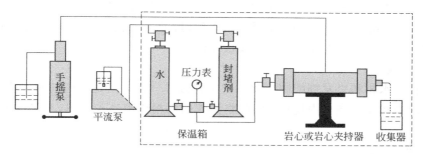

图 5-4 驱替实验设备和流程示意图

微球密度略大于水，微球溶液长时间放置微球会发生沉淀，为确保微球处于悬浮状态和顺利注入岩心孔隙，采用具有搅拌功能中间容器储存微球溶液（见图5-5）。

图 5-5 搅拌中间容器

5.1.3 测试步骤

（1）微球合成

1）种液

油相：按照配方比例依次称取液体石蜡、Span-60，Tween-60 于小烧杯中搅拌均匀，其中液体石蜡用量筒称量体积。

水相：另取一小烧杯，按照配方比例依次称取去离子蒸馏水、NaOH、AA、AM、AMPS、MBA 和 α-甲基苯乙烯溶于烧杯中。

引发剂：取一定量去离子蒸馏水分别溶解一定量的 APS、Na₂SO₃ 于两个小烧杯中，用保鲜膜封口备用。

将种液的油相加入四颈烧瓶中搅拌，同时将种液的水相逐滴滴入油相中，搅拌（预乳化）30min 后开始升温，至一定温度时，向四颈烧瓶中充氮气保护 30min，同时用针管逐滴滴入上述引发剂，反应 1h。

2）滴液

油相、水相和引发剂配制步骤与配制种液时一样，只是各药剂的加量不同。将滴液的油相置于烧杯中搅拌，同时将滴液的水相逐滴滴入油相，搅拌（预乳化）30min。

3）聚合反应

待种液反应 1h 后，将搅拌（预乳化）30min 后的滴液倒入恒压滴定漏斗中，将恒压滴定漏斗置于四颈烧瓶上，将滴液逐滴滴入盛有种液的四颈烧瓶中，同时充氮气保护 30min，并用针管将滴液的引发剂分别逐滴滴入四颈烧瓶中。然后将各颈口堵住，反应 4h。

（2）性能表征

1）微球粒径分布及缓膨性能

采用 LD10-1 油田或 QHD32-6 油田模拟注入水配制 5000mg/L 微球溶液，置于 65℃保温箱中，定期取样检测。检测前先搅拌 1min～2min，再用医用注射器吸取少量样品滴到载玻片上，之后采用生物显微镜定期观测微球形态和尺寸，确定微球外观尺寸与水化时间的关系，统计微球膨胀前后粒径分布。

微球膨胀粒径及分布测试步骤：

① 采用生物显微镜观测微球形态和尺寸时，应在屏幕测试框内确定一个半径 800μm 圆形区域，统计该区域内微球数目和粒径，求出其最大值和最小值。

② 将微球粒径数据分成若干组，分组数量 5～12 间较为适宜，分组个数称为组数，每组两个端点差值称为组距。

③ 采用粒径最大值和最小值之差除以组数，确定组距宽度。

④ 计算各组界限位。各组界限位可以从第一组开始依次计算，第一组下界为最小值，第一组上界为其下界值加上组距。第二组下界限位为第一组上界限值，第二组下界限值加上组距，就是第二组上界限位，依此类推。

⑤ 统计各组数据出现频数，计算各组频率（频率=频数/微球总数）。

⑥ 以组距为底长，以频率为高，绘制各组粒径分布曲线。

2）岩心内缓膨性能

微球缓膨能力测试实验步骤：①采用油田注入水配制所设计浓度微球溶液，将微球溶液装入实时搅拌型中间容器内，保持中间容器内搅拌桨一直处于工作状态，以避免微球发生沉淀；②将平流泵、中间容器和岩心夹持器用管线连接，形成一个注采系统，除夹持器放置在油藏温度条件下恒温箱内，其它部件置于保温箱外；③提高夹持器环压压力到 5MPa 以上，确保环压压力大于注入压力 1MPa 以上；④启动平流泵，以 3mL/min～6mL/min 超高速度将所设计 PV 数（岩心孔隙体积倍数）微球溶液注入岩心，停泵；⑤将岩心从夹持器取出，切掉岩心注入端 1.5cm～3.0cm 长度（消除微球在岩心端面附近区域滞留而形成的"桥堵"效应），再将岩心按原状态放回夹持器；⑥以正常注入速度 0.3mL/min 进行水驱，记录初期水驱稳定时注入压差 Δp_1；⑦夹持器继续保留在恒温箱内，进行后续水驱，水驱稳定后记录注入压差。

微球缓膨能力评价步骤：①从第三步所建立水驱"注入压差与速度关系曲线"上查获注入速度 0.3mL/min 或 0.5mL/min 对应注入压差 Δp_0，微球封堵率：$\eta=(\Delta p_0-\Delta p)/\Delta p$；②对比不同厂家、或不同配方组成、或不同合成工艺聚合物微球封堵率，确定不同聚合物微球在岩心孔隙内的缓膨效果和性能相对优劣程度。

3）滞留-运移能力

①岩心抽空饱和地层水，计量孔隙体积和孔隙度；②连接实验流程，水测岩心渗透率 K_1（压差 Δp_1）；③将微球溶液注入岩心 1.5PV。注入期间定时记录各测压点压力，计算区间压差 Δp_{1-2}、Δp_{2-3} 和 $\Delta p_{3-出口}$ 和总压差 $\Delta p_2=\Delta p_{1-2}+\Delta p_{2-3}+\Delta p_{3-出口}$。药剂样品注入结束后，计算阻力系数（$\Delta p_2/\Delta p_1$）；④岩心在油藏温度条件下候凝 72h，候凝结束后分别在距岩心注入端和采出端 2cm 处重新钻孔、安装闸门和连接管线，后续水驱 1PV。定期（30min）记录后续水驱阶段各个测压点压力，计算后续水驱结束时区间压差 Δp_{1-2}、Δp_{2-3} 和 $\Delta p_{3-出口}$ 和总压差 $\Delta p_3=\Delta p_{1-2}+\Delta p_{2-3}+\Delta p_{3-出口}$，计算残余阻力系数（$\Delta p_3/\Delta p_1$）和封堵率［$(\Delta p_1-\Delta p_3)/\Delta p_1$］。上述实验注入速度为 1mL/min。

药剂在岩心内滞留-运移能力是评价其深部液流转向能力的重要参数。为此，提出将药剂注入结束时岩心第一部分压差（"测压点 1"与"测压点 2"之差）与第三部分压差之比（$\Delta p_{1-2}/\Delta p_{3-出口}$）作为其传输运移能力评价指标。传输运移能力愈好；"$\Delta p_{1-2}/\Delta p_{3-出口}$"值愈大，说明药剂在岩心前部区域滞留量愈多，即后部区域滞留量愈少。考虑到室内实验过程中聚合物微球溶液会在岩心端面发生堆积效应，岩心第一部分区域压差不能客观真实地反映药剂在岩心内的滞留情况，为此采用药剂注入结束时岩心第二部分压差（"测压点 2"与"测压点 3"之差）与第三部分压差之比（$\Delta p_{2-3}/\Delta p_{3-出口}$）作为其传输运移能力评价指标。

5.1.4　实验方案设计

（1）微球合成

在前期工作基础上，采用正交试验方法安排实验。选定疏水单体（AMPS）、乳化剂、引发剂和温度等为评价因素，选择 4 因素 3 水平正交试验表安排实验，见表 5-2。

表 5-2　正交试验表

微球样品编号	AMPS	乳化剂	引发剂	温度
AMPS1	1	1	1	1
AMPS2	1	2	2	2
AMPS3	1	3	3	3
AMPS4	2	1	2	3
AMPS5	2	2	3	1
AMPS6	2	3	1	2
AMPS7	3	1	3	2
AMPS8	3	2	1	3
AMPS9	3	3	2	1

表 5-2 中疏水单体 AMPS 三个用量水平 0.02mol、0.01mol 和 0.03mol，乳化剂 9.0%、9.5%和 10%，引发剂 0.2%、0.1%和 0.3%，温度 40℃、45℃和 50℃。微球配方组成见表 5-3。

表 5-3　聚合物微球合成配方组成（4因素）

序号	AMPS		乳化剂（SP/TW）		引发剂（APS/SS）		温度/℃
药剂	种液	滴液	种液	滴液	种液	滴液	
1	0.844	3.376	3.850/0.429	15.400/1.716	0.043/0.043	0.172/0.172	40
2	0.422	1.688	3.996/0.440	15.984/1.760	0.022/0.022	0.086/0.086	45
3	1.266	5.064	4.212/0.468	16.848/1.872	0.065/0.065	0.258/0.258	50

（2）微球黏弹性测试

采用 QHD32-6 油田模拟水配制聚合物微球（AMPS-1、AMPS-8、SMG、COSL、ZS-A 和 ZS-B）溶液（3000mg/L），用 HAAKE 流变仪测试 6 种微球溶液流变性和黏弹性。

（3）微球缓膨性测试

12 个微球样品，每个样品测试初期、24h、72h、120h、196h 和 240h 等 6 个时刻，确定微球粒径和粒径分布与时间的关系。

（4）微球滞留和封堵效果测试

向均质岩心（K_g=0.5μm^2～3μm^2）中注入 1.2PV 聚合物微球溶液（AMPS-1、AMPS-8、AMPS-5 和微球 COSL，浓度 0.3%），缓膨 8d，后续水驱至压力稳定。

（5）微球滞留-运移能力测试

① 60cm 岩心：向均质岩心（长 60cm，K_g=3μm^2）中注入 1.2PV 微球（AMPS-8，c_p=3000mg/L），记录测压点压力变化。缓膨 8d，后续水驱至压力稳定，记录压力。

② 30cm 岩心：岩心（K_g=0.8μm^2、2.4μm^2 和 4.8μm^2）；微球（AMPS-8，c_p=3000mg/L）；溶剂水（QHD32-6 注入水）。

方案内容：水测渗透率+注入 1.5PV 聚合物微球溶液+缓膨 72h+后续水驱+缓

膨 168h+后续水驱；

评价参数：微球滞留-运移能力、阻力系数、残余阻力系数和封堵率。

（6）中试产品性能测试

① 微球粒径和粒径分布与时间关系：采用 QHD32-6 油田模拟注入水配制中试聚合物微球样品Ⅰ（简称 ZS-1）和样品Ⅱ（简称 ZS-2）。每个样品测试初期、24h、72h、120h、196h 和 240h 等 6 个时刻，确定微球粒径和粒径分布与时间关系。

② 微球缓膨和渗流特性：

方案 5-17：水测渗透率+以 5mL/min 注入 ZS-1 聚合物微球溶液 2PV+72h 后以 0.3mL/min 进行续水驱+120h 后以 0.3mL/min 进行续水驱+168h 后以 0.3mL/min 进行续水驱（岩心渗透率 K_g=2.675μm^2）。

方案 5-18：水测渗透率+以 5mL/min 注入 ZS-2 聚合物微球溶液 2PV+72h 后以 0.3mL/min 进行续水驱+120h 后以 0.3mL/min 进行续水驱+168h 后以 0.3mL/min 进行续水驱（岩心渗透率 K_g=2.639μm^2）。

5.2
微球材料组成和结构表征

5.2.1　微球材料红外光谱分析

微球材料红外光谱图见图 5-6。

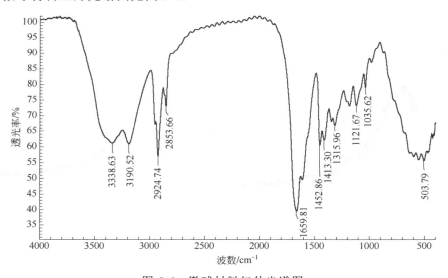

图 5-6　微球材料红外光谱图

从图 5-6 可以看出，1659.81cm^{-1} 和 1452.86cm^{-1} 附近谱带说明—NH—存在，在 3190.52cm^{-1} 处吸收峰是苯环不饱和碳氢伸缩振动峰，2924.74cm^{-1} 处是—C—H 的吸收峰，1035.62cm^{-1} 和 1121.67cm^{-1} 处是—SO₃H 的特征吸收峰。由此说明，疏水单体 α-甲基苯乙烯（α-MSt）疏水基团苯环和水溶性单体 2-丙烯酰氨基-2-甲基丙磺酸（AMPS）的抗温抗盐基团磺酸基团均在聚合物微球材料上，表明成功发生了共聚反应。

5.2.2　X 射线衍射分析

将微球烘干、制成样品粉末，然后采用日本岛津公司 LabXXRD-6000 型 X 射线衍射仪测试聚合物微球样品粉末（扫描角度 2θ，扫描速率为 0.02°/min，X 射线管电压 40kV，管流 40mA），XRD 测试结果见图 5-7。

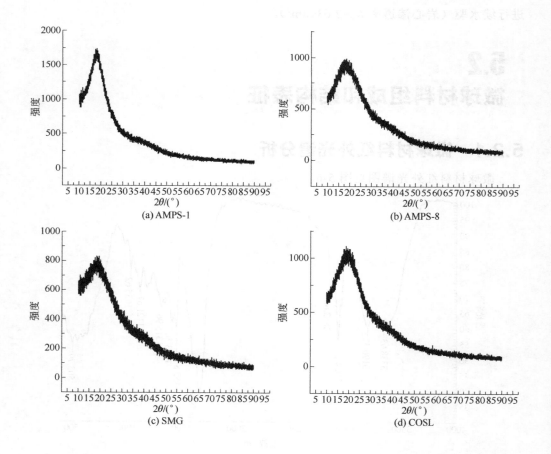

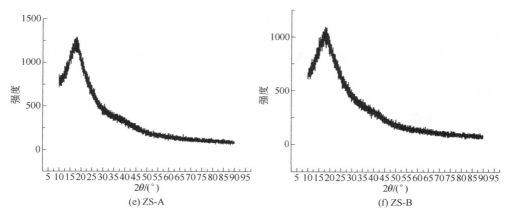

图 5-7　微球样品 XRD 曲线

从图 5-7 可以看出,全部微球样品都只出现一个较强弥散峰,其中微球 AMPS-1 和 AMPS-8 微球分别在 $2\theta=16.5°$ 和 $2\theta=16.2°$ 左右出现一个很强弥散峰,表明微球分子结构为非晶态结构,聚合反应彻底,样品中已无单体存在。

5.2.3　热重分析

将微球烘干,制成粉末,采用美国 TA 公司 SDTQ600 型热重分析仪（TGA）测试（温度范围 $50℃\sim600℃$,升温速率 $20℃/min$,N_2 流速 $40mL/min$）。失重率分析测试结果见图 5-8。

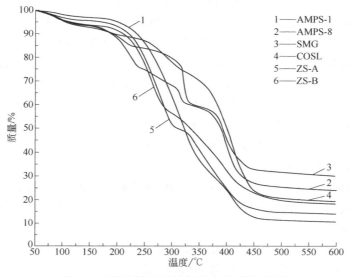

图 5-8　微球样品质量损失与温度的关系

可以看出,当失重率为 50% 时,微球 AMPS-8 热分解温度 400℃,微球 AMPS-1 热分解温度 325℃。最终微球 AMPS-8 的失重率为 70% 左右,微球 AMPS-1 的失重率为 85%,说明微球 AMPS-8 热稳定性较好,原因是微球 AMPS-8 中 AMPS 含量较高。在 6 种微球样品中,SMG 失重率最小,其次是 AMPS-8,然后是 COSL、ZS-B、ZS-A 和 AMPS-1 微球。

AMPS-8 微球 TG-DTG 关系曲线见图 5-9。

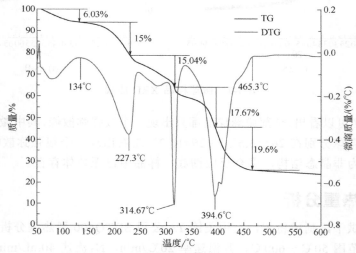

图 5-9　AMPS-8 微球的 TG-DTG 曲线

从图 5-9 可以看出,微球 AMPS-8 的 TG-DTG 曲线分为 4 个阶段。第一阶段,温度低于 134℃,失重率 6.03%,此阶段主要是微球共聚物中所含酰胺基、磺酸基和羧基等亲水基团中水蒸气蒸发所致。第二阶段,134℃～394.6℃,失重率 47.71%,此阶段失重主要原因是各基团分解所致。这一阶段又可以分为 3 个温度区间,第一区间 134℃～227.3℃,失重率 15%,失重原因是升温使共聚物中酰胺键断裂,酰胺基消失;第二区间 227.3℃～314.67℃,失重率 15.04%,原因是升温使共聚物中羧基醚氧键断裂;第三区间 314.67℃～394.6℃,失重率 17.6%,原因是共聚物中磺酸基团消失。第三阶段,394.6℃～465.3℃,失重率 19.6%,该阶段失重原因是共聚物中大分子主链开始断裂。

从图 5-10 可以看出,在 319.3℃和 394.6℃处,AMPS-8 微球的 DSC 曲线存在两个明显吸收峰,TG 曲线也存在明显阶梯式下降,说明微球共聚物发生了热分解。依据图 5-9 中 TG-DTG 曲线特征可以断定共聚物中磺酸基在 319.3℃附近发生了破坏,由于磺酸基位阻较大,破坏磺酸基团需要更多热量,因此出现较强吸收峰。394.6℃时出现另一个较强吸收峰,是因为大分子主链破坏,同样需要吸收大量热能。超过 394.6℃后大分子链完全断裂,TG 曲线迅速下降。

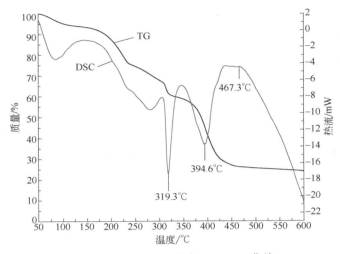

图 5-10 AMPS-8 微球 TG-DSC 曲线

5.2.4 微观结构

采用 Quanta FEG450 场发射扫描电子显微镜（SEM，美国 FEI 公司）对聚合物微球提纯样品进行测试，结果见图 5-11。

(a) AMPS-1

(b) AMPS-8

(c) ZS-A

(d) ZS-B

图 5-11

(e) SMG　　　　　　　　　　(f) COSL

图 5-11　微球样品微观结构电镜图

从图 5-11 可以看出，微球 AMPS-1 呈现大面积黏结现象，但仍可以看到球形外观特征，其中粒径较大者为 2μm 左右，平均粒径小于 1μm。微球 AMPS-8 外观也呈现部分黏结现象，结构形态也比较清晰，粒径为纳米级，多数在 150nm 左右。微球 ZS-B 和微球 ZS-A 粒径较小，多数在 550nm～1μm 之间。微球 SMG 和 COSL 分散性较好，圆球度也较好，但粒径较大，平均粒径在 3μm～5μm。除微球 SMG 和 COSL 外，其他微球存在不同程度的团聚现象，这是因为纳米级微球比表面积较大，表面能大，易发生团聚和黏结。

采用 QHD32-6 模拟水配制微球（c_p=3000mg/L）溶液。AMPS-1 微球液是先采取向微球乳液中加入 AEO-7（转相剂），提高亲水性和水溶性，然后用转相乳液配制微球溶液。AMPS-8 微球液则是采取提纯后固体颗粒配制。两种微球液的扫描电镜测试结果见图 5-12。

从图 5-12 可以看出，微球 AMPS-1 经液氮冷却后溶液中有无机盐析出，将微球遮挡，致使观测和发现微球十分困难。仔细观察发现，在方形盐结晶颗粒间存在网状组织，分析认为是 AEO-7 转相剂致使微球发生溶解，形成了网状结构。AMPS-8 提纯聚合物微球干粉溶于水中，聚合物分子聚集体呈现交联网状结构，与普通"高分"聚合物、"超高分"聚合物和疏水缔合聚合物分子聚集体十分相似。

(a) AMPS-1

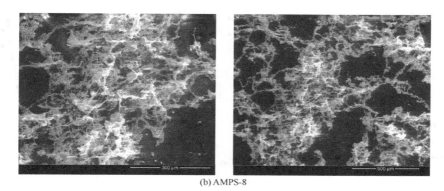

(b) AMPS-8

图 5-12 微球样品电镜照片

5.2.5 微球溶液黏弹性

采用 HAAKE 流变仪测试 6 种聚合物微球乳液黏弹性，储能模量和损耗模量与振荡频率关系见图 5-13。

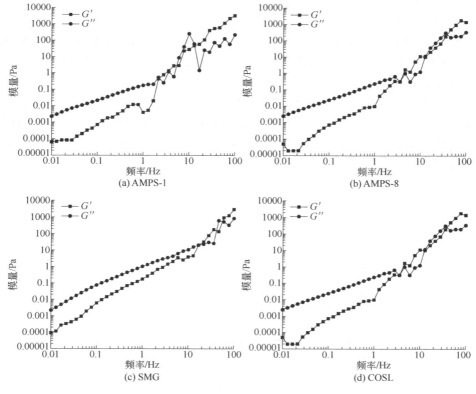

图 5-13

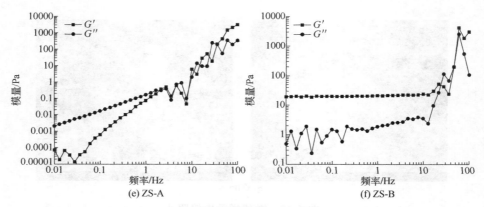

图 5-13 储能模量和损耗模量与振荡频率关系

可以看出，除微球 ZS-B 外，其它 5 种微球聚合微球储能模量和损耗模量都随振荡频率增加而增加。当振荡频率达到 100Hz 时，储能模量和损耗模量达到较高水平，G' 在 3000Pa～4000Pa 左右，G'' 在 300Pa～500Pa 左右，表明聚合物微球具有较好黏弹性，地层岩石孔隙内具备"捕集—转向—运移—再捕集—再转向—再运移……"渗流能力。

采用 QHD32-6 油田模拟水配制浓度为 3000mg/L 的微球 AMPS-1 和 AMPS-8 溶液，采用 HAAKE 流变仪测试表观黏度与剪切速率的关系，测试结果见图 5-14，拟合方程式相关参数见表 5-4。

从图 5-14 可以看出，随剪切速率增加，微球 AMPS-1 溶液初始黏度较大，但迅速减小，最后稳定在 1mPa·s 左右。与微球 AMPS-1 溶液相比较，微球 AMPS-8 溶液初始黏度较小，但最后稳定在 2mPa·s。由此可见，微球 AMPS-8 溶液抗剪切性能较好。

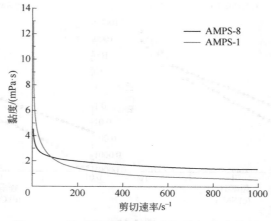

图 5-14 微球溶液表观黏度与剪切速率关系

表 5-4　参数拟合结果

微球类型	$\mu=K\lambda^{n-1}$	K	n	R^2
AMPS-1	$\mu=25.1262\lambda^{-0.53889}$	25.1262	0.46111	0.89068
AMPS-8	$\mu=5.61054\lambda^{-0.19806}$	5.61054	0.80194	0.50629

5.3 室内合成微球样品

5.3.1　粒径和粒径分布

采用 LD10-1 油田模拟注入水配制聚合物微球。利用 OPTPro 微图像分析处理软件拍摄微球图片，拍摄过程中要保证每张图片缩放率和分辨率一致，以便对比微球粒径变化情况。考虑到微球粒径分布不均匀性，因此要确保所测量微球具有代表性。

（1）微球 AMPS-0

微球 AMPS-0 粒径和粒径分布与水化时间的关系见图 5-15 和图 5-16。

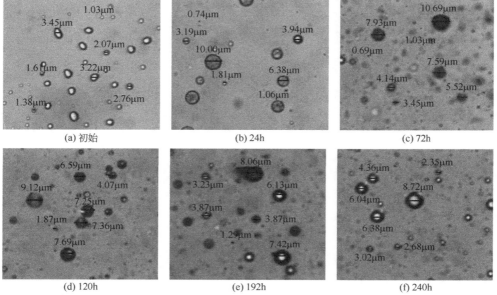

(a) 初始　　　　　　　　(b) 24h　　　　　　　　(c) 72h

(d) 120h　　　　　　　　(e) 192h　　　　　　　　(f) 240h

图 5-15　微球 AMPS-0 粒径与水化时间的关系

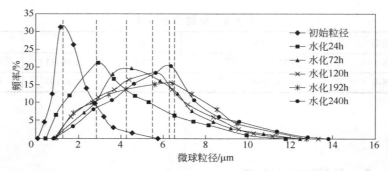

图 5-16　微球 AMPS-0 粒径分布与水化时间的关系

从图 5-15 和图 5-16 可以看出，微球 AMPS-0 初始粒径主要集中在 1.00μm～3.50μm，粒径峰值 1.16μm；水化 72h 后，粒径峰值为 4.5μm 左右，最大粒径 12.69μm；水化 240h，粒径趋于稳定，绝大部分微球粒径为 1.50μm～8.00μm，仅有少部分微球粒径达到 10.00μm 以上，粒径级差较大。从图 5-8 还可以看出，随水化时间增加，粒径峰值准线向右移动，级差变大，最终粒径峰值为 6.53μm，膨胀倍数 5.63。

（2）微球 AMPS-1

微球 AMPS-1 粒径和粒径分布与水化时间的关系见图 5-17 和图 5-18。

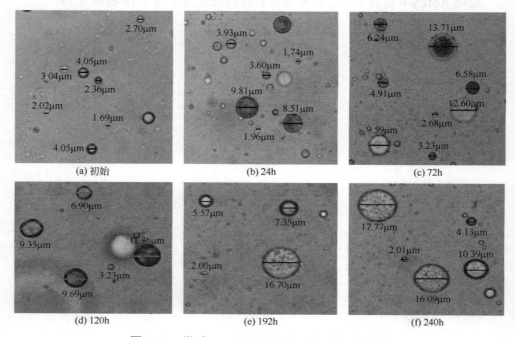

图 5-17　微球 AMPS-1 粒径与水化时间的关系

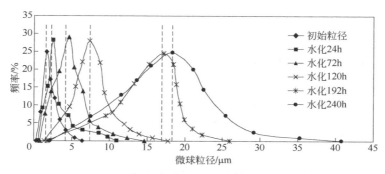

图 5-18 微球 AMPS-1 粒径分布与水化时间的关系

从图 5-17 和图 5-18 可以看出，微球 AMPS-1 初始粒径在 1.00μm～6.00μm，其中以 1.61μm 左右居多。水化 120h 后，粒径逐渐增大，但增幅不明显，最大粒径达到 17.85μm；当水化 192h 后，粒径迅速增加，达到 25μm 以上，此时粒径级差也迅速增大；水化 240h 后，微球粒径趋于平稳，最大粒径达到 40μm。从图 5-18 还可以看出，最终微球粒径峰值为 17.92μm，膨胀倍数 11.13（膨胀倍数超过 10 倍）。

（3）微球 AMPS-2

微球 AMPS-2 粒径和粒径分布与水化时间的关系见图 5-19 和图 5-20。

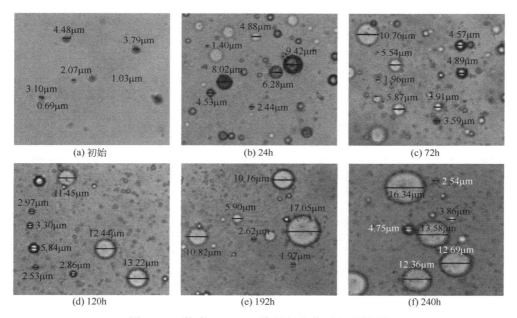

图 5-19 微球 AMPS-2 粒径与水化时间的关系

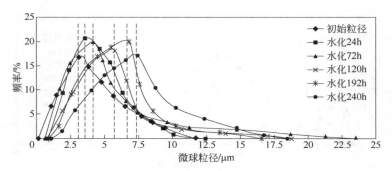

图 5-20　微球 AMPS-2 粒径分布与水化时间的关系

从图 5-19 和图 5-20 可以看出，微球 AMPS-2 的初始粒径主要集中在 1.00μm～5.00μm，其中以 3.00μm 以上居多。水化 192h 之后，最大粒径达到 17.05μm，粒径峰值 6.82μm；当水化 240h 后，大粒径微球尺寸几乎不变，中小粒径微球尺寸略有增大。最终粒径峰值为 7.42μm，膨胀倍数 2.43。

（4）微球 AMPS-3

微球 AMPS-3 粒径和粒径分布与水化时间的关系见图 5-21 和图 5-22。

从图 5-21 和图 5-22 可以看出，微球 AMPS-3 初始粒径主要集中在 1.00μm～6.00μm，分布较为不均，其中以 1.5μm 左右居多。水化 72h 后，粒径增加缓慢，

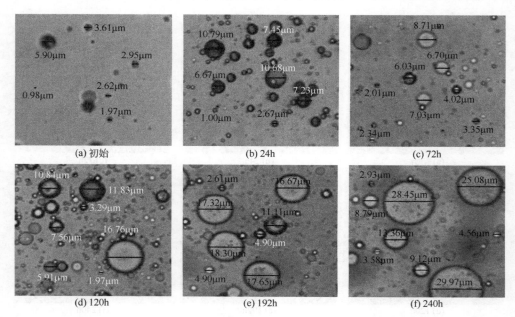

图 5-21　微球 AMPS-3 粒径与水化时间的关系

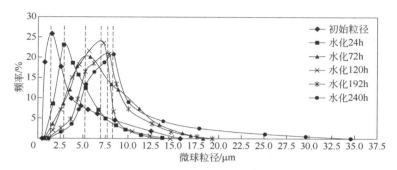

图 5-22　微球 AMPS-3 粒径分布与水化时间的关系

粒径中值为 5.78μm；水化 192h 后，部分微球粒径迅速增加，达到 18.3μm，粒径分布仍然不均匀，粒径峰值为 7.83μm；水化 240h 后，粒径最大值为 34.35μm。最终粒径峰值为 8.37μm，膨胀倍数 5.66。

（5）微球 AMPS-4

微球 AMPS-4 粒径和粒径分布与水化时间的关系见图 5-23 和图 5-24。

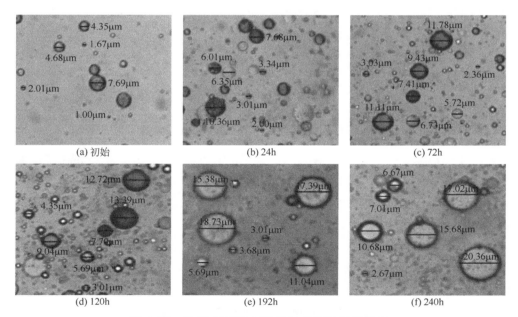

图 5-23　微球 AMPS-4 粒径与水化时间的关系

从图 5-23 和图 5-24 可以看出，微球 AMPS-4 初始粒径主要集中在 1.00μm～5.00μm，少数微球初始粒径偏大（>7μm），若不计入测量范畴，则初始粒径峰值在 1.49μm 左右；水化 120h 后，粒径峰值为 7.67μm。与其它样品相比较，120h 前微球粒径分布曲线较窄，粒径分布更均匀；水化 192h 后，粒径变化幅度较大，最高达 18.73μm，粒径峰值为 8.19μm。水化 240h 后，最终粒径峰值为 8.49μm，膨胀倍数 5.70。

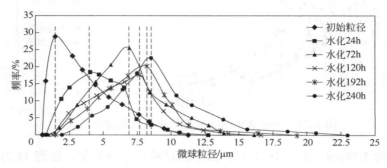

图 5-24　微球 AMPS-4 粒径分布与水化时间的关系

（6）微球 AMPS-5

微球 AMPS-5 粒径和粒径分布与水化时间的关系见图 5-25 和图 5-26。

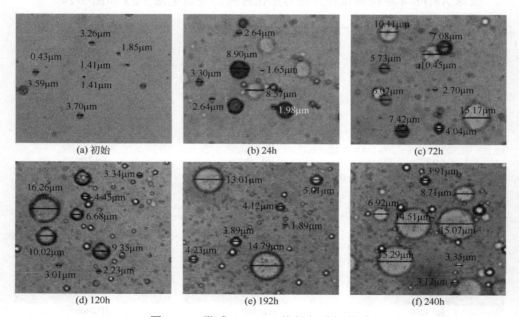

图 5-25　微球 AMPS-5 粒径与时间关系

从图 5-25 和图 5-26 可以看出，微球 AMPS-5 初始粒径主要集中在 0.37μm～4.00μm，其中以 1.02μm 居多。水化 120h 后，微球最大粒径为 17.60μm；水化 192h 后，大颗粒粒径保持稳定，中小粒径略有增加，粒径峰值为 7.72μm；水化 240h 后，粒径峰值为 8.28μm，膨胀倍数 8.12。

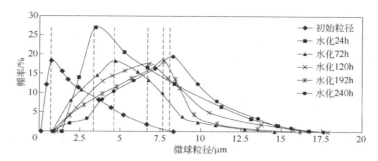

图 5-26　微球 AMPS-5 粒径分布与水化时间的关系

（7）微球 AMPS-6

微球 AMPS-6 粒径和粒径分布与水化时间的关系见图 5-27 和图 5-28。

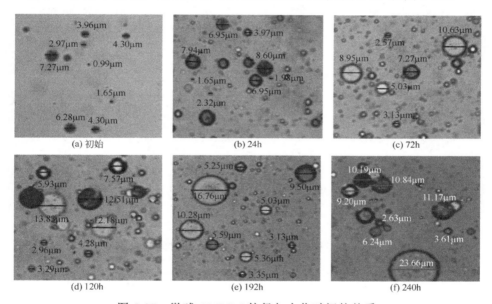

图 5-27　微球 AMPS-6 粒径与水化时间的关系

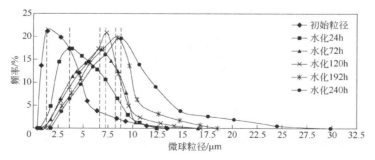

图 5-28　微球 AMPS-6 粒径分布与水化时间的关系

从图 5-27 和图 5-28 可以看出，微球 AMPS-6 初始粒径主要集中在 1.00μm～4.50μm，少数微球初始粒径过大（＞6μm），若将这部分微球不计入测量范畴，则初始粒径峰值为 1.43μm。水化 120h 后，大粒径颗粒迅速增多，粒径级差开始变大，此时粒径峰值为 7.39μm；水化 240h 后，粒径达到最大值 30.00μm。最终粒径峰值为 8.87μm，膨胀倍数 6.20。

（8）微球 AMPS-7

微球 AMPS-7 粒径和粒径分布与水化时间的关系见图 5-29 和图 5-30。

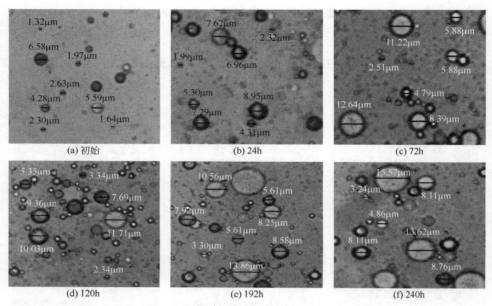

图 5-29　微球 AMPS-7 粒径与水化时间的关系

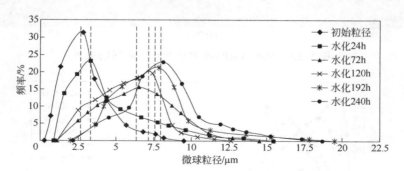

图 5-30　微球 AMPS-7 粒径分布与水化时间的关系

从图 5-29 和图 5-30 可以看出，微球 AMPS-7 初始粒径主要集中在 1.00μm～6.00μm，粒径峰值 2.75μm；水化 24h 后，粒径变化幅度不大，粒径峰值为 3.42μm；

水化 72h 时，颗粒粒径呈现较大幅度增加，粒径最大值达到 14.64μm，粒径峰值为 6.57μm；水化 240h 后，粒径最大值为 18.57μm，此时粒径分布较为均匀，主要集中在 6.00μm～9.00μm。最终粒径峰值 8.59μm，膨胀倍数 3.12。

（9）微球 AMPS-8

微球 AMPS-8 粒径和粒径分布与水化时间的关系见图 5-31 和图 5-32。

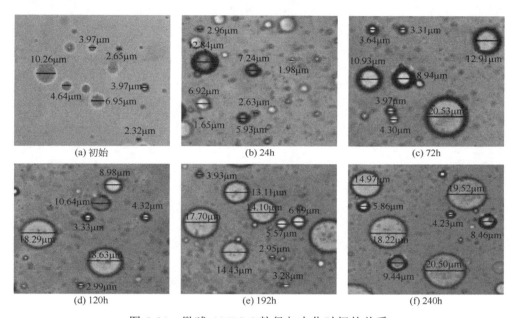

图 5-31　微球 AMPS-8 粒径与水化时间的关系

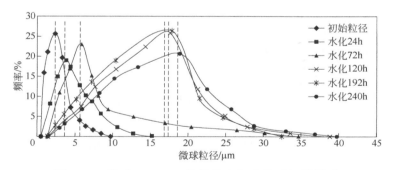

图 5-32　微球 AMPS-8 粒径分布与水化时间的关系

从图 5-31 和图 5-32 可以看出，微球 AMPS-8 初始粒径主要集中在 2.00μm～6.00μm，初始粒径较大，粒径峰值为 2.01μm；水化 24h 后，粒径变化幅度不大，粒径峰值为 3.82μm，且粒径级差较小；水化 192h 后，粒径开始增加，粒径最大值为 34.53μm，颗粒间膨胀倍数差距增加，级差增大；水化 240h 后，颗粒最大粒径为 40.0μm。最终粒径峰值为 18.45μm，膨胀倍数 9.18。

（10）微球 AMPS-9

微球 AMPS-9 粒径和粒径分布与水化时间的关系见图 5-33 和图 5-34。

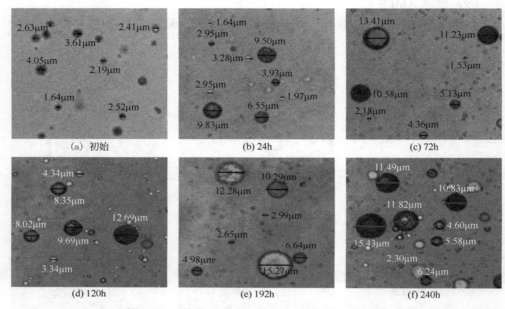

图 5-33　微球 AMPS-9 粒径与水化时间的关系

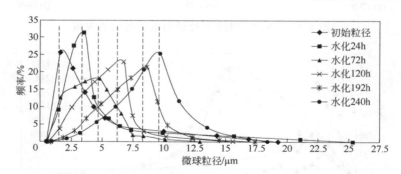

图 5-34　微球 AMPS-9 粒径分布与水化时间的关系

从图 5-33 和图 5-34 可以看出，微球 AMPS-9 初始粒径主要集中在 1.00μm～4.50μm，粒径峰值 1.69μm；水化 72h 后，粒径最大值为 13.41μm，粒径峰值为 4.79μm，膨胀倍数不大；水化 192h 后，粒径最大值为 17.37μm，粒径峰值为 8.34μm；水化 240h 后，粒径最大值为 25.43μm。最终粒径峰值 9.12μm，膨胀倍数 5.40。

5.3.2 其它微球样品

（1）微球 SMG

微球 SMG 粒径和粒径分布与水化时间的关系见图 5-35 和图 5-36。

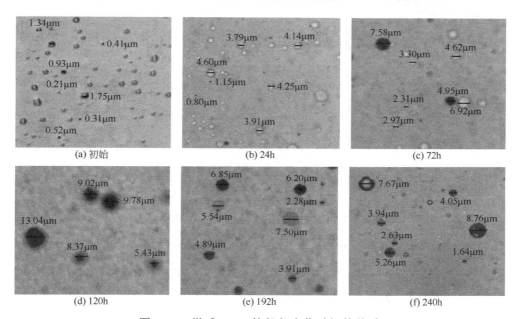

图 5-35 微球 SMG 粒径与水化时间的关系

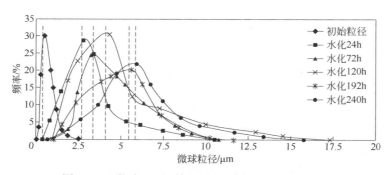

图 5-36 微球 SMG 粒径分布与水化时间的关系

从图 5-35 和图 5-36 可以看出，微球 SMG 初始粒径 1.00μm～2.00μm，粒径峰值 1.1μm；水化 120h 后，粒径峰值增加到 4.28μm；水化 240h 后，粒径变化幅度不大，最大粒径为 15.84μm，最终粒径峰值 5.94μm，膨胀倍数 5.94。

（2）微球 COSL

微球 COSL 粒径和粒径分布与水化时间的关系见图 5-37 和图 5-38。

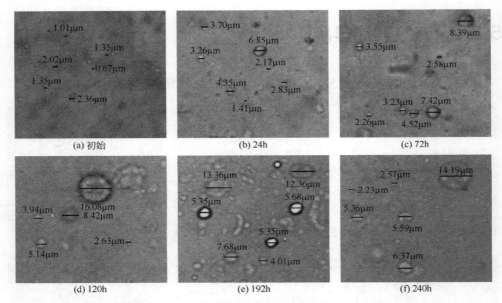

图 5-37　微球 COSL 粒径与水化时间的关系

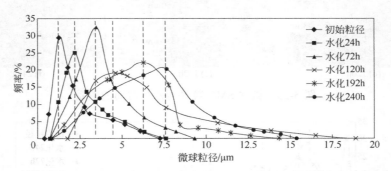

图 5-38　微球 COSL 粒径分布与水化时间的关系

从图 5-37 和图 5-38 可以看出，微球 COSL 初始粒径主要集中在 1.00μm～2.50μm，粒径峰值为 1.24μm；水化 120h 后，粒径最大值为 18.08μm，粒径峰值为 4.63μm；水化 240h 后，仅有少数粒径膨胀倍数较大，最大颗粒粒径为 14.19μm，绝大多数颗粒水化效果较差，最终粒径峰值为 7.34μm，膨胀倍数 5.69。

5.3.3　微球样品性能对比

（1）粒径

实验室合成微球 AMPS 系列、中国石油勘探开发研究院的聚合物微球 SMG 和中海油服股份有限公司的微球 COSL 水化膨胀过程中不同时刻微球粒径测试结果汇总见表 5-5，相应关系曲线见图 5-39。

表 5-5　粒径中值测试结果

微球样品	粒径中值/μm					
	初始	24h	72h	120h	192h	240h
AMPS-0	1.16	2.92	4.51	5.76	6.42	6.53
AMPS-1	1.61	2.52	4.61	10.45	15.63	17.92
AMPS-2	3.15	3.58	4.13	5.75	6.82	7.42
AMPS-3	1.48	2.89	5.78	7.25	7.83	8.37
AMPS-4	1.49	4.05	6.89	7.67	8.19	8.49
AMPS-5	1.02	3.48	4.68	6.79	7.72	8.28
AMPS-6	1.43	3.77	6.76	7.39	8.45	8.87
AMPS-7	2.75	3.42	6.57	7.39	7.87	8.59
AMPS-8	2.01	3.82	5.84	17.74	18.24	18.45
AMPS-9	1.69	3.64	4.79	6.74	8.34	9.12
SMG	1.10	2.78	3.34	4.28	5.63	5.94
COSL	1.24	2.26	3.49	4.63	6.35	7.34

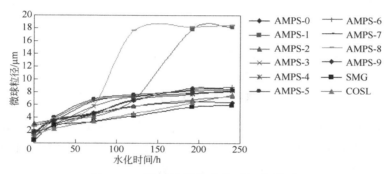

图 5-39　微球粒径与水化时间的关系

从表 5-5 和图 5-39 可以看出，在 12 种微球中，水化 72h 后微球 AMPS-1 和 AMPS-8 粒径增加速度明显加快，240h 后粒径变化幅度逐渐减小，最终粒径峰值 18μm 左右，粒径膨胀倍数明显高于其它微球样品。

（2）膨胀倍数

粒径膨胀倍数为微球吸水膨胀后粒径与吸水膨胀前粒径之比，反映微球吸水膨胀能力，其值越大，微球吸水膨胀能力越强，反之越弱。

粒径膨胀倍数计算公式：

$$Q = d_2 / d_1 \tag{5-1}$$

体积膨胀倍数计算公式：

$$Q = (d_2 / d_1)^3 \tag{5-2}$$

式中　　Q——膨胀倍数，无因次；

　　d_1，d_2——初始和膨胀后粒径，μm。

微球膨胀倍数（粒径峰值）与水化时间的关系见图 5-40。

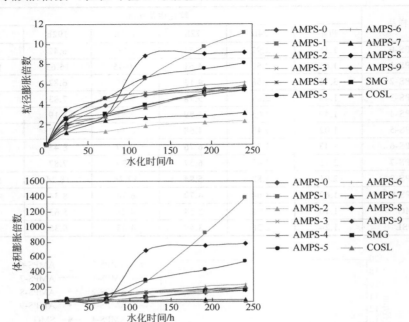

图 5-40　微球膨胀倍数与水化时间的关系

从图 5-40 可以看出，随水化时间延长，微球粒径膨胀倍数增加，72h 前膨胀速率较快，之后膨胀速率减缓。与其它微球相比较，72h 后微球 AMPS-1 和 AMPS-8 粒径膨胀速率突然加快，192h 后趋于稳定。从水化效果即膨胀倍数方面考虑，12 种微球性能优劣关系：AMPS-1 和 AMPS-8＞AMPS-5、AMPS-6 和微球 COSL＞AMPS-4、AMPS-3 和 AMPS-0＞微球 SMG 和 AMPS-9＞AMPS-7 和 AMPS-2。因此，推荐微球 AMPS-8、AMPS-1、AMPS-5 和微球 COSL 等用于后续岩心中缓膨效果评价实验。

5.3.4　抗盐性

聚合物微球抗盐性实验结果见表 5-6。

表 5-6　微球粒径中值测试结果

溶剂水	微球	微球粒径/μm					
		初始	24h	72h	120h	192h	240h
QHD32-6 油田注入水（2893.7mg/L）	AMPS-1	1.65	2.55	4.60	10.89	16.41	18.84
	AMPS-5	2.32	3.70	5.49	6.29	7.42	8.49
	AMPS-8	2.38	4.68	6.97	11.56	14.78	17.14

续表

溶剂水	微球	微球粒径/µm					
		初始	24h	72h	120h	192h	240h
LD10-1 油田注入水（8901.9mg/L）	AMPS-1	1.61	2.52	4.61	10.45	15.63	17.92
	AMPS-5	1.02	3.48	4.68	6.79	7.72	8.28
	AMPS-8	2.01	3.82	5.84	17.74	18.24	18.45

从表 5-6 可以看出，在溶剂水矿化度和测试时间不同条件下，3 种聚合物微球粒径中值差异不大，表明 AMPS 疏水聚合物微球具有良好的抗盐性。

5.3.5　耐温性

采用 LD10-1 油田模拟注入水与微球 AMPS-8 配制聚合物微球溶液，置于 95℃恒温箱中水化膨胀。利用 OPTPro 微图像分析处理软件，定期取样拍摄微球图片，观测微球形态，拍摄过程中要保证每张图片缩放率和分辨率一致，以便对比微球粒径变化情况。考虑到微球粒径分布不均匀性，因此在每次取样前采用搅拌器搅拌 5min，确保所测量微球具有代表性。

95℃下 AMPS-8 聚合物微球形态和粒径与水化时间的关系见图 5-41。

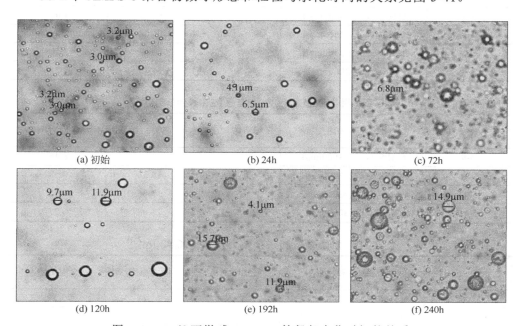

图 5-41　95℃下微球 AMPS-8 粒径与水化时间的关系

从图 5-41 可以看出，在温度为 95℃条件下，AMPS-8 初始粒径 3µm 左右。随水化时间增加，粒径逐渐增大。水化 192h 后粒径最大 15.7µm，水化 240h 后平均粒径 15μm 左右。此时从图中可以看出微球多数呈阴影状，透光效果变差，微球聚并现象明显。综上所述，AMPS-8 微球具有良好的耐温性能，95℃下形态完整。随水化时间增加，微球粒径增大，具有一定缓膨性能。

5.3.6 岩心内缓膨和封堵特性

微球岩心孔隙内缓膨和封堵结果见表 5-7～表 5-10。

表 5-7 阻力系数和残余阻力系数（K_g=0.5μm^2）

方案 \ 参数	微球类型和浓度	缓膨时间/h	阻力系数	残余阻力系数
5-1	AMPS-1，c_p=3000mg/L		16.00	1.33
5-2	AMPS-8，c_p=3000mg/L	192	18.41	1.43
5-3	AMPS-5，c_p=3000mg/L		14.44	1.24
5-4	COSL，c_p=3000mg/L		14.54	1.18

表 5-8 阻力系数和残余阻力系数（K_g=0.8μm^2）

方案 \ 参数	微球类型和浓度	缓膨时间/h	阻力系数	残余阻力系数
5-5	AMPS-1，c_p=3000mg/L		15.42	4.04
5-6	AMPS-8，c_p=3000mg/L	192	17.08	3.75
5-7	AMPS-5，c_p=3000mg/L		14.58	3.58
5-8	COSL，c_p=3000mg/L		14.40	3.21

表 5-9 阻力系数和残余阻力系数（K_g=1.6μm^2）

方案 \ 参数	微球类型和浓度	缓膨时间/h	阻力系数	残余阻力系数
5-9	AMPS-1，c_p=3000mg/L		14.61	8.46
5-10	AMPS-8，c_p=3000mg/L	192	15.38	9.53
5-11	AMPS-5，c_p=3000mg/L		13.85	6.92
5-12	COSL，c_p=3000mg/L		13.08	6.77

表 5-10 阻力系数和残余阻力系数（K_g=3μm^2）

方案 \ 参数	微球类型和浓度	缓膨时间/h	阻力系数	残余阻力系数
5-13	AMPS-1，c_p=3000mg/L		13.29	5.57
5-14	AMPS-8，c_p=3000mg/L	192	13.57	6.48
5-15	AMPS-5，c_p=3000mg/L		12.86	4.71
5-16	COSL，c_p=3000mg/L		12.28	4.28

注：微球注入结束后，需要切掉 2cm 入口端断面，以消除"端面效应"的影响。

从表 5-7～表 5-10 可以看出，后续水驱结束后，微球残余阻力系数低于阻力系数。当岩心渗透率从 0.5μm² 增加到 1.6μm² 后，阻力系数逐渐降低，残余阻力系数升高，继续增加至 3μm² 后，残余阻力系数又开始降低。

实验过程中不同微球注入压力与 PV 数的关系见图 5-42。

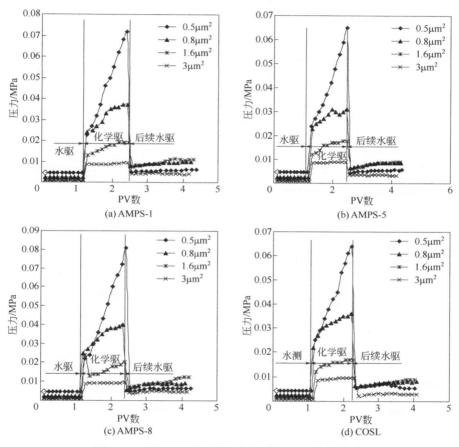

图 5-42　采用不同微球注入压力与 PV 数的关系

从图 5-42 可以看出，当岩心渗透率等于或低于 0.8μm² 时，微球注入过程中岩心入口端微球发生聚集，产生"端面效应"，导致注入压力持续升高；当渗透率超过 1.6μm² 后，"端面效应"减弱，注入压力上升速度变缓。当渗透率达到 3μm² 后，注入压力呈现"升高和保持平稳"变化趋势。在后续水驱阶段，由于切掉了岩心注入端部分微球滞留区域，注入压力大幅度降低。当渗透率从 0.5μm² 增加到 1.6μm² 时，4 种微球残余阻力系数增加，表明"端面效应"减弱后进入岩心深部微球数量增多，调剖效果变好。当渗透率达到 3μm² 后，残余阻力系数又开始降低,说明微球缓膨后粒径与岩心孔隙尺寸配伍性变差,封堵效果变差。由此可见,微球发挥调剖效果关键因素,一是确定微球渗透率极限,二是确定水化后粒径与孔隙尺寸间的配伍性。本实验 4 种微球渗透率极限为 $1.6\mu m^2$ 左右,微球 AMPS-8 封堵效果较好,阻力系数达到 15.38。

实验过程中不同渗透率岩心注入压力与 PV 数的关系对比见图 5-43。

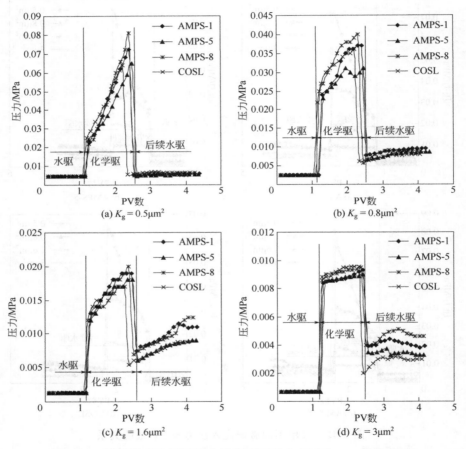

图 5-43　不同微球和不同岩心渗透率下注入压力与 PV 数的关系

从图 5-43 可以看出,在岩心渗透率相同条件下,微球 AMPS-8 总体上注入压力较高,表现出较强滞留、封堵和液流转向能力。

5.3.7　岩心内运移和滞留特性

微球注入各阶段各区间压力梯度见表 5-11。

表 5-11　微球注入各阶段各区间压力梯度数据

测试区间	微球类型和浓度	压力梯度/(MPa/m)		残余阻力系数
		微球注入结束	后续水驱结束	
入口~测压点 1	微球 AMPS-8, c_p=3000mg/L	0.0217	0.0333	19.4174
测压点 1~测压点 2		0.0118	0.0136	6.6019
测压点 2~测压点 3		0.0073	0.0097	2.8155
测压点 3~出口		0.0010	0.0010	1.0000

注：为了客观探究微球在多孔介质内传输运移能力，实验过程中不切除岩心端面部分区域。

从表 5-11 可以看出，在聚合物微球注入过程中，离注入端愈近，压力梯度愈高。由于微球注入过程中岩心入口端附近区域存在"端面效应"，与其它区间相比较，入口与"测压点 1"区间压力梯度值较高。在后续水驱阶段，与其它区间相比较，入口与"测压点 1"区间压力梯度升高幅度也较大，表明该区域微球滞留量较大。"测压点 3"处压力梯度几乎保持不变，表明微球还未运移到此处。

各区间注入压力与 PV 数的关系见图 5-44。

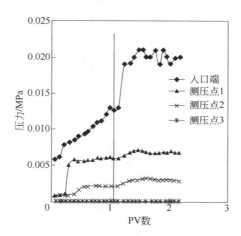

图 5-44　各区间注入压力与 PV 数的关系

从图 5-44 可以看出，在聚合物微球注入过程中，岩心入口测压点处压力首先开始快速升高，之后"测压点 1"处压力开始快速升高，"测压点 2"处压力升高时间比较晚，且压力升高幅度不大，测压点 3 处压力几乎无变化。在后续水驱阶段，入口压力上升明显，之后呈现"上下波动"态势，"测压点 1 和测压点 2"处压力略有上升，同时也呈现"轻微波动"态势，表明在后续水推动下微球在多孔介质内不断以"运动和捕集"方式向前运移。与其它测压点相比较，"测压点 3"压力几乎未发生变化，表明聚合物微球还未运移此处。

5.4 中试微球产品

5.4.1 微球粒径和粒径分布

采用 QHD32-6 油田模拟注入水配制聚合物微球。利用 OPTPro 微图像分析处理软件拍摄微球图片，拍摄过程中保证每张图片分辨率一致，以便对比微球粒径变化情况。

（1）微球样品Ⅰ（简称 ZS-1）

微球 ZS-1 粒径和粒径分布与水化时间的关系见图 5-45 和图 5-46。

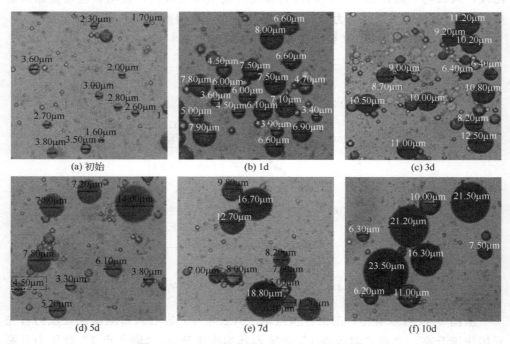

图 5-45　ZS-1 微球粒径与水化时间的关系

从图 5-45 和图 5-46 可以看出，微球 ZS-1 初始粒径在 1.80μm～5.80μm 范围内分布较集中，其中粒径为 1.60μm～3.50μm 微球数量最多；水化 1d 后，微球粒径范围较集中在 3.40μm～8.50μm 之间，其中粒径为 6.60μm～7.90μm 的微球数量最多；水化 3d 后，微球粒径在 6.40μm～12.50μm 范围内分布较集中，其中粒径为

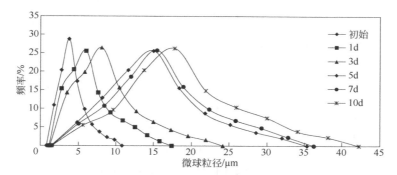

图 5-46　ZS-1 微球粒径分布与水化时间的关系

8.70μm～10.00μm 的微球数量最多；水化 5d 后，微球粒径在 7.20μm～16.70μm 范围内分布较集中，其中粒径为 8.20μm～14.00μm 微球数量最多；水化 7d 后，微球粒径在 9.80μm～20.80μm 范围内分布较集中，其中粒径为 12.70μm～18.80μm 微球数量最多；水化 10d 后，微球粒径在 10.80μm～25.80μm 范围内分布较集中，其中粒径为 16.30μm～23.50μm 微球数量最多，最大微球粒径为 35.20μm，膨胀倍数为 5.71～9.19。

（2）微球样品Ⅱ（简称 ZS-2）

微球 ZS-2 粒径和粒径分布与水化时间的关系见图 5-47 和图 5-48。

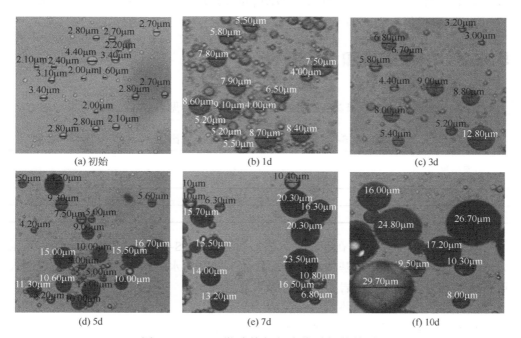

图 5-47　ZS-2 微球粒径与水化时间的关系

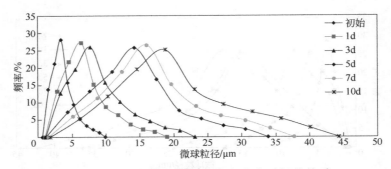

图 5-48　微球 ZS-2 粒径分布与水化时间的关系

从图 5-47 和图 5-48 可以看出，微球 ZS-2 初始粒径在 2.00μm～5.70μm 范围内分布较集中，其中粒径为 2.10μm～3.50μm 微球数量最多；水化 1d 后，微球粒径范围较集中在 3.20μm～10.60μm 之间，其中粒径为 5.80μm～8.70μm 的微球数量最多；水化 3d 后，微球粒径在 4.60μm～12.80μm 范围内分布较集中，其中粒径为 6.70μm～10.80μm 的微球数量最多；水化 5d 后，微球粒径在 7.50μm～16.70μm 范围内分布较集中，其中粒径为 8.20μm～13.30μm 的微球数量最多；水化 7d 后，微球粒径在 10.80μm～23.50μm 范围内分布较集中，其中粒径为 15.50μm～20.30μm 的微球数量最多；水化 10d 后，微球粒径在 15.50μm～30.90μm 范围内分布较集中，其中粒径为 22.80μm～27.90μm 的微球数量最多，最大微球粒径为 37.30μm，膨胀倍数为 6.97～9.86。

5.4.2　微球缓膨和渗流特性

（1）注入压力比

微球中试样品 ZS-1 和 ZS-2 注入压力比测试结果见表 5-12。

表 5-12　不同驱替过程注入压力比值

方案编号	中试样品	$p_{微球}/p_{水}$			
		初期	3d	5d	7d
5-17	ZS-1	3.1	3.2	3.4	3.5
5-18	ZS-2	3.9	4.1	6.1	7.5

从表 5-12 可以看出，在微球注入岩心过程中，ZS-2 微球与 ZS-1 微球注入压力比值即渗流阻力增加值基本相当。在后续不同时间水驱结束时，ZS-2 微球注入压力比值较大，表明它在岩心孔隙内膨胀效果较好。

（2）注入压力变化趋势

在岩心渗透率相同（近）条件下，中试样品 ZS-1 和 ZS-2 微球注入压力与注入孔隙体积倍数（PV）关系见图 5-49。

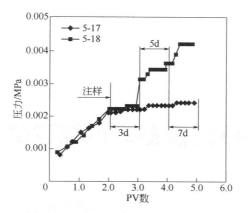

图 5-49　注入压力与 PV 数的关系

从图 5-49 可以看出，初期 ZS-2 微球和 ZS-1 微球注入压力相近，表明它们注入能力基本相当。在后续各个水驱阶段结束时，ZS-2 微球注入压力明显高于 SZ-1 微球，表明 ZS-2 微球在岩心孔隙内中缓膨和封堵能力较强。

5.5
小结

① 疏水单体 AMPS 可以与丙烯酰胺和丙烯酸钠等共聚能形成无规分布疏水缔合共聚物即微球材料。

② 在前期工作基础上，采用正交试验表安排实验，合成了 9 个微球样品，其中 AMPS8 微球具有较大膨胀倍数和较强封堵效果。

③ 在 LD10-1 和 QHD32-6 油田注入水条件下，抗盐微球粒径中值差异不大，表明具有良好的抗盐性和耐温特性。

④ 为确保微球进入和运移到油藏深部，微球初始粒径中值必须小于岩心渗透率极限值对应的粒径中值。抗盐微球渗透率极限值 $K_g=1.6\mu m^2$ 左右，阻力系数最大可达到 15.38。

⑤ 微球中试产品性能与前期实验室合成样品基本一致，中试达到了预期目的。

第 **6** 章
高效驱油剂筛选及基本性能评价

在普通稠油油藏"堵/调/驱"一体化综合治理技术实践中，封堵剂和调驱剂发挥宏观和微观液流转向作用，高效驱油剂发挥洗油功效，最终实现扩大波及体积和提高洗油效率的目的。本章拟首先收集和初选现有矿场试验效果较好的高效驱油剂，在此基础上通过油水界面张力和乳化降黏率等评价指标，进一步优化目标油藏高效驱油剂种类、配方组成和注入方式。

6.1
测试条件

6.1.1 实验材料

高效驱油剂主要由表面活性剂组成，表面活性剂包括大连戴维斯科技有限公司生产的非离子表面活性剂（DWS，有效含量 40%）、胜利油田生产的表面活性剂（简称"CPE"，有效含量 100%）和胜利恒宇公司生产的表面活性剂（简称"H1"，有效含量 100%）。

实验用水离子组成分析见表 6-1。

表 6-1 水质分析

水型	离子组成和含量/(mg/L)							总矿化度/(mg/L)
	K^++Na^+	Ca^{2+}	Mg^{2+}	Cl^-	SO_4^{2-}	CO_3^{2-}	HCO_3^-	
QHD 注入水	921.7	75.1	7.5	737.5	12.6	61.6	1077.7	2893.7
大庆污水	1265.0	32.1	7.3	780.1	9.6	210.1	1708.6	4012.7
SZ36-1 注入水	2758.3	627.7	249.4	6313.3	91.4	0.0	166.5	10206.5
大港注入水	10943.0	443.0	65.0	17325.0	281.0	0.0	527.0	29584.0

实验用油包括模拟油和脱气原油。模拟油用于岩心驱替实验，由 QHD32-6 油田脱气原油与白油混合而成，黏度与目标油藏原油黏度相同。脱气原油用于油

水界面张力测试。

实验岩心为石英砂环氧树脂胶结人造岩心,包括均质和层内非均质两种类型。均质岩心渗透率 $K_g=1.2\mu m^2$,层内非均质岩心包括高中低三个渗透层,各个小层渗透率 $K_g=10\mu m^2$、$3\mu m^2$ 和 $0.5\mu m^2$,外观尺寸:宽×高×长=4.5cm×4.5cm×30cm,各个小层厚度 2cm。

6.1.2 仪器设备

采用 DV-II 型布氏黏度计(见图 6-1)测试黏度,黏度为 0mPa·s～100mPa·s 时用"0"号转子,转速为 6r/min;黏度为 100mPa·s～200mPa·s 时用"61"号转子,转速为 30r/min;测试原油与表面活性剂混合溶液降黏特性及原油黏度时使用"63"号转子,转速为 30r/min。采用 TX-500C 旋滴界面张力仪(见图 6-2)测试油相与水相间的界面张力。采用驱替实验装置测试高效驱油体系传输运移能力、驱油效率和驱油效果(采收率),装置主要包括平流泵、压力传感器、岩心夹持器、手摇泵和中间容器等部件。除平流泵和手摇泵外,其它部分置于油藏温度保温箱内,实验设备及流程见图 6-3。

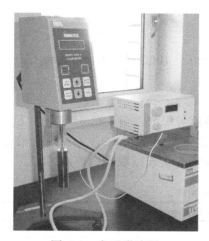

图 6-1　布氏黏度计　　　　　　　图 6-2　TX-500C 旋滴界面张力仪

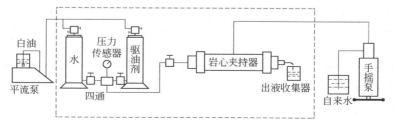

图 6-3　实验设备及流程示意图

6.1.3 实验方案设计

（1）高效驱油剂基本性能测试

1）增黏性

药剂：CPE、DWS 和 H1；

溶剂水：QHD32-6 油田注入水；

药剂浓度：c_s=0mg/L、400mg/L、800mg/L、1200mg/L、1600mg/L 和 2000mg/L；

测试温度：60℃；

评价指标：表面活性剂溶液黏度。

2）溶解性

药剂：CPE、DWS 和 H1；

溶剂水：QHD32-6 油田注入水；

药剂浓度：c_s=1000mg/L；

测试温度：60℃；

评价指标：药剂溶解和熟化时间。

3）乳化降黏效果

药剂：CPE、DWS 和 H1；

溶剂水：QHD32-6 油田注入水；

药剂浓度：c_s=400mg/L、600mg/L、800mg/L、1000mg/L 和 1200mg/L；

测试温度：60℃；

评价指标：混合液黏度。

依据表 6-2 所列组合方式将表面活性剂溶液与原油混合，在 65℃条件下放置 1h。将混合液放入搅拌器内搅拌 2min（搅拌桨转速 250r/min），测试乳化液黏度及其黏度与时间的关系，计算降黏百分数，观测乳状液微观结构形态。

表 6-2　乳化效果实验设计　　　　　黏度单位：mPa·s

油/水比 \ 参数	药剂浓度/(mg/L)					
	0	400	600	800	1000	1200
7:3						
6:4						
5:5						
4:6						
3:7						

4）乳化和破乳性及破乳后原油黏度

药剂：CPE、DWS 和 H1；

溶剂水：QHD32-6 油田注入水；

药剂浓度：c_s=1000mg/L；

测试温度：60℃；

实验步骤：①将原油与表面活性剂溶液按质量比 3：7 进行混合，放入恒温箱中恒温 5h；②将混合液放入剪切杯剪切 30s；③将混合液放置恒温箱，静置，破乳，记录破乳时间，然后取上层原油，测试原油黏度；

评价指标：原油与表面活性剂体系间乳化效果及其时间稳定性；乳化后原油黏度和初始原油黏度对比。

5）界面特性

药剂：CPE、DWS 和 H1；

溶剂水：QHD32-6 油田注入水；

药剂浓度：c_s=400mg/L、600mg/L、800mg/L、1000mg/L 和 1200mg/L 和 1600mg/L；

测试温度：60℃；

评价指标：界面张力及时间稳定性。

6）耐温性

药剂：CPE、DWS 和 H1；

溶剂水：QHD32-6 油田注入水及不同矿化度溶剂水；

药剂浓度：c_s=1000mg/L；

测试温度：25℃、45℃、60℃和 80℃；

评价指标：界面张力与温度的关系。

7）抗盐性

药剂：CPE、DWS 和 H1；

溶剂水：QHD32-6 油田注入水及不同矿化度溶剂水；

药剂浓度：c_s=1000mg/L；

测试温度：60℃；

评价指标：界面张力与溶剂水矿化度的关系。

8）吸附特性

药剂：CPE、DWS 和 H1；

溶剂水：QHD32-6 油田注入水及不同矿化度溶剂水；

药剂浓度：c_s=1000mg/L；

测试温度：60℃；

评价指标：界面张力与油砂接触次数的关系。

9）润湿性

药剂：CPE、DWS 和 H1；

溶剂水：QHD32-6 油田注入水；

药剂浓度：c_s=1000mg/L；

测试温度：60℃；

评价指标：表面活性剂溶液与原油接触后润湿角。

10）表面活性剂与原油间多次接触效果

药剂：CPE 和 H1；

溶剂水：QHD32-6 油田注入水；

药剂浓度：c_s=1000mg/L；

测试温度：60℃；

评价指标：与微界面强化分散体系接触前后原油组分变化。

11）表面活性剂与稠油相互作用特征

溶剂水：QHD32-6 油田注入水；

药剂：H1；

药剂浓度：c_s=1000mg/L；

评价指标：采用激光扫描共聚焦显微镜观察不同稠油流度改善剂浓度下体系与稠油混合后油滴分散程度。

（2）高效驱油剂驱油效率和驱油效果及影响因素测试

1）水驱

方案 6-4：水驱至含水 98%（均质岩心）。

方案 6-5：水驱至含水 98%（层内非均质岩心）。

2）药剂类型对驱油效率的影响（均质岩心）

方案 6-6：水驱至含水 90%+0.2PV H1（c_s=1000mg/L）+后续水驱至含水 98%。

方案 6-7：水驱至含水 90%+0.2PV CPE（c_s=1000mg/L）+后续水驱至含水 98%。

3）药剂类型对驱油效果的影响（层内非均质岩心）

方案 6-8：水驱至含水 90%+0.2PV H1（c_s=1000mg/L）+后续水驱至含水 98%。

方案 6-9：水驱至含水 90%+0.2PV CPE（c_s=1000mg/L）+后续水驱至含水 98%。

6.2
高效驱油剂筛选和性能

6.2.1 物化性能

（1）增黏性

表面活性剂溶液浓度与黏度关系测试结果见表 6-3，相关曲线见图 6-4。

表 6-3　表面活性剂溶液浓度与黏度关系测试结果　黏度单位：mPa·s

药剂类型 \ 参数	药剂浓度/(mg/L)					
	0	400	800	1200	1600	2000
CPE	0.7	1.2	4.8	7.5	9.9	12.3
DWS	0.7	1.1	1.2	1.5	1.6	1.9
H1	0.7	1.0	1.1	1.3	1.5	1.7

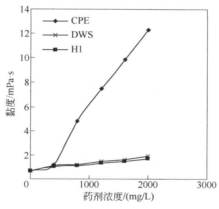

图 6-4　表面活性剂浓度与黏度的关系

可以看出，当"CPE"表面活性剂浓度达到 2000mg/L 以后，水溶液黏度可达 10mPa·s 以上，表现出较强增黏能力。与"CPE"相比较，"DWS"和"H1"表面活性剂增黏能力较差，其水溶液黏度与水接近。

（2）溶解性

采用注入水配制不同类型表面活性剂溶液（c_s=1000mg/L），分别观测不同表面活性剂溶解速度并记录完全溶解时间。溶解时间结果见表 6-4，相关曲线见图 6-5。

表 6-4　不同类型表面活性剂溶液的溶解时间

药剂类型	CPE	DWS	H1
药剂浓度/(mg/L)	1000	1000	1000
溶解时间/min	120	30	10

从表 6-4 和图 6-5 可以看出，在 3 种表面活性剂中，"H1"溶解时间最短、溶解性较好，其次是"DWS"，搅拌 0.5h 后可均匀分散在溶剂水中。与"H1"和"DWS"相比较，"CPE"为固体颗粒，溶解时间需要 2h 左右，溶解性较差。

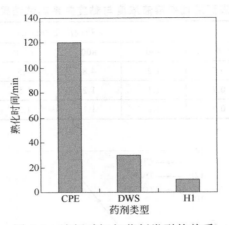

图 6-5　溶解时间与药剂类型的关系

（3）乳化降黏

将油/水按比例混合，在 65℃ 条件下放置 1h 后搅拌 2min（搅拌桨转速 250r/min），测试乳状液黏度。黏度测试数据和降黏率计算结果见表 6-5～表 6-10，相关曲线见图 6-6。

表 6-5　黏度测试结果（CPE）　　　　　单位：mPa·s

参数 油/水比	药剂浓度/(mg/L)					
	0	400	600	800	1000	1200
7：3	559	370	238	135	98	72
6：4	460	265	160	98	76	54
5：5	357	166	102	69	52	36
4：6	196	80	50	35	26	18
3：7	100	34	22	16	12	8

表 6-6　黏度测试结果（DWS）　　　　　单位：mPa·s

参数 油/水比	药剂浓度/(mg/L)					
	0	400	600	800	1000	1200
7：3	559	360	208	120	86	58
6：4	460	255	150	92	58	40
5：5	357	163	98	62	42	28
4：6	196	72	48	30	20	12
3：7	100	32	20	14	10	6

表6-7 黏度测试结果（H1） 单位：mPa·s

参数 油/水比	药剂浓度/(mg/L)					
	0	400	600	800	1000	1200
7：3	559	330	196	92	73	52
6：4	460	237	147	71	56	36
5：5	357	159	86	50	38	22
4：6	196	68	42	25	18	10
3：7	100	26	18	12	8	4

表6-8 降黏率（CPE） 单位：%

参数 油/水比	药剂浓度/(mg/L)				
	400	600	800	1000	1200
7：3	33.81	57.42	75.85	82.47	87.12
6：4	42.39	65.22	78.70	83.48	88.26
5：5	53.50	71.43	80.67	85.43	89.92
4：6	59.18	74.49	82.14	86.73	90.82
3：7	66.00	78.00	84.00	88.00	92.00

表6-9 降黏率（DWS） 单位：%

参数 油/水比	药剂浓度/(mg/L)				
	400	600	800	1000	1200
7：3	35.60	62.79	78.53	84.62	89.62
6：4	44.57	67.39	80.00	87.39	91.30
5：5	54.34	72.55	82.63	88.24	92.16
4：6	63.27	75.51	84.69	89.80	93.88
3：7	68.00	80.00	86.00	90.00	94.00

表6-10 降黏率（H1） 单位：%

参数 油/水比	药剂浓度/(mg/L)				
	400	600	800	1000	1200
7：3	40.97	64.94	83.54	86.94	90.70
6：4	48.48	68.04	84.57	87.83	92.17
5：5	55.46	75.91	85.99	89.36	93.84
4：6	65.31	78.57	87.24	90.82	94.90
3：7	74.00	82.00	88.00	92.00	96.00

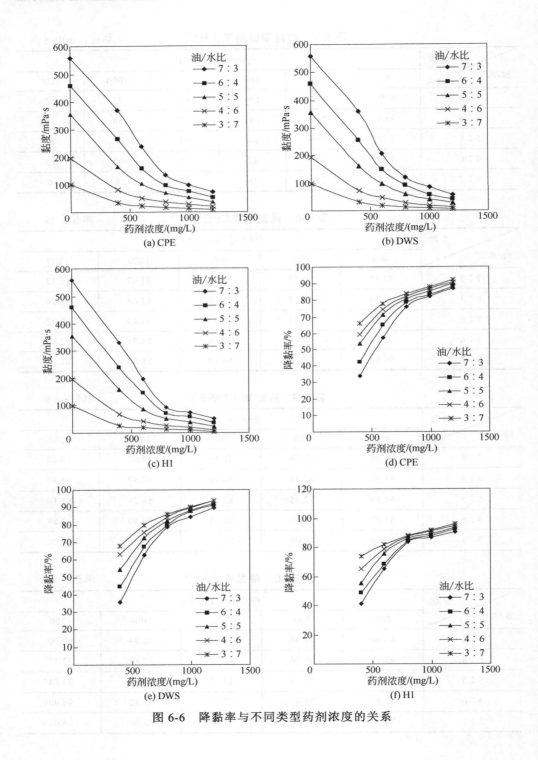

图 6-6　降黏率与不同类型药剂浓度的关系

可以看出，在油/水比相同条件下，随药剂浓度增加，乳状液黏度下降。在药剂浓度相同条件下，随油/水比减小即乳状液中原油含量减少，乳状液黏度降低。随药剂浓度增大和油/水比减小，乳化液降黏率都呈现增大趋势。进一步分析可以看出，三种表面活性剂溶液均有较好的降黏效果，其中 H1 降黏效果最优，DWS 次之，CPE 稍弱。

（4）乳化和破乳性

称量表面活性剂溶液（35mL，c_s=1000mg/L）和原油（15mL），将它们放入 50mL 磨口刻度试管中，并将试管置于 60℃恒温箱内保存。5h 后将油水混合液放入剪切杯剪切 30s，然后将剪切后混合液放入恒温箱保存，记录分水量与时间的关系，计算分水率：

$$F_V=(V_1 \div V_2)\times100\%$$

式中，F_V 为分水率；V_1 为析出水体积；V_2 为表面活性剂溶液体积。F_V 值越小，乳化效果越好，乳状液稳定性越好。待乳状液稳定后取上层原油，测试其黏度。

三种乳状液分水率实验数据见表 6-11 和表 6-12 以及图 6-7。

表 6-11　分水率实验数据（析水量）　　　单位：mL

药剂＼参数	测试时间 t/min												
	2	3	4	5	7	10	15	20	25	30	45	60	90
CPE	0	1	2	3	5	7	10	15	20	26	29	30	30
DWS	1	2	4	5	7	10	15	18	23	26	27	27	27
H1	1	2	3	5	8	11	13	15	17	19	21	22	22

表 6-12　分水率实验数据（分水率）　　　单位：%

药剂＼参数	测试时间 t/min												
	2	3	4	5	7	10	15	20	25	30	45	60	90
CPE	0	3	6	9	14	20	29	43	57	74	83	86	86
DWS	3	6	11	14	20	29	42	50	60	65	73	77	77
H1	3	6	9	14	23	31	37	43	49	54	59	63	63

可以看出，剪切作用后混合液（原油与表面活性剂溶液）外观形态更加均匀。进一步分析发现，随放置时间延长，三种混合液前期分水率增加，1h 后析水量基本保持恒定，其中 H1 表面活性剂混合液稳定性较好，DWS 次之，CPE 较弱。

油藏温度下 QHD32-6 油田原油黏度 659.9mPa·s，混合液（原油与表面活性剂溶液）经剪切乳化和破乳作用后，其上层原油黏度测试结果见表 6-13。

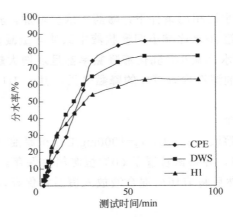

图 6-7　分水率与时间的关系

表 6-13　使用不同表面活性剂的黏度测试结果

表面活性剂类型	CPE	DWS	H1
上层原油黏度/mPa·s	173.0	168.0	159.0
降黏率/%	73.8	74.5	75.9

从表 6-13 可以看出，油水混合液经剪切作用后上层原油黏度大幅下降，降黏率 75%左右，三种表面活性剂降黏效果优劣顺序：H1>DWS>CPE。

（5）界面张力

采用注入水配制表面活性剂溶液，它们与原油间界面张力测试结果见表 6-14，相关曲线见图 6-8。

表 6-14　界面张力测试结果　　　　　　　　　　单位：mN/m

参数 药剂类型	表面活性剂浓度/(mg/L)					
	400	600	800	1000	1200	1600
CPE	2.73×10^{-1}	2.57×10^{-1}	2.42×10^{-1}	2.33×10^{-1}	2.27×10^{-1}	2.13×10^{-1}
DWS	2.18×10^{-1}	1.28×10^{-2}	9.89×10^{-2}	8.77×10^{-2}	7.93×10^{-2}	6.79×10^{-2}
H1	2.56×10^{-1}	1.62×10^{-1}	1.03×10^{-1}	9.15×10^{-2}	8.66×10^{-2}	7.27×10^{-2}

可以看出，随表面活性剂浓度增大，三种表面活性剂溶液与原油间界面张力都呈现下降趋势。进一步分析发现，在表面活性剂浓度相同的条件下，与 CPE 相比较，表面活性剂 DWS 和 H1 与原油间的界面张力较低，二者界面张力值相差不大。

（6）耐温性

采用注入水配制表面活性剂溶液（c_s=1000mg/L），在不同温度下油/水界面张力测试结果见表 6-15 和图 6-9。

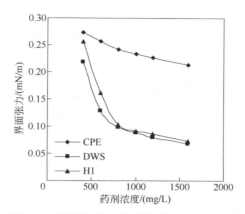

图 6-8　界面张力与表面活性剂浓度关系

表 6-15　界面张力测试结果

药剂类型	界面张力/(mN/m)			
	25℃	45℃	60℃	80℃
CPE	2.87×10^{-1}	2.56×10^{-1}	2.33×10^{-1}	1.97×10^{-1}
DWS	1.21×10^{-1}	9.85×10^{-2}	8.77×10^{-2}	9.28×10^{-2}
H1	1.83×10^{-1}	1.23×10^{-1}	9.15×10^{-2}	8.25×10^{-2}

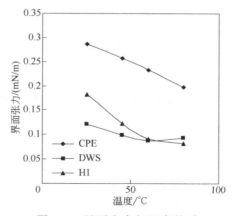

图 6-9　界面张力与温度关系

从表 6-15 和图 6-9 可以看出，在药剂浓度相同的条件下，随温度升高，表面活性剂 CPE 和 H1 与原油间的界面张力逐渐下降。当温度达到 80℃时，表面活性剂 DWS 与原油间的界面张力不降反升。将表面活性剂 DWS 溶液放置于 80℃恒温箱中保存，观测到表面活性剂溶液中有絮状物析出，表明表面活性剂 DWS 耐温性能较差。

（7）抗盐性

采用不同矿化度注入水配制表面活性剂溶液（c_s=1000mg/L），60℃条件下油/水界面张力测试结果见表 6-16 和图 6-10。

表 6-16　界面张力测试结果　　　　　单位：mN/m

药剂 \ 参数	溶剂水矿化度/(mg/L)			
	2893.7	4012.7	10206.5	29584
CPE	2.33×10^{-1}	2.05×10^{-1}	1.85×10^{-1}	1.73×10^{-2}
DWS	8.77×10^{-2}	8.52×10^{-2}	7.25×10^{-2}	6.66×10^{-2}
H1	9.15×10^{-2}	8.25×10^{-2}	6.86×10^{-2}	5.27×10^{-2}

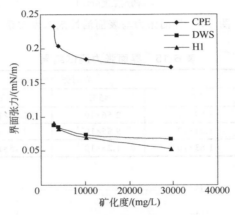

图 6-10　界面张力与矿化度关系

可以看出，随溶剂水矿化度增加，三种表面活性剂溶液与原油间界面张力呈下降趋势。由此可见，三种表面活性剂都具有较好的抗盐性。

（8）吸附特性

采用注入水配制表面活性剂溶液（c_s=1000mg/L），将其与 QHD32-6 油田天然油砂（40 目～80 目）按"液/固=20/1"混合并搅拌均匀，将其置于磨口瓶和 60℃恒温箱内保存。24h 后取磨口瓶上部清液，测量油水界面张力。再取上层清液与新鲜油砂接触，再重复上述实验 2 次。表面活性剂溶液与原油间界面张力实验结果见表 6-17。

表 6-17　界面张力测试结果　　　　　单位：mN/m

药剂 \ 参数	吸附次数			
	原始	一次	二次	三次
CPE	2.33×10^{-1}	7.83×10^{-1}	9.98×10^{-1}	1.53
DWS	8.77×10^{-2}	5.28×10^{-1}	7.56×10^{-1}	1.26
H1	9.15×10^{-2}	5.13×10^{-1}	7.37×10^{-1}	1.09

从表6-17可以看出，随吸附次数增加，界面张力增大。三种表面活性剂中，"H1"多次吸附后界面张力较低，表明抗吸附能力较强。

（9）乳状液结构特征

1）微观结构

采用注入水配制表面活性剂溶液（c_s=1000mg/L），以"油∶水=3∶7"将其与原油混合均匀，用体视显微镜观测乳状液结构。将乳状液进行油水分离，再测试分离原油（简称乳化油）与新配表面活性剂溶液作用后的乳状液微观结构。重复上述实验4次。

乳状液微观结构观测结果见图6-11和图6-12。

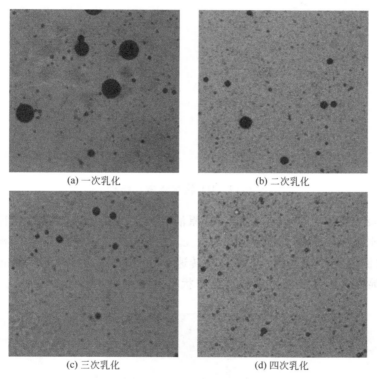

(a) 一次乳化   (b) 二次乳化

(c) 三次乳化   (d) 四次乳化

图6-11 CPE乳状液微观结构

可以看出，随乳化次数增加，乳状液中油滴粒径减小，原油分散程度提高。由此可见，原油与表面活性剂溶液作用后，部分表面活性剂已经进入原油中，这导致油水界面张力更低，搅拌作用下油滴粒径更小，因而乳化降黏效果更好。

在激光作用下，原油不同组分发射不同波长范围荧光信号，而水却不能。依据油水这一性质差异，采用激光扫描共聚焦显微镜进行乳化原油样品激光三维扫

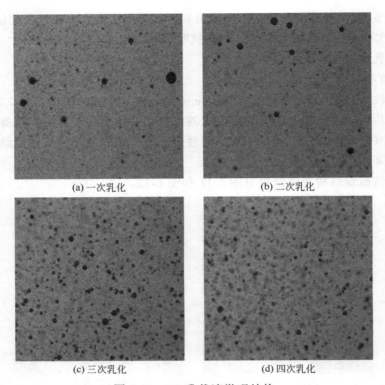

(a) 一次乳化   (b) 二次乳化

(c) 三次乳化   (d) 四次乳化

图 6-12　H1 乳状液微观结构

描，获得荧光图像，据此判别和分析原油乳化类型和乳状液结构特征。为此，采用注入水配制表面活性剂溶液（H1，c_s=2000mg/L），与 QHD32-6 模拟油按照"2：8"比例混合得到乳状液（乳化仪转速 7000r/min，搅拌时间 15min），激光扫描共聚焦显微镜观察乳状液中油水分布状态见图 6-13 和图 6-14。

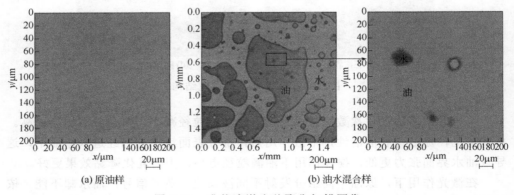

(a) 原油样   (b) 油水混合样

图 6-13　乳状液激光共聚焦扫描图像

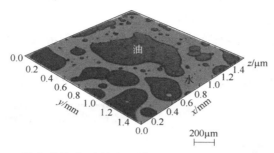

图 6-14　激光共聚焦反射光通道 45°立体图像（相同视域）

可以看出，含水 80%时原油与表面活性剂溶液混合后会形成乳化现象。当乳状液为 O/W 型时，其黏度会大幅度降低，稠油储层孔隙内流动阻力就会减小，最终达到扩大波及体积和提高采收率的目的。

2）界面张力

采用注入水配制表面活性剂溶液（c_s=1000mg/L），将其以"油/水=3/7"与原油混合和搅拌，乳状液油水分离，得到表面活性剂溶液，再测试它与新鲜原油间的界面张力。重复上述实验过程 4 次。

表面活性剂溶液与原油间的界面张力测试结果见表 6-18。

表 6-18　界面张力测试结果　　　　　单位：mN/m

参数\药剂名称	乳化作用次数				
	初始	1	2	3	4
CPE	$2.33×10^{-1}$	$4.12×10^{-1}$	$6.67×10^{-1}$	$7.96×10^{-1}$	$8.81×10^{-1}$
H1	$9.15×10^{-2}$	$1.92×10^{-1}$	$2.58×10^{-1}$	$3.69×10^{-1}$	$5.01×10^{-1}$

表 6-18 可以看出，随乳化次数增加，表面活性剂溶液与新鲜原油间界面张力增加，但增幅逐渐减小。由此可见，原油与表面活性剂溶液混合后部分表面活性剂成分进入原油中，表面活性剂溶液中有效组分减少，油水界面张力升高。

（10）润湿性

采用光学投影测定接触角方法测试表面活性剂溶液浸泡岩石后表面润湿性变化。采用水湿和油湿石英片模拟地层岩石表面润湿性，将不同润湿性石英片置于表面活性剂溶液中浸泡和老化，测试浸泡前后石英片的接触角。

实验步骤：

① 将一组 2cm×2cm 石英片放在 5%盐酸溶液中浸泡 3h，然后用蒸馏水反复淋洗，之后将石英片置于恒温箱中烘干，备用；

② 将部分酸处理石英片置于原油中，60℃条件下恒温老化 5d，得到亲油石英片，用于模拟油湿砂岩；

③ 将另一部分酸处理石英片放置于模拟水中，60℃条件下恒温老化 5d，得

到亲水石英片,用于模拟水湿砂岩;

④ 将上述油湿和水湿石英片分别置于表面活性剂溶液(1000mg/L、1500mg/L 和 2000 mg/L)中老化 2d,测试石英片上油滴接触角。

实验结果见图 6-15,水湿石英片初始接触角 29.597°,油湿石英片 133.270°。

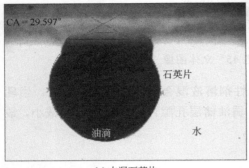

(a) 水湿石英片 (b) 油湿石英片

图 6-15 石英片润湿性

表面活性剂浓度对石英片接触角影响测试数据见表 6-19 和表 6-20,相应测试照片见图 6-16 和图 6-17。

表 6-19 接触角与药剂浓度关系(水湿石英片)

表面活性剂浓度/(mg/L)	1000	1500	2000
接触角	51.117°	48.564°	45.520°

表 6-20 接触角与药剂浓度关系(油湿石英片)

表面活性剂浓度/(mg/L)	1000	1500	2000
接触角	74.582°	71.580°	67.295°

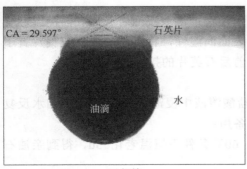
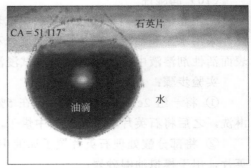

(a) 初始 (b) c_s = 1000mg/L

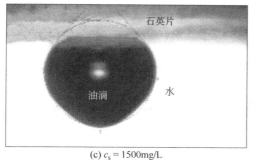
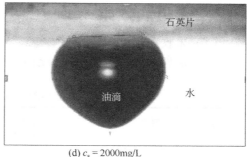

(c) $c_s = 1500$mg/L　　　　　　　　　(d) $c_s = 2000$mg/L

图 6-16　（水湿石英片）表面活性剂浓度与接触角的关系

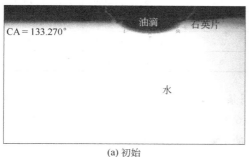

(a) 初始

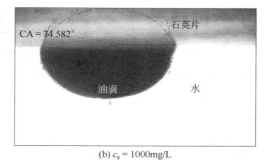

(b) $c_s = 1000$mg/L

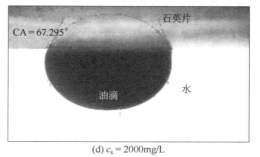

(c) $c_s = 1500$mg/L　　　　　　　　　(d) $c_s = 2000$mg/L

图 6-17　（油湿石英片）稠油流度改善剂浓度与接触角的关系

　　从表 6-19 和表 6-20 可以看出，表面活性剂与石英片接触后会影响其润湿性。一方面，使石英片润湿性从亲油向亲水转变。另一方面，使弱亲水石英片亲水性减弱。分析认为，由于表面活性剂亲油基团朝向石英片，并通过氢键作用在其表面紧密排列形成多层吸附膜，进而显著改善石英表面润湿性。随表面活性剂浓度增加，石英片亲水性略有增强。当表面活性剂浓度较高时，活性分子含量升高，在石英表面吸附作用增强。由此可见，表面活性剂能够在与岩石表面接触过程中改变其润湿性，有利于将原油从岩石表面剥离，提高洗油效率。

6.2.2 驱油效果

（1）采收率

表面活性剂类型对岩心驱替增油降水效果影响实验数据见表 6-21。

表 6-21　采收率实验数据

方案编号	岩心类型	驱油剂类型	界面张力/(mN/m)	工作黏度/(mPa·s)	含油饱和度/%	采收率/%		
						水驱	最终	增幅
6-4	均质	水	40	0.7	71.5	35.5	—	—
6-5	非均质	水	40	0.7	69.7	21.8	—	—
6-6	均质	H1 溶液	$9.15×10^{-2}$	1.2	71.8	20.4	50.1	14.6
6-7		CPE 溶液	$2.33×10^{-1}$	6.5	71.1	19.8	47.2	11.7
6-8	非均质	H1 溶液	$9.15×10^{-2}$	1.2	69.5	14.5	28.1	6.3
6-9		CPE 溶液	$2.33×10^{-1}$	6.5	69.8	13.1	25.7	3.9

从表 6-21 可以看出，在岩心类型相同条件下，H1 表面活性剂溶液可在水驱基础上提高采收率 14.6%（均质岩心）和 6.3%（非均质岩心），CPE 表面活性剂溶液为 11.7%（均质岩心）和 3.9%（非均质岩心）。由此可见，H1 表面活性剂溶液驱增油降水效果优于 CPE。

（2）动态特征

实验过程中注入压力、含水率和采收率与 PV 数的关系对比见图 6-18～图 6-20。

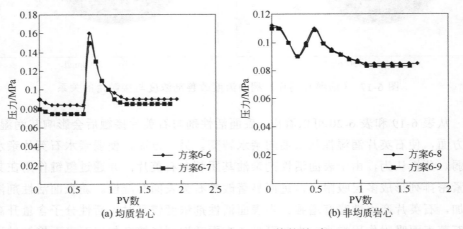

(a) 均质岩心　　　　　　　　(b) 非均质岩心

图 6-18　注入压力与 PV 数的关系

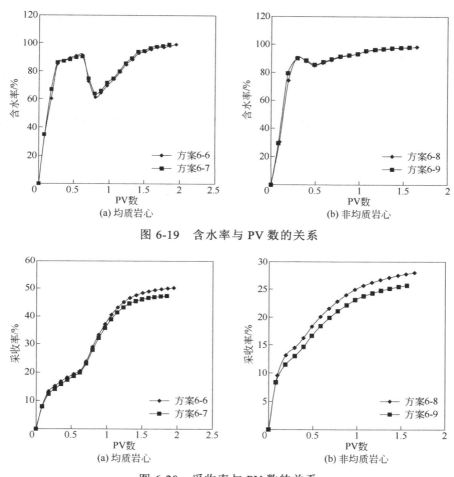

图 6-19　含水率与 PV 数的关系

图 6-20　采收率与 PV 数的关系

从图 6-18～图 6-20 可以看出,尽管 CPE 表面活性剂溶液黏度显著高于 H1 表面活性剂溶液的值,但无论是均质还是非均质岩心注入压力差异不大,表明 H1 表面活性剂以较低界面张力和较强乳化洗油能力弥补了滞留水平不足,取得了较好的增油降水效果。

6.3
小结

① 在油/水比相同的条件下,与 CPE 表面活性剂相比较,DWS 和 H1 表面活性剂乳状液黏度较低,降黏率超过 75%。

② 随表面活性剂浓度增加，表面活性剂溶液与原油间界面张力降低。与 CPE 表面活性剂相比较，DWS 和 H1 表面活性剂溶液与原油间界面张力较低，乳化效果较好，二者降黏率值差别不大。

③ 原油与表面活性剂溶液乳化作用中部分表面活性剂组分进入油相，致使油水界面张力降低并形成 O/W 型乳状液，乳状液表观黏度降低。

④ 与 DWS 表面活性剂相比较，CPE 和 H1 表面活性剂耐温和抗盐性较好。

第 **7** 章
综合治理工作剂滞留、运移和油藏适应性测试

在复合凝胶和抗盐微球研制以及表面活性剂优选和基本性能测试基础上，为了进一步掌握封堵剂、调驱剂和驱油剂等工作剂油藏应用性能，本章拟开展复合凝胶、微球和表面活性剂溶液在多孔介质内滞留、运移和油藏适应性研究。

7.1
测试条件

7.1.1　实验材料

封堵剂复合凝胶由聚合氯化铝、丙烯酰胺、尿素、引发剂、交联剂和阻聚剂701 等组成，药剂从市场购买。调驱剂微球 AMPS-8 由东北石油大学提高采收率教育部重点实验室合成，有效含量 100%。高效驱油剂表面活性剂由中海石油天津分公司渤海研究院提供，简称"H1"。

实验用水为 QHD32-6 油田注入水，水质分析结果见表 7-1。

表 7-1　QHD32-6 油田注入水水质分析结果

离子组成和含量/(mg/L)							总矿化度 /(mg/L)
$K^+ + Na^+$	Ca^{2+}	Mg^{2+}	Cl^-	SO_4^{2-}	CO_3^{2-}	HCO_3^-	
921.72	75.1	7.5	737.5	12.6	61.6	1077.7	2893.7

实验用岩心为石英砂环氧树脂胶结人造均质岩心，几何尺寸：宽×高×长=4.5cm×4.5cm×30cm。渗透率：①复合凝胶，K_g=2.4μm²、1.2μm² 和 4μm²；②微球，K_g=4.8μm²、2.4μm² 和 0.8μm²；③高效驱油剂，K_g=2.4μm²、1.2μm² 和 0.4μm²。

在岩心入口端、距入口 1/3 和 2/3 处设置 3 个测压点，岩心外观结构示意图见图 7-1。

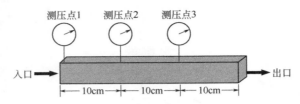

图 7-1 岩心外观结构及测压点分布示意图

7.1.2 仪器设备和测试步骤

采用 DV-Ⅱ型布氏黏度计（见图 7-2）测试工作剂黏度。

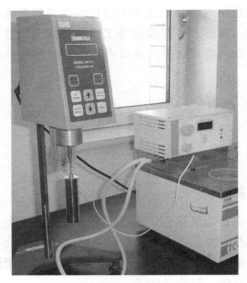

图 7-2 布氏黏度计

采用岩心驱替实验装置测试工作剂滞留、运移和油藏适应性。实验装置由平流泵、压力表、岩心和中间容器等部件组成，除平流泵外，其它仪器设备置于65℃保温箱内。实验设备和流程见图 7-3。

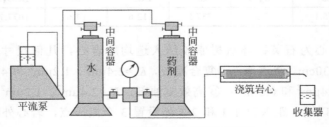

图 7-3 实验设备及流程示意图

实验步骤：

① 岩心抽空饱和地层水，计量孔隙体积和孔隙度；

② 连接实验流程，水测岩心渗透率 K_1（压差 Δp_1）；

③ 将工作剂（复合凝胶、微球和表面活性剂溶液）样品注入岩心，段塞尺寸为 1.5PV。注入期间定时记录各测压点压力，计算区间压差 Δp_{1-2}、Δp_{2-3}、$\Delta p_{3-出口}$ 以及总压差 $\Delta p_2=\Delta p_{1-2}+\Delta p_{2-3}+\Delta p_{3-出口}$。工作剂样品注入结束后，计算阻力系数（$\Delta p_2/\Delta p_1$）；

④ 在油藏温度条件下岩心内工作剂候凝 72h（表面活性剂溶液除外），候凝结束后分别在距岩心注入端和采出端 2cm 处重新钻孔、安装闸门和连接管线，再后续水驱 1PV。定期（30min）记录后续水驱阶段各个测压点压力，计算后续水驱结束时区间压差 Δp_{1-2}、Δp_{2-3} 和 $\Delta p_{3-出口}$ 和总压差 $\Delta p_3=\Delta p_{1-2}+\Delta p_{2-3}+\Delta p_{3-出口}$，计算残余阻力系数（$\Delta p_3/\Delta p_1$）和封堵率 $[(\Delta p_1-\Delta p_3)/\Delta p_1]$。

工作剂在岩心内滞留和运移能力直接影响其深部液流转向效果。为此，提出将工作剂注入结束时岩心第一部分压差（"测压点 1"与"测压点 2"之差）与第三部分压差比 β（$\Delta p_{1-2}/\Delta p_{3-出口}$）作为滞留和运移能力的评价指标。工作剂滞留和运移能力必须相互兼顾，不能偏颇。工作剂岩心前部区域滞留量越多，"$\Delta p_{1-2}/\Delta p_{3-出口}$"值越大，说明工作剂滞留能力较强、运移能力较差。考虑到室内实验过程中聚合物微球溶液会在岩心端面发生堆积效应，岩心第一部分区域压差不能客观真实地反映药剂在岩心内的滞留情况，为此采用药剂注入结束时，岩心第二部分压差（"测压点 2"与"测压点 3"之差）与第三部分压差之比（$\Delta p_{2-3}/\Delta p_{3-出口}$）作为其传输运移能力的评价指标。

上述实验注入速率为 1mL/min。

7.1.3　方案设计

（1）微球

岩心：K_g=0.8μm²、2.4μm² 和 4.8μm²；

微球：AMPS-8，c_p=3000mg/L；

溶剂水：注入水；

方案内容：水测渗透率+1.5PV 微球溶液+72h 缓膨+后续水驱+168h 缓膨+后续水驱；

评价参数：压差比 β、阻力系数、残余阻力系数和封堵率。

（2）复合凝胶

岩心：K_g=4μm²、12μm² 和 18μm²；

药剂：2.5%聚合氯化铝+5.0%丙烯酰胺+0.8%尿素+0.15%引发剂+0.15%交联剂+0.05%阻聚剂 701；

溶剂水：注入水；

方案内容：水测渗透率+1.5PV 复合凝胶+72h 候凝+后续水驱；

评价参数：压差比 β、阻力系数、残余阻力系数和封堵率。

（3）表面活性剂

岩心：K_g=0.44μm², 1.2μm² 和 2.4μm²；

药剂：H1 表面活性剂，c_s=1000mg/L；

溶剂水：注入水；

方案内容：水测渗透率+1.5PV 表面活性剂溶液+后续水驱；

评价参数：压差比 β、阻力系数和残余阻力系数。

7.2
微球

7.2.1　滞留−运移能力

在岩心渗透率不同条件下，微球溶液（黏度 4.0mPa·s）注入过程中各测压点压力测试结果及各区间压差和压差比 β 的计算结果分别见表 7-2～表 7-4，各测压点压力与 PV 数关系曲线见图 7-4 和图 7-5。

表 7-2　压力测试结果及各区间压差（注样）

方案编号	渗透率 K_g /μm²	最高注入压力/MPa			各区间压差/MPa			压差比 β （$\Delta p_{2-3}/\Delta p_{3-出口}$）
		p_1	p_2	p_3	Δp_{1-2}	Δp_{2-3}	$\Delta p_{3-出口}$	
1-1	0.8	0.0895	0.0060	0.0021	0.0835	0.0039	0.0021	1.86
1-2	2.4	0.0266	0.0038	0.0014	0.0228	0.0024	0.0014	1.71
1-3	4.8	0.0118	0.0020	0.0008	0.0098	0.0012	0.0008	1.50

表 7-3　压力测试结果及各区间压差（缓膨 3d）

方案编号	渗透率 K_g /μm²	3d 后续水压力/MPa			各区间压差/MPa		
		p_1	p_2	p_3	Δp_{1-2}	Δp_{2-3}	$\Delta p_{3-出口}$
1-1	0.8	0.0300	0.0110	0.0028	0.0190	0.0082	0.0028
1-2	2.4	0.0090	0.0041	0.0010	0.0049	0.0031	0.0010
1-3	4.8	0.0044	0.0026	0.0010	0.0018	0.0016	0.0010

从表 7-2～表 7-4 及图 7-4 和图 7-5 可知，岩心渗透率对微球滞留和运移能力存在影响。当渗透率较低时，微球与岩心孔喉配伍性较差，滞留水平较高，运移

能力较弱，滞留作用主要发生在靠近注入端附近区域，压力损耗主要集中在岩心前半部分，压差比 β 较大。随渗透率增加，岩心孔喉尺寸增大，微球与岩心孔喉间配伍性提高，滞留水平降低，运移能力增强，压差比 β 减小，微球可以在岩心孔隙内运移到更远区域。

表 7-4　压力测试结果及各区间压差（缓膨 7d）

方案编号	渗透率 K_g /μm^2	7d 后续水驱压力/MPa			各区间压差/MPa		
		p_1	p_2	p_3	Δp_{1-2}	Δp_{2-3}	$\Delta p_{3-出口}$
1-1	0.8	0.0400	0.0200	0.0084	0.0200	0.0116	0.0084
1-2	2.4	0.0115	0.0060	0.0024	0.0055	0.0036	0.0024
1-3	4.8	0.0053	0.0033	0.0010	0.0020	0.0023	0.0010

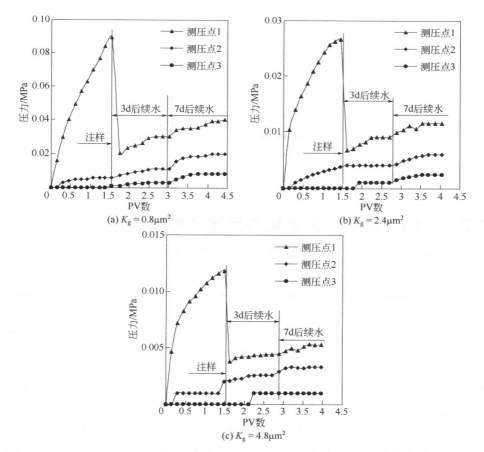

图 7-4　不同岩心渗透率下注入压力与 PV 数的关系

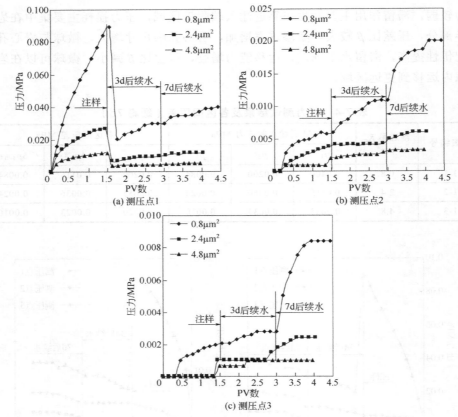

图 7-5　不同测压点注入压力与 PV 数关系

7.2.2　阻力系数、残余阻力系数和封堵率

渗透率对聚合物微球阻力系数、残余阻力系数和封堵率影响实验结果见表 7-5。

表 7-5　阻力系数、残余阻力系数和封堵率

方案编号	渗透率 K_g /μm^2	阻力系数 F_R（无因次）	残余阻力系数 F_{RR}（无因次）		封堵率/%
			3d	7d	
1-1	0.8	14.92	5.36	7.14	86.0
1-2	2.4	12.47	4.52	5.78	82.7
1-3	4.8	8.43	3.37	4.06	75.3

从表 7-5 可知，岩心渗透率对阻力系数、残余阻力系数和封堵率存在影响。随渗透率增加，岩心孔喉尺寸增大，微球注入过程中滞留能力减弱，渗流阻力减小，阻力系数降低，后续水驱阶段岩心内部微球滞留能力也有所减弱，残余阻力系数降低。尽管岩心渗透率差异较大，但微球最终均表现出较高封堵率，表明微

球具有良好缓膨和滞留特性，具备较强深部液流转向能力。

7.3
复合凝胶

7.3.1　滞留−运移能力

复合凝胶（初始黏度 1.9mPa·s）注入过程中以及不同候凝时刻各测压点压力测试结果以及各区间压差和压差比 β 计算结果见表 7-6 和表 7-7，相关关系曲线见图 7-6 和图 7-7。

表 7-6　压力测试结果及各区间压差（注样）

方案编号	渗透率 $K_g/\mu m^2$	最高注入压力/MPa			各区间压差/MPa			压差比 β（$\Delta p_{2\text{-}3}/\Delta p_{3\text{-}出口}$）
		p_1	p_2	p_3	$\Delta p_{1\text{-}2}$	$\Delta p_{2\text{-}3}$	$\Delta p_{3\text{-}出口}$	
2-1	4	0.017	0.007	0.003	0.010	0.004	0.003	3.33
2-2	12	0.011	0.005	0.002	0.006	0.003	0.002	3.00
2-3	18	0.005	0.002	0.001	0.003	0.001	0.001	3.00

表 7-7　压力测试结果及各区间压差（候凝 3d）

方案编号	渗透率 $K_g/\mu m^2$	3d 后续驱水压力/MPa			各区间压差/MPa		
		p_1	p_2	p_3	$\Delta p_{1\text{-}2}$	$\Delta p_{2\text{-}3}$	$\Delta p_{3\text{-}出口}$
2-1	4	0.042	0.016	0.011	0.026	0.005	0.011
2-2	12	0.033	0.015	0.006	0.018	0.009	0.006
2-3	18	0.031	0.017	0.004	0.014	0.013	0.004

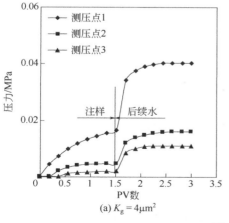

(a) $K_g = 4\mu m^2$

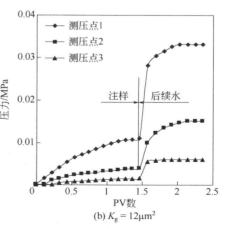

(b) $K_g = 12\mu m^2$

图 7-6

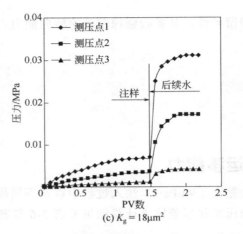

(c) $K_g = 18\mu m^2$

图 7-6　复合凝胶注入压力与 PV 数的关系

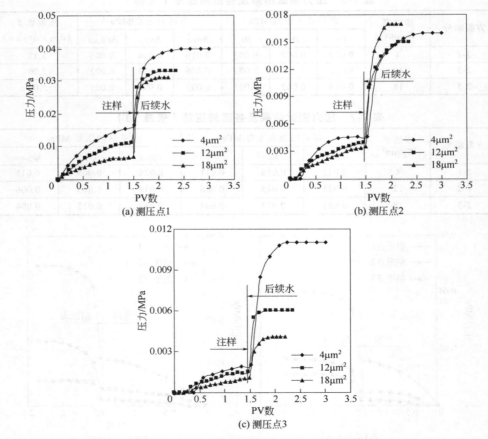

(a) 测压点1　　　　　　　　　　　　　　　　(b) 测压点2

(c) 测压点3

图 7-7　各测压点注入压力与 PV 数的关系

从表 7-6 和表 7-7 以及图 7-6 和图 7-7 可知，随岩心渗透率增大，复合凝胶注入过程中岩心各测压点压力降低，压差比 β 减小。分析认为，由于复合凝胶初始黏度较低，滞留能力较弱，运移能力较强。候凝 3d 后，复合凝胶在岩心孔隙内发生成胶反应，致使聚合物分子聚集体尺寸增大，滞留能力增强，运移能力变差，岩心各测压点压力值大幅度增加。随岩心渗透率增大，复合凝胶在岩心深部区域滞留量增加，后续水驱阶段岩心前后各部分区域压力差值变化幅度减小。

7.3.2　阻力系数、残余阻力系数和封堵率

阻力系数、残余阻力系数和封堵率测试结果见表 7-8。

表 7-8　阻力系数、残余阻力系数和封堵率

方案编号	渗透率 $K_g/\mu m^2$	阻力系数 F_R	残余阻力系数 F_{RR}	封堵率/%
2-1	4	18.33	51.28	98.95
2-2	12	16.67	57.69	98.43
2-3	18	12.49	63.87	98.13

从表 7-8 可知，随岩心渗透率增加，岩心孔喉尺寸增大，一方面复合凝胶渗流阻力减小，阻力系数降低。另一方面，较大孔喉尺寸使得不同组分分子间发生碰撞概率增加，复合凝胶成胶效果提高，因此残余阻力系数逐渐升高。复合凝胶成胶后，3 种渗透率岩心封堵率都超过 98%，说明其具有较强滞留能力，可以实现优势通道封堵和取得较好液流转向效果。

7.4
表面活性剂

7.4.1　滞留-运移能力

表面活性剂（黏度 3.5mPa·s）注入过程中各测压点压力测试结果及各区间压差和压差比 β 计算结果见表 7-9 和表 7-10，相应关系曲线见图 7-8 和图 7-9。

表 7-9　压力测试结果及各区间压差（注样）

方案编号	渗透率 $K_g/\mu m^2$	最高注入压力/MPa			各区间压差/MPa			压差比 β （$\Delta p_{2\text{-}3}/\Delta p_{3\text{-出口}}$）
		p_1	p_2	p_3	$\Delta p_{1\text{-}2}$	$\Delta p_{2\text{-}3}$	$\Delta p_{3\text{-出口}}$	
3-1	0.44	0.0170	0.0083	0.0035	0.0087	0.0048	0.0035	1.37
3-2	1.2	0.0110	0.0062	0.0028	0.0048	0.0034	0.0028	1.21
3-3	2.4	0.0053	0.0031	0.0015	0.0022	0.0016	0.0015	1.07

表 7-10　压力测试结果及各区间压差（后续水驱阶段）

方案编号	渗透率 $K_g/\mu m^2$	后续水驱压力/MPa			各区间压差/MPa		
		p_1	p_2	p_3	Δp_{1-2}	Δp_{2-3}	$\Delta p_{3-出口}$
3-1	0.44	0.0120	0.0068	0.0030	0.0052	0.0038	0.0030
3-2	1.2	0.0080	0.0047	0.0022	0.0033	0.0025	0.0022
3-3	2.4	0.0040	0.0025	0.0012	0.0015	0.0013	0.0012

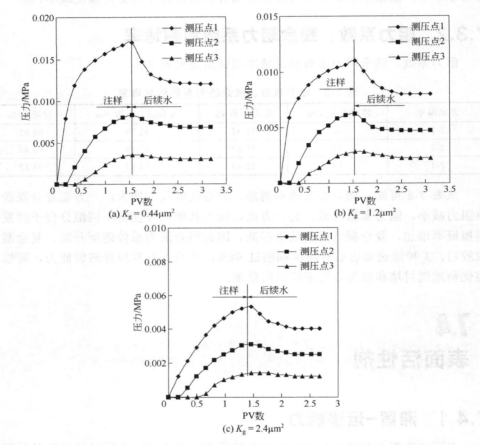

图 7-8　注入压力与 PV 数的关系

从表 7-9 和表 7-10 以及图 7-8 和图 7-9 可知，岩心渗透率对表面活性剂滞留-运移能力影响不大。随岩心渗透率增大，岩心孔喉尺寸增大，表面活性剂岩心内滞留量和渗流阻力减小，运移能力增强，压差比 β 降低。分析认为，表面活性剂属于小分子材料，分子聚集体尺寸较小，滞留能力较弱，运移能力较强。与复合凝胶和微球相比较，表面活性剂滞留能力较弱，运移能力较强，与复合凝胶和微球组合应用就能够形成扩大波及体积和提高洗油效率协同效应，大幅度提高采收率。

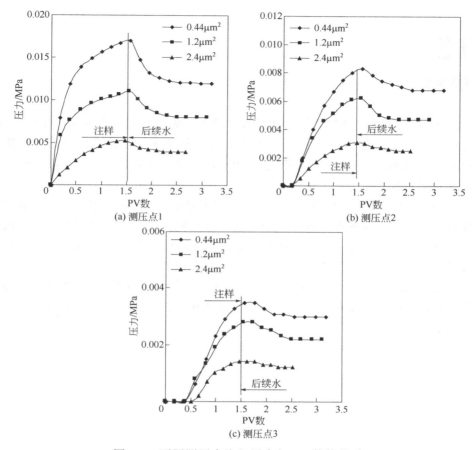

图 7-9　不同测压点注入压力与 PV 数的关系

7.4.2　阻力系数、残余阻力系数和封堵率

阻力系数和残余阻力系数测试结果见表 7-11。

表 7-11　阻力系数和残余阻力系数

方案编号	岩心渗透率 /$10^{-3}\mu m^2$	阻力系数 F_R	残余阻力系数 F_{RR}
3-1	0.44	2.07	1.46
3-2	1.2	1.86	1.35
3-3	2.4	1.67	1.26

从表 7-11 可知，随岩心渗透率增加，岩心孔喉尺寸增加，表面活性剂岩心内滞留能力减弱，阻力系数和残余阻力系数减小。分析认为，由于表面活性剂自身滞留能力较差，阻力系数和残余阻力系数数较小。

7.5 小结

① 随岩心渗透率增加，岩心孔喉尺寸增大，微球与岩心孔喉间配伍性提高，滞留能力减弱，运移能力增强，有利于微球实现深部放置和滞留目的。微球在 $K_g=0.8\mu m^2 \sim 4.8\mu m^2$ 岩心上封堵率超过 75%，表现出"堵而不死"渗流特征，能够实现宏观和微观液流转向目标。

② 复合凝胶初始聚合物分子聚集体尺寸较小，孔隙内滞留能力较弱，运移能力较强，有利于实现深部放置和滞留目的。复合凝胶组分间可以在多孔介质内发生交联反应，在 $K_g=4\mu m^2 \sim 18\mu m^2$ 岩心上封堵率超过 98%，表明复合凝胶有较强滞留能力，能够实现优势通道封堵和后续调驱剂转向。

③ 表面活性剂属于低分子材料，多孔介质内滞留能力弱、运移能力强，与复合凝胶和微球组合应用就能够形成扩大波及体积和提高洗油效率协同效应，大幅度提高采收率。

第 **8** 章
综合治理工作剂注入工艺参数

前几章对复合凝胶封堵剂、微球调驱剂和表面活性剂高效驱油剂性能进行了比较全面和系统的测试，本章拟开展"堵/调/驱"一体化综合治理增油降水效果测试和作用机制分析，在此基础上进行注入工艺参数优化，为"堵/调/驱"数值模拟研究输入参数设置和矿场技术经济效果预测提供依据。

8.1
测试条件

8.1.1　实验材料

封堵剂（又称堵水剂）为复合凝胶，由聚合氯化铝、尿素、丙烯酰胺、交联剂（N,N-亚甲基双丙烯酰胺）、引发剂（过硫酸铵）和无水亚硫酸钠等组成，各种药剂从市场购买。Cr^{3+}凝胶由聚合物溶液与有机铬交联剂混合而成，聚合物为部分水解聚丙烯酰胺，分子量为 $1.9×10^7$，由中海石油天津分公司提供。有机铬交联剂由中海石油天津分公司提供，Cr^{3+}含量为 2.7%。调驱剂为聚合物微球，由东北石油大学实验室合成（AMPS-8）。高效驱油剂为 H1 表面活性剂溶液，由中海石油天津分公司提供。

实验油为模拟油，由渤海油田脱气原油与煤油按一定比例混合而成，油藏温度 65℃下黏度 μ_o 分别为 17mPa·s、45mPa·s、75mPa·s、150mPa·s 和 300mPa·s。实验水为模拟注入水（简称注入水），是按照目标油田注入水水质分析室内配制而成。

实验岩心由石英砂与环氧树脂胶结而成，外观尺寸：宽×高×长=4.5cm×4.5cm×30cm。岩心包括高、中、低三个渗透层，各个小层渗透率设计见表 8-1。

表 8-1　岩心渗透率设计

小层	渗透率 $K_{平均}$/μm^2				
	岩心 I	岩心 II	岩心 III	岩心 IV	岩心 V
低渗透层	0.5	0.5	0.5	0.5	0.5
中渗透层	1.5	1.5	1.5	1.5	1.5
高渗透层	6	8	10	12	14

8.1.2　仪器设备

采用 DV-II 型布氏黏度计测试原油、封堵剂和调驱剂的黏度。采用岩心驱替实验装置评价"堵/调/驱"措施增油降水效果（采收率），该装置由平流泵、压力传感器、岩心夹持器、手摇泵和中间容器等部件组成，除平流泵和手摇泵外，其它部分置于 65℃ 保温箱内。

8.1.3　实验方案设计

（1）"堵/调/驱"一体化治理注入参数优化

1）封堵剂组成对堵水增油效果影响测试（岩心 I，μ_o=45mPa·s）

方案 1-1-1：水驱至含水 98%+0.05PV 前置段塞（"高分"聚合物，0.15%）+0.075PV 堵水剂（配方 I：聚合氯化铝 2.5%+丙烯酰胺 3%+0.8%尿素+0.3%引发剂+0.3%交联剂，候凝 36h）+顶替段塞 0.05PV（"高分"聚合物，0.15%）+后续水驱至含水 98%。

方案 1-1-2：水驱至含水 98%+0.05PV 前置段塞（"高分"聚合物，0.15%）+0.075PV 堵水剂（配方 II：聚合氯化铝 2.5%+丙烯酰胺 4%+0.8%尿素+0.3%引发剂+0.3%交联剂，候凝 36h）+顶替段塞 0.05PV（"高分"聚合物，0.15%）+后续水驱至含水 98%。

方案 1-1-3：水驱至含水 98%+0.05PV 前置段塞（"高分"聚合物，0.15%）+0.075PV 堵水剂（配方 III：聚合氯化铝 2.5%+丙烯酰胺 5%+0.8%尿素+0.3%引发剂+0.3%交联剂，候凝 36h）+顶替段塞 0.05PV（"高分"聚合物，0.15%）+后续水驱至含水 98%。

方案 1-1-4：水驱至含水 98%+0.05PV 前置段塞（"高分"聚合物，0.15%）+0.075PV 堵水剂（配方 IV：聚合氯化铝 2.5%+丙烯酰胺 6%+0.8%尿素+0.3%引发剂+0.3%交联剂，候凝 36h）+顶替段塞 0.05PV（"高分"聚合物，0.15%）+后续水驱至含水 98%。

2）封堵剂顶替段塞尺寸对堵水增油效果影响测试（岩心 I，μ_o=45mPa·s）

方案 1-2-1：水驱至含水 98%+0.05PV 前置段塞（"高分"聚合物，0.15%）+0.1PV

堵水剂+顶替段塞 0PV+后续水驱至含水 98%。

方案 1-2-2：水驱至含水 98%+0.05PV 前置段塞（"高分"聚合物，0.15%）+0.1PV 堵水剂+顶替段塞 0.05PV+后续水驱至含水 98%。

方案 1-2-3：水驱至含水 98%+0.05PV 前置段塞（"高分"聚合物，0.15%）+0.1PV 堵水剂+顶替段塞 0.1PV+后续水驱至含水 98%。

方案 1-2-4：水驱至含水 98%+0.05PV 前置段塞（"高分"聚合物，0.15%）+0.1PV 堵水剂+顶替段塞 0.15PV+后续水驱至含水 98%。

方案 1-2-5：水驱至含水 98%+0.05PV 前置段塞（"高分"聚合物，0.15%）+0.1PV 堵水剂+顶替段塞 0.2PV+后续水驱至含水 98%。

注：堵水剂配方从"方案 1-1-1～方案 1-1-4"中优选，下同。

3）封堵剂段塞尺寸对堵水增油效果影响测试（岩心Ⅰ，μ_o=45mPa·s）

方案 1-3-1：水驱至含水 98%+0.05PV 前置段塞（"高分"聚合物，0.15%）+0.025PV 堵水剂+顶替段塞 0.05PV（"高分"聚合物，0.15%）+后续水驱至含水 98%。

方案 1-3-2：水驱至含水 98%+0.05PV 前置段塞（"高分"聚合物，0.15%）+0.05PV 堵水剂+顶替段塞 0.05PV（"高分"聚合物，0.15%）+后续水驱至含水 98%。

方案 1-3-3：水驱至含水 98%+0.05PV 前置段塞（"高分"聚合物，0.15%）+0.075PV 堵水剂+顶替段塞 0.05PV（"高分"聚合物，0.15%）+后续水驱至含水 98%。

方案 1-3-4：水驱至含水 98%+0.05PV 前置段塞（"高分"聚合物，0.15%）+0.10PV 堵水剂+顶替段塞 0.05PV（"高分"聚合物，0.15%）+后续水驱至含水 98%。

方案 1-3-5：水驱至含水 98%+0.05PV 前置段塞（"高分"聚合物，0.15%）+0.125PV 堵水剂+顶替段塞 0.05PV（"高分"聚合物，0.15%）+后续水驱至含水 98%。

4）"调剖+堵水"联合作业增油效果影响测试（岩心Ⅰ，μ_o=45mPa·s）

方案 1-4-1：水驱至含水 98%+堵水剂（药剂组成和段塞组合采用以上优化参数，下同）+0.025PV 调剖剂（其药剂配方和段塞组合与堵水剂相同，候凝 36h，下同）+后续水驱至含水 98%。

方案 1-4-2：水驱至含水 98%+堵水剂+0.05PV 调剖剂+后续水驱至含水 98%。

方案 1-4-3：水驱至含水 98%+堵水剂+0.075PV 调剖剂+后续水驱至含水 98%。

方案 1-4-4：水驱至含水 98%+堵水剂+0.10PV 调剖剂+后续水驱至含水 98%。

方案 1-4-5：水驱至含水 98%+堵水剂+0.125PV 调剖剂+后续水驱至含水 98%。

5）原油黏度对"调剖+堵水"增油效果影响测试（岩心Ⅲ）

方案 1-5-1：水驱至含水 98%+"调剖+堵水"+后续水驱至含水 98%（μ_o=17mPa·s）。

方案 1-5-2：水驱至含水 98%+"调剖+堵水"+后续水驱至含水 98%（μ_o=45mPa·s）。

方案 1-5-3：水驱至含水 98%+"调剖+堵水"+后续水驱至含水 98%（μ_o=75mPa·s）。

方案 1-5-4：水驱至含水 98%+"调剖+堵水"+后续水驱至含水 98%（μ_o=150mPa·s）。

方案 1-5-5：水驱至含水 98%+"调剖+堵水"+后续水驱至含水 98%（μ_o=300mPa·s）。

6）岩心非均质性对"调剖+堵水"增油效果影响测试（μ_o=45mPa·s）

方案 1-6-1：水驱至含水 98%+"调剖+堵水"+后续水驱至含水 98%（岩心Ⅰ）。

方案 1-6-2：水驱至含水 98%+"调剖+堵水"+后续水驱至含水 98%（岩心Ⅱ）。

方案 1-6-3：水驱至含水 98%+"调剖+堵水"+后续水驱至含水 98%（岩心Ⅲ）。

方案 1-6-4：水驱至含水 98%+"调剖+堵水"+后续水驱至含水 98%（岩心Ⅳ）。

方案 1-6-5：水驱至含水 98%+"调剖+堵水"+后续水驱至含水 98%（岩心Ⅴ）。

（2）"堵/调/驱"一体化综合治理增油效果测试

1）"堵/调/驱"各项措施单独实施增油效果

方案 2-1-1：水驱至含水 98%+0.075PV 堵水剂（2.5%聚合氯化铝+5.0%丙烯酰胺+0.8%尿素+0.3%引发剂+0.3%交联剂）+顶替段塞 0.1PV（聚合物溶液 0.15%）（候凝 36h）+后续水驱至含水 98%+0.075PV 调剖剂（2.5%聚合氯化铝+5.0%丙烯酰胺+0.8%尿素+0.3%引发剂+0.3%交联剂）+顶替段塞 0.1PV（聚合物溶液 0.15%）（候凝 36h）+后续水驱至含水 98%+0.1PV 驱油剂（0.3%表面活性剂+0.3%聚合物微球）（候凝 72h）+后续水驱至含水 98%。

方案 2-1-2：水驱至含水 98%+0.075PV 堵水剂（Cr^{3+}聚合物凝胶，c_p=3500mg/L，聚合物：Cr^{3+}=90：1）+顶替段塞 0.1PV（聚合物溶液 0.15%）（候凝 12h）+后续水驱至含水 98%+0.075PV 调剖剂（Cr^{3+}聚合物凝胶，c_p=3500mg/L，聚：Cr^{3+}=90：1）+顶替段塞 0.1PV（聚合物溶液 0.15%）（候凝 12h）+后续水驱至含水 98%+0.1PV 驱油剂（0.3%表面活性剂+0.3%聚合物微球）（候凝 72h）+后续水驱至含水 98%。

2）"堵/调/驱"一体化治理增油效果

方案 2-2-1：水驱至含水 98%+0.075PV 堵水剂（2.5%聚合氯化铝+5.0%丙烯酰胺+0.8%尿素+0.3%引发剂+0.3%交联剂）+顶替段塞 0.1PV（聚合物溶液 0.15%）（候凝 36h）+0.075PV 调剖剂（2.5%聚合氯化铝+5.0%丙烯酰胺+0.8%尿素+0.3%引发剂+0.3%交联剂）+顶替段塞 0.1PV（聚合物溶液 0.15%）（候凝 36h）+0.1PV 驱油剂（0.3%表面活性剂+0.3%聚合物微球）（候凝 72h）+后续水驱至含水 98%。

方案 2-2-2：水驱至含水 98%+0.075PV 堵水剂（Cr^{3+}聚合物凝胶，c_p=3500mg/L，聚合物：Cr^{3+}=90：1）+顶替段塞 0.1PV（聚合物溶液 0.15%）（候凝 12h）+0.075PV 调剖剂（Cr^{3+}聚合物凝胶，c_p=3500mg/L，聚：Cr^{3+}=90：1）+顶替段塞 0.1PV（聚合物溶液 0.15%）（候凝 12h）+0.1PV 驱油剂（0.3%表面活性剂+0.3%聚合物微球）（候凝 72h）+后续水驱至含水 98%。

上述岩心驱替实验注入速度为 0.3mL/min。

8.2
"堵/调/驱"一体化治理注入参数优化

8.2.1　堵水剂组成对堵水增油效果的影响

堵水剂组成对堵水增油效果影响实验结果见表 8-2。

表 8-2　采收率实验数据（候凝 36h）

方案编号	堵水剂配方编号	配方组成/%				含油饱和度/%	采收率/%		
		主剂		交联剂	引发剂		水驱	最终	增幅
		聚合氯化铝	丙烯酰胺						
1-1-1	配方 I	2.5	3	0.029	0.010	71.7	37.0	56.1	19.1
1-1-2	配方 II	2.5	4	0.036	0.012	72.4	36.9	59.0	22.1
1-1-3	配方 III	2.5	5	0.043	0.015	72.5	36.5	59.9	23.4
1-1-4	配方 IV	2.5	6	0.054	0.018	72.7	35.8	59.9	24.3

从表 8-2 可以看出，随堵水剂组成浓度增加，堵水剂成胶效果提高，采收率增幅增加。从采收率和药剂成本角度综合考虑，推荐"配方 II"为后续实验用堵水剂配方。

实验过程中注入压力、含水率和采收率与 PV 数的关系见图 8-1～图 8-3。

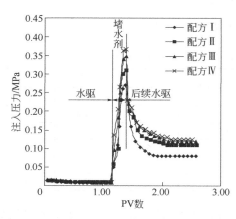

图 8-1　注入压力与 PV 数的关系

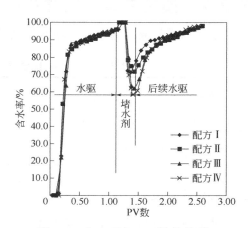

图 8-2　含水率与 PV 数的关系

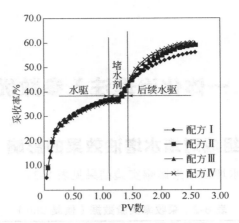

图 8-3　采收率与 PV 数的关系

可以看出，随堵水剂各组分浓度增加，不仅堵水剂注入阶段压力增加，而且后续水驱阶段压力也保持在较高水平。分析表明，在几个配方堵水剂中，配方 I 注入压力、后续水驱压力都明显低于配方 II～IV，因而液流转向效果较差，采收率增幅较小。机理分析认为，大分子间交联反应形成刚性链为辅、柔性链为主的黏弹性体，因而具有较强黏弹性。随丙烯酰胺（AM）浓度增加，接枝率越高，网络尺寸越大，三维网络结构越均一，堵水效果越好。由此可见，当聚合氯化铝与丙烯酰胺配比不小于或等于 "1：1" 时，堵水剂各组成在多孔介质中才能充分接触和发挥作用。与配方 II、配方 III 和配方 IV 相比较，由于配方 I 中丙烯酰胺含量仅为 3%，因此堵水剂成胶效果较差，采收率增幅较小。综上所述，丙烯酰胺浓度应当大于或等于 4%。

8.2.2　顶替液段塞尺寸对堵水增油效果的影响

堵水剂顶替液段塞尺寸对堵水增油效果影响实验结果见表 8-3。

表 8-3　采收率实验数据（岩心 I，μ_o=45mPa·s）

方案编号	顶替液段塞尺寸（PV 数）	含油饱和度/%	采收率/%		
			水驱	最终	增幅
1-2-1	0	71.5	36.0	54.4	18.4
1-2-2	0.05	71.7	37.0	57.5	20.5
1-2-3	0.10	72.4	36.9	59.0	22.1
1-2-4	0.15	73.0	36.6	60.2	23.6
1-2-5	0.20	72.5	35.3	59.9	24.6

从表 8-3 可以看出，随堵水剂段塞放置深度增加，后续水驱液流转向距离提前，中低渗透层波及体积增加，采收率增幅增大，但采收率增幅变化幅度逐

渐减小。

实验过程中注入压力、含水率和采收率与 PV 数的关系见图 8-4～图 8-6。

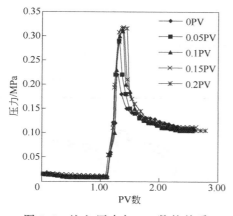

图 8-4　注入压力与 PV 数的关系

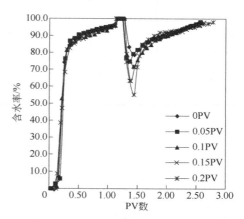

图 8-5　含水率与 PV 数的关系

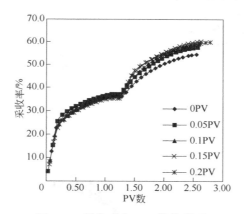

图 8-6　采收率与 PV 数的关系

从图 8-4～图 8-6 可以看出，随顶替液段塞尺寸增加，注入压力升高，含水率降幅增加，采收率增幅增大。从技术经济角度考虑，推荐后续实验顶替液段塞尺寸为 0.05PV。

8.2.3　堵水剂段塞尺寸对堵水增油效果的影响

堵水剂段塞尺寸对堵水增油效果影响实验结果见表 8-4。可以看出，在顶替液段塞尺寸为 0.05PV 条件下，随堵水剂段塞尺寸增加，采收率增加，但采收率增幅逐渐减小。

注入压力、含水率和采收率与 PV 数的关系见图 8-7～图 8-9。

表 8-4　采收率实验数据（岩心Ⅰ，μ_o=45mPa·s）

方案编号	堵水剂段塞尺寸（PV 数）	含油饱和度/%	采收率/%		
			水驱	最终	增幅
1-3-1	0.025	72.6	37.2	52.7	15.5
1-3-2	0.050	71.9	37.4	54.7	17.3
1-3-3	0.075	71.7	37.0	57.5	20.5
1-3-4	0.100	71.4	36.8	59.1	22.3
1-3-5	0.125	71.8	36.4	59.8	23.4

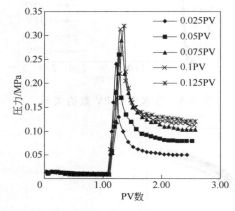

图 8-7　注入压力与 PV 数的关系

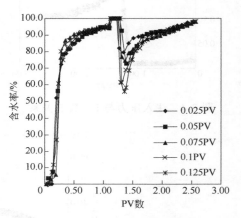

图 8-8　含水率与 PV 数的关系

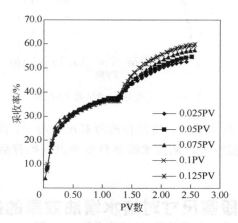

图 8-9　采收率与 PV 数的关系

可以看出，随堵水剂注入量增加，成胶后注入压力升高，封堵效果即扩大波及体积效果增强，含水率下降，采收率增加，但采收率增幅逐渐减小。进一步分析发现，当堵水剂段塞尺寸在 0.025PV～0.075PV 时，注入压力增幅较大，

采收率增幅也较高。从技术经济角度考虑，堵水剂合理段塞尺寸为 0.025PV～
0.075PV。

8.2.4 "调剖+堵水"综合治理增油效果的影响

在采用前期优化堵水剂配方组成和段塞组合方式［前置段塞 0.05PV（"高分"
聚合物，0.15%%）+堵水剂 0.075PV（聚合氯化铝 2.5%+丙烯酰胺 5%+0.8%尿素
+0.3% 引发剂 +0.3% 交联剂）+顶替段塞 0.075PV（"高分"聚合物溶液，
c_p=1500mg/L）］条件下，调剖剂（药剂和段塞组成与堵水剂相同）段塞尺寸对"调
剖+堵水"联合作业增油效果影响实验结果见表 8-5。

表 8-5　采收率实验数据（岩心Ⅰ，μ_o=45mPa·s）

方案编号	调剖剂（PV 数）	含油饱和度/%	采收率/%		
			水驱	最终	增幅
1-4-1	0.025	72.4	36.2	58.7	22.4
1-4-2	0.050	73.4	35.1	58.7	23.6
1-4-3	0.075	72.8	35.3	61.2	25.9
1-4-4	0.100	73.3	35.8	63.6	27.8
1-4-5	0.125	72.1	34.8	63.5	28.7

可以看出，在堵水剂注入工艺一定条件下，随调剖剂段塞尺寸增加，采收率
增加，但采收率增幅变化幅度呈现"先增后减"的变化趋势。

实验过程中注入压力、含水率和采收率与 PV 数的关系见图 8-10～图 8-12。

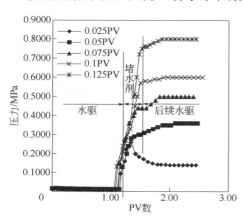

图 8-10　注入压力与 PV 数的关系

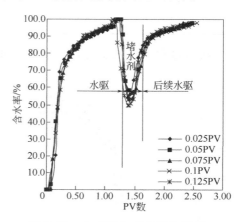

图 8-11　含水率与 PV 数的关系

可以看出，随调剖剂注入量增加，注入压力升高，含水率下降，采收率增加，
但采收率增幅逐渐减小。当调剖剂段塞尺寸在 0.05PV～0.1PV 时，注入压力和采
收率增幅较大。从技术经济角度考虑，调剖剂合理段塞尺寸为 0.05PV～0.1PV。

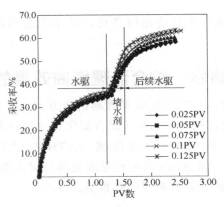

图 8-12　采收率与 PV 数的关系

8.2.5　原油黏度对"调剖+堵水"综合治理增油效果的影响

原油黏度对"调剖+堵水"联合作业增油效果影响实验结果见表 8-6。可以看出，随原油黏度增大，水驱采收率降低，最终采收率降低。

表 8-6　采收率实验数据（配方Ⅱ，岩心Ⅰ）

方案编号	原油黏度/mPa·s	含油饱和度/%	采收率/%		
			水驱	最终	增幅
1-5-1	15	73.9	39.7	67.8	28.1
1-5-2	45	73.4	37.3	64.3	27.0
1-5-3	75	73.0	35.1	60.6	25.5
1-5-4	150	72.5	30.8	55.1	24.3
1-5-5	300	71.4	26.2	49.4	23.2

实验过程中注入压力、含水率和采收率与 PV 数的关系见图 8-13～图 8-15。

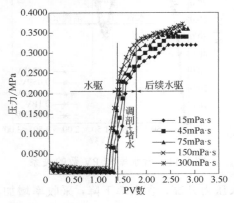

图 8-13　对于不同原油黏度，注入
压力与 PV 数的关系

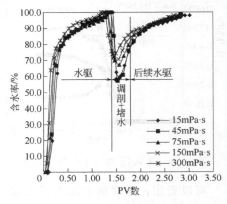

图 8-14　对于不同原油黏度，含水率与
PV 数的关系

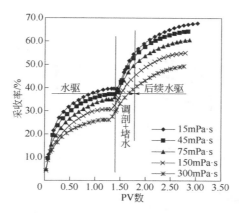

图 8-15 对于不同原油黏度，采收率与 PV 数的关系

可以看出，随原油黏度增加，水驱和"调剖+堵水"措施注入压力增加，采收率增幅和最终采收率减小。考虑到地层破裂压力和设备额定工作压力限制，注入压力升幅会受限制，因而实际开发效果会较差。尽管原油黏度对"调剖+堵水"联合作业增油效果存在影响，但采收率差异不大，表明"调剖+堵水"综合治理措施具有较强的油藏适应性。

8.2.6 岩心非均质性对"调剖+堵水"综合治理增油效果的影响

岩心非均质性对"调剖+堵水"综合治理增油效果影响实验结果见表 8-7。

表 8-7 采收率实验数据（配方 Ⅱ，μ_o=45mPa·s）

方案编号	岩心非均质性	含油饱和度/%	采收率/%		
			水驱	最终	增幅
1-6-1	岩心 Ⅰ	74.7	28.7	49.2	20.5
1-6-2	岩心 Ⅱ	75.7	26.1	49.0	22.9
1-6-3	岩心 Ⅲ	74.6	24.1	48.2	24.1
1-6-4	岩心 Ⅳ	75.3	22.5	48.0	25.5
1-6-5	岩心 Ⅴ	74.7	20.3	47.0	26.7

可以看出，随岩心非均质性增加，水驱采收率减少，"调剖+堵水"综合治理采收率增加。

实验过程中注入压力、含水率和采收率与 PV 数的关系见图 8-16～图 8-18。

可以看出，在水驱阶段，随注入量增加，注入压力逐渐降低并趋于稳定，含水率上升，采收率增加。岩心非均质程度越高，水驱含水率上升速度越快，水驱采收率越低。采取"调剖+堵水"联合作业措施后，后续水驱注入压力逐渐升高并趋于稳定，含水率呈现"先降后升"态势，最终采收率增加。岩心非均质程度越高，"调剖+堵水"联合作业措施效果越好，采收率增幅越大。

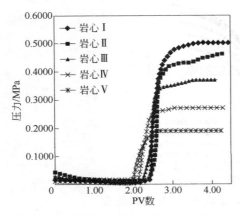

图 8-16 针对不同性质的岩心，注入
压力与 PV 数的关系

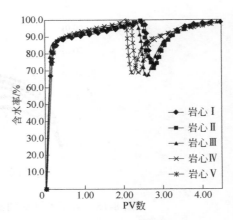

图 8-17 针对不同性质的岩心，
含水率与 PV 数的关系

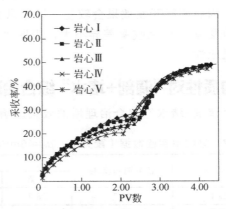

图 8-18 针对不同性质的岩心，采收率与 PV 数的关系

8.3
"堵/调/驱" 一体化治理增油降水效果

8.3.1 "堵/调/驱" 各措施单独实施增油降水效果

（1）采收率

"堵/调/驱" 各项措施单独实施增油降水效果实验结果见表 8-8。

表 8-8　"堵/调/驱"各项措施单独实施采收率实验数据（μ_o=74mPa·s）

方案编号	含油饱和度/%	阶段采收率增幅/%				最终采收率/%	采收率增幅/%
		水驱	堵水	调剖	调驱		
2-1-1	71.8	20.7	9.3	13.1	13.5	56.7	36.0
2-1-2	71.1	20.9	10.2	9.6	11.0	51.4	30.5

可以看出，水驱后分别实施堵水、调剖和调驱措施都能取得较好的增油降水效果。当堵水和调剖剂为复合凝胶时（方案 2-1-1），堵水采收率增幅为 9.3%，调剖为 13.1%，调驱为 13.5%。当堵水和调剖剂为 Cr^{3+} 聚合物凝胶时（方案 2-1-2），堵水采收率增幅为 10.2%，调剖为 9.6%，调驱为 11.0%。在堵水和调剖措施后再注入"高效驱油剂+微球"调驱剂，采收率增幅超过 11%，取得了较好的增油降水效果。与复合凝胶相比较，Cr^{3+} 聚合物凝胶堵水和调剖能力较弱，因而增油降水效果较差。

（2）动态特征

实验过程中注入压力、含水率和采收率与 PV 数关系对比见图 8-19～图 8-21。可以看出，随堵水、调剖和调驱剂注入岩心，注入压力升高，含水率下降，采收率增加。与 Cr^{3+} 聚合物凝胶相比较，复合凝胶封堵作用较强，注入压力升高幅度较大，液流转向效果较好，采收率增幅较大。

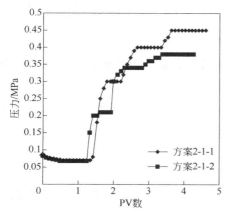

图 8-19　采用两种不同方案时注入压力与 PV 数的关系

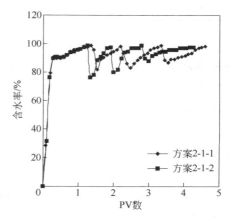

图 8-20　采用两种不同方案时含水率与 PV 数的关系

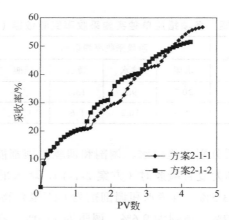

图 8-21　采用两种不同方案时采收率与 PV 数的关系

8.3.2 "堵/调/驱"一体化治理增油降水效果

（1）采收率

"堵/调/驱"一体化治理增油降水效果实验结果见表 8-9。

表 8-9　采收率实验数据（μ_o=74mPa·s）

方案编号	实施方式	封堵剂类型	含油饱和度/%	采收率/%		
				水驱	最终	增幅
2-2-1	联合作业	复合凝胶	69.5	21.8	58.9	37.1
2-2-2		Cr^{3+}凝胶	69.8	20.9	53.8	32.9

可以看出，水驱后实施"堵水、调剖和调驱"一体化治理也能取得较好的增油降水效果。当堵水和调剖剂（也称封堵剂）为复合凝胶时，一体化治理采收率增幅 37.1%（采收率增幅超过 17%）。当堵水和调剖剂为 Cr^{3+}凝胶时，一体化治理采收率增幅 32.9%（采收率增幅超过 17%）。与复合凝胶相比较，Cr^{3+}凝胶"堵水和调剖"液流转向效果较差，导致"堵/调/驱"一体化治理增油降水效果较差。

（2）动态特征

实验过程中注入压力、含水率和采收率与 PV 数的关系对比见图 8-22～图 8-24。

可以看出，实施"堵/调/驱"一体化治理措施后注入压力升高，含水率下降，采收率增加。与 Cr^{3+}凝胶相比较，复合凝胶封堵作用较强，注入压力升高幅度较大，液流转向效果较好，采收率增幅较大。

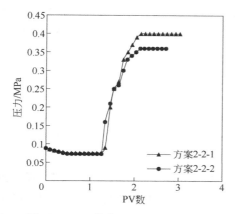

图 8-22　一体化治理方案下注入
压力与 PV 数的关系

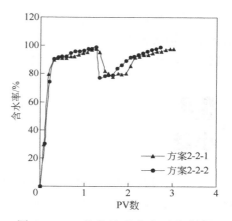

图 8-23　一体化治理方案下含水率
与 PV 数的关系

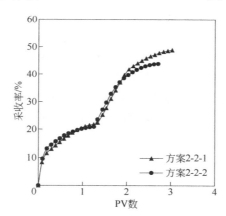

图 8-24　一体化治理方案下采收率与 PV 数的关系

8.3.3　各项措施单独与"堵/调/驱"一体化治理增油降水
效果对比

单独实施各项措施与"堵/调/驱"一体化治理增油降水效果对比见表 8-10。

表 8-10　采收率实验数据（μ_o=74mPa·s）

方案编号	封堵剂	实施方式	含油饱和度/%	采收率/%		
				水驱	最终	增幅
2-1-1	复合凝胶	单独实施	71.8	20.7	56.7	36.0
2-2-1		联合作业	69.5	21.8	58.9	37.1
2-1-2	Cr^{3+}凝胶	单独实施	71.1	20.9	51.4	30.5
2-2-2		联合作业	69.8	20.9	53.8	32.9

可以看出，在封堵剂类型相同的条件下，"堵/调/驱"一体化治理增油降水效果优于分别实施"堵水、调剖和调驱"增油降水效果，并且前者注入 PV 数较小，开发时间较短，施工费用较低，技术经济效果较好。

8.4
小结

① 推荐堵水剂和调剖剂段塞尺寸：主段塞 0.025PV～0.075PV（2.5%聚合氯化铝+5.0%丙烯酰胺+0.8%尿素+0.3%引发剂+0.3%交联剂）+顶替段塞 0.025PV（聚合物溶液，c_p=0.10%～0.15%）。调驱剂段塞尺寸：0.075PV～0.10PV（2.5%聚合氯化铝+5.0%丙烯酰胺+0.8%尿素+0.3%引发剂+0.3%交联剂）+顶替段塞 0.025PV（聚合物溶液，c_p=0.10%～0.15%）。

② 在封堵剂类型相同的条件下，与分别实施"堵水、调剖和调驱"措施相比较，"堵水/调剖/调驱"一体化治理增油降水效果较好，并且注入 PV 数较小，开发时间较短，施工费用较低，技术经济效果较好。

③ 在调剖和堵水基础上，采取"微球+高效驱油剂"一体化治理可以进一步扩大波及体积和提高洗油效率，采收率增幅超过 11%。

第 9 章
高含水油藏综合治理效果及作用机制

实践表明，油藏储层非均质性存在宏观和微观两个方面，它们对油田开发效果影响及重要性已经被石油科技工作者认识，近年来提出和形成了"堵/调/驱"一体化治理技术，但该技术增油降水作用机制亟待深入研究。本章拟在具有"分注分采"功能层内非均质岩心上开展"堵/调/驱"一体化治理增油效果测试，进一步优化微球与高效驱油剂组合方式，探索"堵/调/驱"一体化治理提高采收率作用机制。

9.1 测试条件

9.1.1 实验材料

复合凝胶由聚合氯化铝、丙烯酰胺、尿素、引发剂、交联剂和阻聚剂 701 等组成（2.5%聚合氯化铝+5.0%丙烯酰胺+0.8%尿素+0.15%引发剂+0.15%交联剂+0.05%阻聚剂 701），原料从市场购买。微观非均质调驱体系即聚合物微球（AMPS-8，c_p=3000mg/L）由东北石油大学提高采收率教育部重点实验室合成。表面活性剂高效驱油剂由中海石油天津分公司渤海研究院提供（H1，c_s=1000mg/L）。

实验用油为煤油与 QHD32-6 油田脱气原油按比例混合而成，油藏温度下黏度为 17mPa·s、70mPa·s 和 200mPa·s。

实验水为 QHD32-6 油田注入水，水质分析见表 9-1。

表 9-1 QHD32-6 油田注入水水质分析

离子组成及浓度/%							总矿化度 /(mg/L)
Ca^{2+}	Mg^{2+}	$Na^+ + K^+$	CO_3^{2-}	HCO_3^-	Cl^-	SO_4^{2-}	
75.1	7.5	921.7	61.6	1077.7	75.1	12.6	2893.7

实验岩心为石英砂环氧树脂胶结层内非均质岩心，几何尺寸：高×宽×长＝6.0cm×4.5cm×30cm。该岩心具备"分注分采"功能（见图9-1），能够测量岩心注入端和采出端各个小层吸液和产液量，据此可以模拟测试实际油水井产液和吸液剖面变化规律及影响因素。

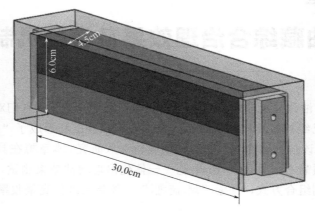

图 9-1　岩心结构示意图

岩心渗透率参数设计见表 9-2。

表 9-2　岩心渗透率参数设计

岩心编号	$K_g/10^{-3}\mu m^2$	
	低渗透层（K_L）	高渗透层（K_H）
岩心 I	300	900
岩心 II	300	2700
岩心 III	300	4500

9.1.2　仪器设备和实验步骤

采用 DV-II 型布氏黏度计（见图 9-2）测试调驱剂黏度。

采用岩心驱替实验装置测试"堵/调/驱"工作剂增油降水效果。实验装置由平流泵、压力表、岩心和中间容器等部件组成，除平流泵外，其它仪器设备置于65℃保温箱内。实验设备及流程示意见图 7-3，测试装置和结构示意图见图 9-3。

测试方法：目前，常规层内非均质岩心实验只能测量总注入量和采出量，无法测量各个小层吸液量和产液量，因此无法测量层内非均质岩心各个小层间液流交换量，也就难以深入了解工作剂深部液流转向作用机制。为此，本项目研制具备"分注分采"功能岩心和测试方法。

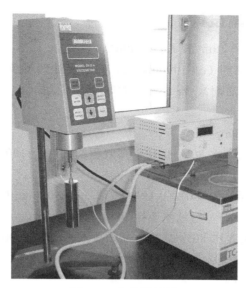

图 9-2　布氏黏度计

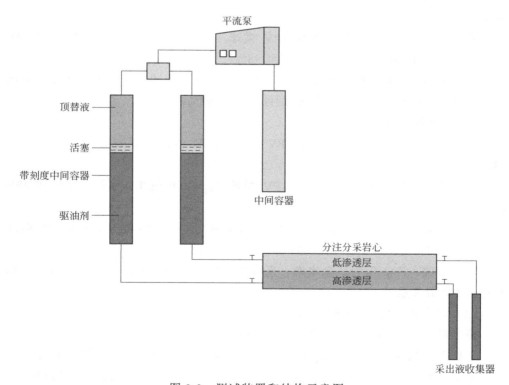

图 9-3　测试装置和结构示意图

9.1.3 实验方案设计

（1）岩心 I（$K_L=0.3\mu m^2$ 和 $K_H=0.9\mu m^2$）

工作剂：高效驱油剂（$c_s=1000mg/L$），高效驱油剂与微球（$c_p=3000mg/L$）段塞组合（微球+高效驱油剂），混合液（微球/高效驱油剂）。

方案内容如下：

1）原油黏度 17mPa·s

方案 1-1：水驱至含水 80%+0.3PV 高效驱油剂（$c_s=1000mg/L$）+后续水驱至98%。

方案 1-2：水驱至含水 80%+0.1PV 微球（$c_p=3000mg/L$，缓膨 72h）+0.2PV高效驱油（$c_s=1000mg/L$）+后续水驱至 98%。

方案 1-3：水驱至含水 80%+0.2PV 高效驱油剂（$c_s=1000mg/L$）与 0.1PV 微球（$c_p=3000mg/L$，缓膨 72h）混合物+后续水驱至 98%。

2）原油黏度 70mPa·s

方案 1-4：水驱至含水 80%+0.3PV 高效驱油剂（$c_s=1000mg/L$）+后续水驱至98%。

方案 1-5：水驱至含水 80%+0.1PV 微球（$c_p=3000mg/L$，缓膨 72h）+0.2PV高效驱油（$c_s=1000mg/L$）+后续水驱至 98%。

方案 1-6：水驱至含水 80%+0.2PV 高效驱油剂（$c_s=1000mg/L$）与 0.1PV 微球（$c_p=3000mg/L$，缓膨 72h）混合物+后续水驱至 98%。

3）原油黏度 200mPa·s

方案 1-7：水驱至含水 80%+0.3PV 高效驱油剂（$c_s=1000mg/L$）+后续水驱至98%。

方案 1-8：水驱至含水 80%+0.1PV 微球（$c_p=3000mg/L$，缓膨 72h）+0.2PV高效驱油（$c_s=1000mg/L$）+后续水驱至 98%。

方案 1-9：水驱至含水 80%+0.2PV 高效驱油剂（$c_s=1000mg/L$）与 0.1PV 微球（$c_p=3000mg/L$，缓膨 72h）混合物+后续水驱至 98%。

评价参数：注入压力、含水率、采收率、吸液剖面（或产液剖面）以及它们与注入 PV 数关系。

（2）岩心 II（$K_L=0.3\mu m^2$ 和 $K_H=2.7\mu m^2$）

原油黏度：17mPa·s、70mPa·s 和 200mPa·s。

工作剂：微球（$c_p=3000mg/L$），高效驱油剂（$c_s=1000mg/L$），复合凝胶。

方案 2-1、方案 2-4 和方案 2-7（原油黏度分别为 17mPa·s、70mPa·s 和 200mPa·s）：水驱至含水 80%+0.3PV 微球（$c_p=3000mg/L$，缓膨 72h）+后续水驱至 98%。

方案 2-2、方案 2-5 和方案 2-8（原油黏度分别为 17mPa·s、70mPa·s 和 200mPa·s）：水驱至含水 80%+"0.2PV 微球（c_p=3000mg/L）/0.1PV 高效驱油剂（c_s=1000mg/L）"混合液（缓膨 72h）+后续水驱至 98%。

方案 2-3、方案 2-6 和方案 2-9（原油黏度分别为 17mPa·s、70mPa·s 和 200mPa·s）：水驱至含水 80%+0.05PV 复合凝胶+"0.15PV 微球（c_p=3000mg/L）/0.1PV 高效驱油剂（c_s=1000mg/L）"混合液（缓膨 72h）+后续水驱至 98%。

评价参数：注入压力、含水率、采收率、吸液剖面（或产液剖面）以及它们与注入 PV 数的关系。

（3）岩心 Ⅲ（K_L=0.3μm^2 和 K_H=4.5μm^2）

原油黏度：17mPa·s、70mPa·s 和 200mPa·s。

工作剂：微球（c_p=3000mg/L），高效驱油剂（c_s=1000mg/L），复合凝胶。

方案 3-1、方案 3-4 和方案 3-7（原油黏度分别是 17mPa·s、70mPa·s 和 200mPa·s）：水驱至含水 80%+0.05PV 复合凝胶（候凝 12h）+"0.1PV 微球（c_p=3000mg/L）/0.1PV 高效驱油剂（c_s=1000mg/L）"混合液（缓膨 72h）+后续水驱至 98%。

方案 3-2、方案 3-5 和方案 3-8（原油黏度分别是 17mPa·s、70mPa·s 和 200mPa·s）：水驱至含水 80%+0.075PV 复合凝胶（候凝 12h）+"0.1PV 微球（c_p=3000mg/L）/0.1PV 高效驱油剂（c_s=1000mg/L）"混合液（缓膨 72h）+后续水驱至 98%。

方案 3-3、方案 3-6 和方案 3-9（原油黏度分别是 17mPa·s、70mPa·s 和 200mPa·s）：水驱至含水 80%+0.1PV 复合凝胶（候凝 12h）+"0.1PV 微球（c_p=3000mg/L）/0.1PV 高效驱油剂（c_s=1000mg/L）"混合液（缓膨 72h）+后续水驱至 98%。

评价参数：注入压力、含水率、采收率、吸液剖面（或产液剖面）以及它们与注入 PV 数的关系。

9.2
工作剂类型及组合方式对增油降水效果的影响

9.2.1　岩心 Ⅰ（K_L=0.3μm^2 和 K_H=0.9μm^2）

（1）原油黏度 17mPa·s

1）采收率

在具备"分注分采"功能层内非均质岩心上开展驱替实验，工作剂类型及组合方式对调驱采收率影响实验结果见表 9-3，注入压力、含水率和采收率与 PV 数的关系对比见图 9-4～图 9-6。

表 9-3　采收率实验数据（岩心Ⅰ，原油黏度 17mPa·s）

方案编号	方案内容	含油饱和度/%	采收率/%		
			水驱	最终	增幅
1-1	0.3PV 高效驱油剂	76.26	27.00	47.60	20.60
1-2	0.1PV 微球+0.2PV 高效驱油剂[①]	76.50	27.50	49.80	22.30
1-3	0.1PV 微球/0.2PV 高效驱油剂[②]	76.42	27.60	53.40	25.80

① 微球与高效驱油剂分段塞注入；
② 微球与高效驱油剂混合后注入。

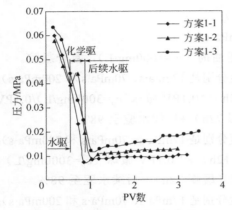

图 9-4　注入压力与 PV 数的关系
（岩心Ⅰ，原油黏度 17mPa·s）

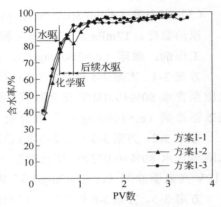

图 9-5　含水率与 PV 数的关系
（岩心Ⅰ，原油黏度 17mPa·s）

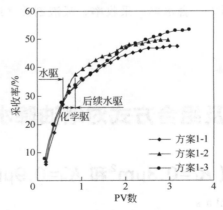

图 9-6　采收率与 PV 数的关系（岩心Ⅰ，原油黏度 17mPa·s）

可以看出，与高效驱油剂单独驱油或"微球+高效驱油剂"段塞组合调驱相比较，"微球/高效驱油剂"混合液提高采收率幅度较大。在工作剂注入阶段，高效驱油剂和"微球/高效驱油剂"混合液注入压力呈现逐渐下降趋势，这表明高效驱油剂乳化降黏减小渗流阻力作用大于微球滞留增加渗流阻力作用。对于"微球+高效驱油剂"组合方式，微球注入阶段注入压力出现短暂升高，随着高效驱油剂注入，注入压力又呈现下降趋势。在后续水驱阶段，"微球/高效驱油剂"混合液注入压力最高，其次是"微球+高效驱油剂"组合，最后是高效驱油剂。提高采收率机理认为，增加中低渗透层吸液压差（增加注入压力，或降低中低渗透层吸液启动压力）可以扩大波及体积，进而提高采收率。与其它两种工作剂相比较，"微球/高效驱油剂"混合液调驱增油效果较好。

2）分流率

岩心入口和出口端小层分流率与 PV 数的关系对比见图 9-7 和图 9-8。

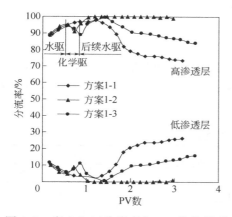

图 9-7 岩心入口分流率与 PV 数的关系
（岩心 I，原油黏度 17mPa·s）

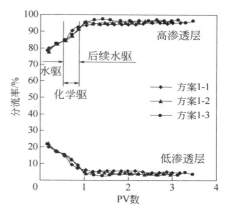

图 9-8 岩心出口分流率与 PV 数的关系
（岩心 I，原油黏度 17mPa·s）

可以看出，工作剂类型和段塞组合方式对岩心吸液剖面（岩心入口分流率）存在较大影响，但对产液剖面（出口端分流率）影响不大。在岩心入口端，三种工作剂或组合方式下分流率存在较大差异，高效驱油剂注入时高低渗透层分流率变化幅度最大，其次是"微球/高效驱油剂"混合液，最后是"微球+高效驱油剂"组合方式。动态特征和机理分析认为，由于高效驱油剂自身不具备滞留增加渗流阻力能力，加之乳化降黏作用，它注入期间和后续水驱阶段注入压力较低（见图9-4）。随着高效驱油剂与高渗透层剩余油乳化作用所形成 O/W 乳状液量增多，"贾敏效应"增加渗流阻力作用增强，并最终超过降黏减小渗流阻力作用，确保了总体渗流阻力即注入压力维持在较高水平，促使部分高效驱油剂转向进入低渗透层发挥降黏和减阻作用。因此，岩心入口低渗透层分流率明显升高，高渗透层分流率明显下降。图 9-7 与图 9-8 对比发现，尽管高效驱油剂岩心入口和出口分流率差异较大，但采收率增幅较小，表明高效驱油剂驱扩大波及体积效果较差。由此可以推断，高效驱油剂驱导致岩心入口附近区域剩余油饱和度大幅度降低，高、低渗透层间渗流阻力明显减小，连通性明显提高，致使进入低渗透层高效驱油剂绕流回到高渗透层。与"微球/高效驱油剂"混合液和"微球+高效驱油剂"组合方式相比较，尽管高效驱油剂驱油效率较高，但它液流转向能力较弱，最终采收率增幅较小。与"微球/高效驱油剂"混合液相比较，"微球+高效驱油剂"组合方式岩心入口分流率几乎未发生变化，但出口低渗透层分流小幅度升高。动态特征和机理分析认为，在"微球+高效驱油剂"组合实施过程中，尽管大部分微球进入了高渗透层，但也有部分进入了低渗透层。微球进入增大了低渗透层渗流阻力，导致吸液启动压力升高和后续高效驱油剂吸入压差及吸液量减小，致使岩心入口端附近区域高、低渗透层间含油饱和度未能大幅度减小，渗流阻力未能明显降低。因此，流经该区域绕流液体量或分流率几乎未发生变化。

（2）原油黏度 70mPa·s

1）采收率

在具备"分注分采"功能层内非均质岩心上开展驱替实验，工作剂类型及组合方式对调驱采收率影响实验结果见表 9-4，注入压力、含水率和采收率与注入PV 数的关系对比见图 9-9～图 9-11。

表 9-4　采收率实验数据

方案编号	方案内容	含油饱和度/%	采收率/%		
			水驱	最终	增幅
1-4	0.3PV 高效驱油剂	76.6	14.8	40.0	25.2
1-5	0.1PV 微球+0.2PV 高效驱油剂[①]	76.3	15.2	42.0	26.8
1-6	0.1PV 微球/0.2PV 高效驱油剂[②]	76.7	15.5	44.8	29.3

① 微球与高效驱油剂分段塞注入；
② 微球与高效驱油剂混合后注入。

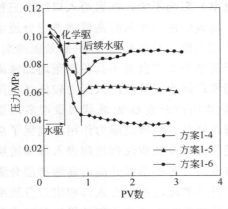

图 9-9　注入压力与 PV 数的关系
（岩心 I，原油黏度 70mPa·s）

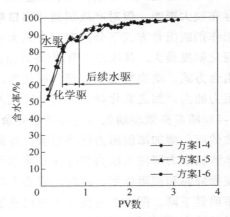

图 9-10　含水率与 PV 数的关系
（岩心 I，原油黏度 70mPa·s）

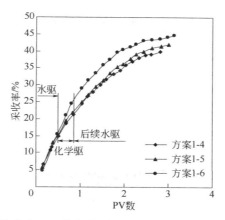

图 9-11 采收率与 PV 数的关系（岩心 I，原油黏度 70mPa·s）

可以看出，工作剂类型和组合方式对增油降水效果存在影响。与原油黏度 17mPa·s 相似，在高效驱油剂、"微球/高效驱油剂"混合液和"微球+高效驱油剂"组合方式中，"微球/高效驱油剂"混合液调驱增油效果较好，其次是"微球+高效驱油剂"组合方式，最后是高效驱油剂。进一步分析发现，与 17mPa·s 原油相比较，70mPa·s 原油致使岩心渗流阻力增加，低渗透层渗流阻力增幅较大，导致注入压力升幅增加但低渗透层吸液压差升幅减小即波及效果变差，水驱采收率降低，剩余油饱和度提高。因此，水驱后工作剂或组合方式注入压力升幅增加，这也致使微球液流转向效果提高，低渗透层吸液压差增幅增加即扩大波及体积效果提高，采收率增幅增加，但最终采收率却因原油黏度增加而降低。

2）分流率

岩心入口和出口端小层分流率与 PV 数的关系对比见图 9-12 和图 9-13。

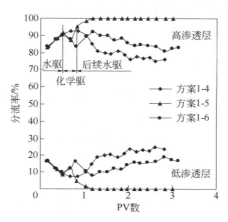

图 9-12 岩心入口分流率与 PV 数的关系（岩心 I，原油黏度 70mPa·s）

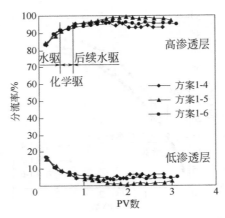

图 9-13 岩心出口分流率与 PV 数关系（岩心 I，原油黏度 70mPa·s）

与图 9-7 和图 9-8 对比分析可知，原油黏度对水驱和调驱岩心入口和出口分流率变化规律影响不大，只是分流率变化幅度增加。

（3）原油黏度 200mPa·s

1）采收率

在具备"分注分采"功能层内非均质岩心上开展驱替实验，工作剂类型及组合方式对调驱采收率影响实验结果见表 9-5，注入压力、含水率和采收率与注入 PV 数的关系对比见图 9-14～图 9-16。

表 9-5 采收率实验结果

方案编号	药剂类型	含油饱和度/%	采收率/%		
			水驱	最终	增幅
1-7	0.3PV 高效驱油剂	74.07	12.20	38.80	26.60
1-8	0.1PV 微球+0.2PV 高效驱油剂[①]	72.99	10.88	41.80	30.92
1-9	0.1PV 微球/0.2PV 高效驱油剂[②]	73.30	12.80	52.60	39.80

① 微球与高效驱油剂分段塞注入；
② 微球与高效驱油剂混合后注入。

可以看出，工作剂类型和组合方式对调驱增油降水效果存在影响。与原油黏度 17mPa·s 和 70mPa·s 相似，在高效驱油剂、"微球/高效驱油剂"混合液和"微球+高效驱油剂"组合方式中，"微球/高效驱油剂"混合液调驱增油效果较好，其次是"微球+高效驱油剂"组合方式，最后是高效驱油剂。进一步分析发现，与 17mPa·s 和 70mPa·s 原油相比较，200mPa·s 黏度原油致使岩心渗流阻力明显增加，其中低渗透层渗流阻力增幅更大，这致使注入压力升幅明显增加但低渗透层吸液压差升幅却减小，波及效果变差，水驱采收率进一步降低，剩余油饱和度增加。因此，水驱后工作剂及其组合方式注入压力升幅明显升高，这也促使微球液流转向效果提高，低渗透层扩大波及体积效果更好，采收率增幅和最终采收率都相应增加。

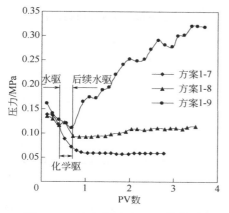

图 9-14　注入压力与 PV 数关系
（岩心Ⅰ，原油黏度 200mPa·s）

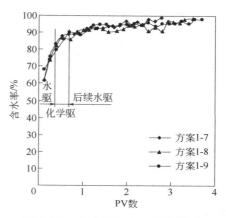

图 9-15　含水率与 PV 数的关系
（岩心Ⅰ，原油黏度 200mPa·s）

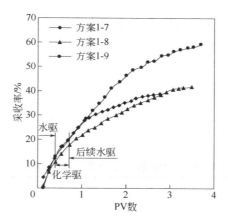

图 9-16　采收率与 PV 数的关系（岩心Ⅰ，原油黏度 200mPa·s）

2）分流率

岩心入口和出口端小层分流率与注入 PV 数的关系对比见图 9-17 和图 9-18。

与图 9-12、图 9-13、图 9-7 和图 9-8 对比分析可以看出，原油黏度对水驱和调驱岩心入口和出口分流率变化规律几乎未有影响，只是分流率变化幅度发生了变化。

综上所述，高效驱油剂与原油间乳化作用可以大幅度降低岩心注入端附近高低渗透层间区域含油饱和度和渗流阻力，致使进入低渗透层高效驱油剂溶液回流到高渗透层即产生绕流现象。同时，油水乳状液在高渗透层产生"贾敏效应"，致使压力梯度增加，低渗透层分流率小幅度升高。与"微球+高效驱油剂"组合方式相比较，"微球/高效驱油剂"混合液具备液流转向和乳化降黏两方面协同效应。

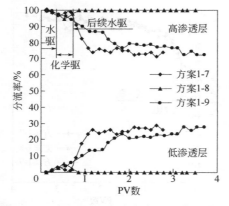 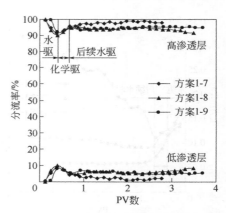

图 9-17　岩心入口分流率与 PV 数的关系（岩心 I，原油黏度 200mPa·s）　　图 9-18　岩心出口分流率与 PV 数的关系（岩心 I，原油黏度 200mPa·s）

9.2.2　岩心 II（$K_L=0.3μm^2$ 和 $K_H=2.7μm^2$）

（1）原油黏度 17mPa·s

1）采收率

在原油黏度 17mPa·s 条件下，工作剂类型及组合方式对采收率影响实验结果见表 9-6，实验过程中注入压力、含水率和采收率与 PV 数的关系对比见图 9-19～图 9-21。

表 9-6　采收率实验结果（岩心 II，原油黏度 17mPa·s）

方案编号	方案内容	含油饱和度/%	采收率/%		
			水驱	最终	增幅
2-1	0.3PV 微球	74.47	19.57	35.14	15.57
2-2	"0.2PV 微球/0.1PV 高效驱油剂"混合液	74.39	19.10	38.82	19.72
2-3	0.05PV 复合凝胶+"0.15PV 微球/0.1PV 高效驱油剂"混合液	72.69	19.87	46.37	26.50

可以看出，在微球、"微球/高效驱油剂"混合液和"复合凝胶+微球/高效驱油剂"等工作剂及组合方式中，"复合凝胶+微球/高效驱油剂"组合方式调驱注入压力升幅较大，宏观和微观液流转向效果较好、洗油效率也较高，其次是"微球/高效驱油剂"混合液，最后是微球。与微球相比较，"微球/高效驱油剂"混合液中微球与高效驱油剂组合兼顾了扩大波及体积和提高洗油效率功效，采收率增幅较大。

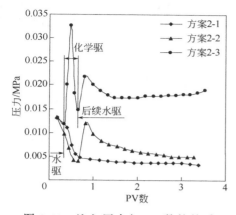

图 9-19 注入压力与 PV 数的关系
（岩心 II，原油黏度 17mPa·s）

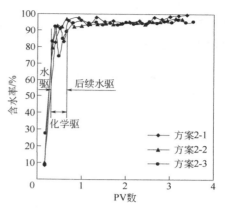

图 9-20 含水率与 PV 数的关系
（岩心 II，原油黏度 17mPa·s）

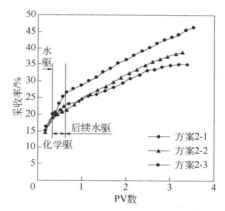

图 9-21 采收率与 PV 数的关系（岩心 II，原油黏度 17mPa·s）

2）分流率

岩心入口和出口端小层分流率与 PV 数的关系对比见图 9-22 和图 9-23。

可以看出，工作剂类型及组合方式对岩心吸液剖面（入口分流率）影响程度较大，对产液剖面（出口端分流率）影响程度较小。在 3 种工作剂及组合方式中，"复合凝胶+微球/高效驱油剂"组合方式岩心入口分流率变化幅度较大，微球和"微球/高效驱油剂"混合液分流率变化幅度差异不大。机理分析认为，由于复合凝胶成胶前注入性好，可以优先进入高渗透层，成胶后大幅度增大了高渗层渗流阻力和吸液启动压力，加之微球产生的宏观和微观液流转向作用，促使高效驱油剂和后续注入水主要进入低渗透层，扩大了波及体积。与此同时，高效驱油剂乳化降黏作用致使低渗透层含油饱和度减小，油相渗透率降低，水相渗透率增加，渗流阻力减小，因而低渗层吸液量即分流率增加。与复合凝胶相比较，微球液流转向效果较差，后续水驱阶段低渗透层吸液量增幅较少，因而"微球/高效驱油剂"混合液调驱采收率增幅较小。

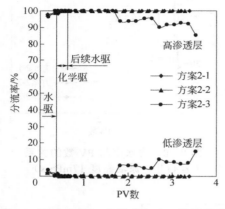

图 9-22　岩心入口分流率与 PV 数的关系
（岩心Ⅱ，原油黏度 17mPa·s）

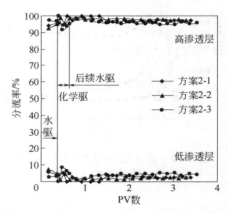

图 9-23　岩心出口分流率与 PV 数的关系
（岩心Ⅱ，原油黏度 17mPa·s）

（2）原油黏度 70mPa·s

1）采收率

在原油黏度 70mPa·s 条件下，工作剂类型及组合方式对采收率影响实验结果见表 9-7，实验过程中注入压力、含水率和采收率与 PV 数的关系对比见图 9-24～图 9-26。

表 9-7　采收率实验结果（岩心Ⅱ，原油黏度 70mPa·s）

方案编号	方案内容	含油饱和度/%	采收率/%		
			水驱	最终	增幅
2-4	0.3PV 微球溶液	78.24	13.25	24.26	11.01
2-5	"0.2PV 微球/0.1PV 高效驱油剂"混合液	80.21	13.24	28.28	15.04
2-6	0.05PV 复合凝胶+"0.15PV 微球/0.1PV 高效驱油剂"混合液	78.40	12.80	31.55	18.75

可以看出，与原油黏度 17mPa·s 相似，在微球、"微球/高效驱油剂"混合液和"复合凝胶+微球/高效驱油剂"组合方式中，"复合凝胶+微球/高效驱油剂"组合方式调驱注入压力升幅较大，宏观和微观扩大波及体积效果较好，洗油效率也较高，其次是"微球/高效驱油剂"混合液，最后是微球。与微球调驱相比较，"微球/高效驱油剂"混合液调驱时微球与高效驱油剂兼顾了扩大波及体积和提高洗油

效率双重需求，因而采收率增幅较大。对比图 9-19 和图 9-24 发现，在"复合凝胶+微球/高效驱油剂"组合方式调驱的后续水驱阶段，原油黏度 17mPa·s 时注入压力呈现升高态势，而 70mPa·s 时呈现下降趋势。机理分析认为，当原油黏度较高时，水驱阶段高渗透层采出程度较高，致使复合凝胶成胶和封堵效果变差，渗流阻力增幅较小，因而后续水驱阶段注入压力呈现下降趋势。

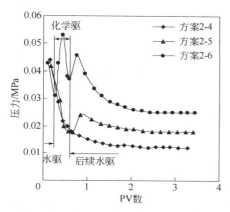

图 9-24　注入压力与 PV 数的关系
（岩心 Ⅱ，原油黏度 70mPa·s）

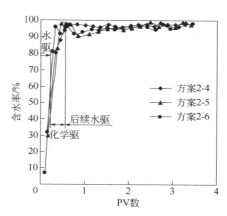

图 9-25　含水率与 PV 数的关系
（岩心 Ⅱ，原油黏度 70mPa·s）

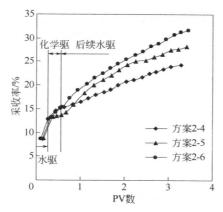

图 9-26　采收率与 PV 数的关系（岩心 Ⅱ，原油黏度 70mPa·s）

2）分流率

岩心入口和出口端小层分流率与 PV 数的关系对比见图 9-27 和图 9-28。

可以看出，与微球和"微球/高效驱油剂"混合液调驱相比较，"复合凝胶+微球/高效驱油剂"组合方式调驱时复合凝胶成胶和封堵效果较差，后续水驱液流转向效果较差，入口分流率变化幅度较小。

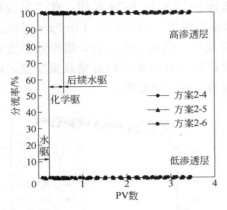

图 9-27　岩心入口分流率与 PV 数的关系
（岩心 Ⅱ，原油黏度 70mPa·s）

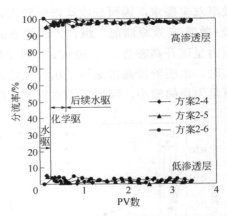

图 9-28　岩心出口分流率与 PV 数的关系
（岩心 Ⅱ，原油黏度 70mPa·s）

（3）原油黏度 200mPa·s

1）采收率

在原油黏度 200mPa·s 条件下，工作剂类型及组合方式对采收率影响实验结果见表 9-8，实验过程中注入压力、含水率和采收率与 PV 数的关系对比见图 9-29～图 9-31。

表 9-8　采收率实验结果（岩心 Ⅱ，原油黏度 200Pa·s）

方案编号	方案内容	含油饱和度/%	采收率/%		
			水驱	最终	增幅
2-7	0.3PV 微球	79.81	10.24	17.95	7.71
2-8	"0.2PV 微球/0.1PV 高效驱油剂"混合液	82.86	10.51	20.78	10.27
2-9	0.05PV 复合凝胶+"0.15PV 微球/0.1PV 高效驱油剂"	81.82	11.11	23.75	12.64

可以看出，与原油黏度 17mPa·s 和 70mPa·s 相似，在微球、"微球/高效驱油剂"混合液和"复合凝胶+微球/高效驱油剂"组合方式中，"复合凝胶+微球/高效驱油剂"组合方式调驱注入压力升幅较大，宏观和微观扩大波及体积效果较好，洗油效率也较高，其次是"微球/高效驱油剂"混合液，最后是微球。与微球调驱相比较，"微球/高效驱油剂"混合液调驱时微球与高效驱油剂兼顾了扩大波及体积和提高洗油效率双重需求，因而采收率增幅较大。机理分析认为，与 17mPa·s 和 70mPa·s 黏度原油相比较，200mPa·s 原油黏度较大，水驱"突进"现象较为严重，优势孔道体积较小，复合凝胶封堵剂成胶和封堵效果较差，因而后续水驱液流转向效果较差，采收率增幅和最终采收率减小。

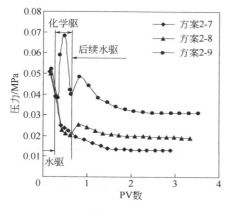

图 9-29　注入压力与 PV 数的关系（岩心Ⅱ，
原油黏度 200mPa·s）

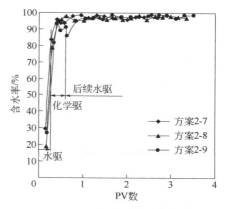

图 9-30　含水率与 PV 数的关系（岩心Ⅱ，
原油黏度 200mPa·s）

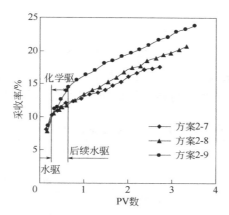

图 9-31　采收率与 PV 数的关系（岩心Ⅱ，原油黏度 200mPa·s）

2）分流率

岩心入口和出口端小层分流率与注入 PV 数的关系对比见图 9-32 和图 9-33。

可以看出，由于原油黏度较高，微球和"微球/高效驱油剂"混合液调驱液流转向效果较差，岩心入口和出口分流率变化幅度不大。与微球和"微球/高效驱油剂"混合液调驱相比较，"复合凝胶+微球/高效驱油剂"调驱液流转向效果较好，因此岩心分流率变化幅度较大。

综上所述，随原油黏度增加，水驱和调驱增油降水效果变差。由此可见，当储层原油黏度较高时，水驱易于在高渗透层内形成优势孔道，致使调剖剂成胶和封堵效果变差，进而降低了后续工作剂扩大波及体积和提高洗油效率作用。

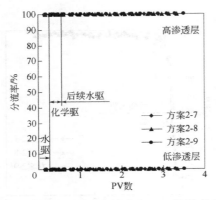

图 9-32　岩心入口分流率与 PV 数的关系
（岩心 II，原油黏度 200mPa·s）

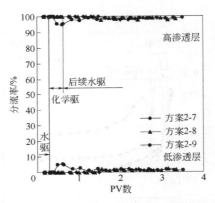

图 9-33　岩心出口分流率与 PV 数的关系
（岩心 II，原油黏度 200mPa·s）

9.2.3　岩心 III（K_L=0.3μm^2 和 K_H=4.5μm^2）

（1）原油黏度 17mPa·s

1）采收率

在原油黏度 17mPa·s 条件下，复合凝胶段塞尺寸对"0.1PV 微球/0.1PV 高效驱油剂"混合液调驱采收率影响实验结果见表 9-9，实验过程中注入压力、含水率和采收率与 PV 数的关系（简称特征曲线）对比见图 9-34～图 9-36。

表 9-9　采收率实验结果（岩心 III，原油黏度 17mPa·s）

方案编号	方案内容		含油饱和度/%	采收率/%		
				水驱	最终	增幅
3-1	0.050PV 复合凝胶	+ "0.1PV 微球/0.1PV 高效驱油剂"混合液	77.27	16.24	29.76	13.52
3-2	0.075PV 复合凝胶		78.26	17.36	34.86	17.50
3-3	0.100PV 复合凝胶		79.59	16.92	38.85	21.93

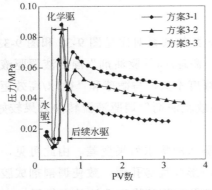

图 9-34　注入压力与 PV 数的关系
（岩心 III，原油黏度 17mPa·s）

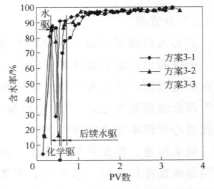

图 9-35　含水率与 PV 数的关系
（岩心 III，原油黏度 17mPa·s）

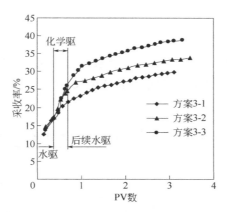

图 9-36　采收率与 PV 数的关系（岩心Ⅲ，原油黏度 17mPa·s）

可以看出，随复合凝胶段塞尺寸增加，其成胶效果和封堵效果提高，注入压力升幅增大，后续"0.1PV 微球/0.1PV 高效驱油剂"混合液扩大波及体积和提高洗油效果作用得到较好发挥，采收率增幅较大。

2）分流率

岩心入口和出口端小层分流率与注入 PV 数的关系对比见图 9-37 和图 9-38。

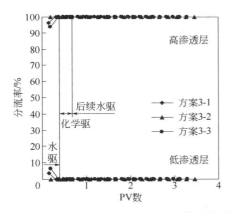

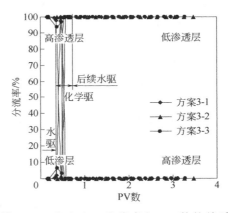

图 9-37　岩心入口分流率与 PV 数的关系　　图 9-38　岩心出口分流率与 PV 数的关系
（岩心Ⅲ，原油黏度 17mPa·s）　　　　　　（岩心Ⅲ，原油黏度 17mPa·s）

可以看出，随复合凝胶段塞尺寸增加，其成胶和封堵效果增强，高渗层渗流阻力明显增大，促使后续"微球/高效驱油剂"混合液和后续水转向进入低渗透层，扩大波及体积和提高洗油效率，采收率增幅提高。在岩心入口端，由于顶替水原因，复合凝胶在岩心入口附近区域高渗透层内封堵作用较差，分流率变化幅度较小，但出口端分流率变化幅度较大，由此可以推断"微球/高效驱油剂"和后续水在岩心内发生液流转向。

（2）原油黏度 70mPa·s

1）采收率

在原油黏度 70mPa·s 条件下，复合凝胶段塞尺寸对"0.1PV 微球/0.1PV 高效驱油剂"混合液调驱采收率影响实验结果见表 9-10，特征曲线对比见图 9-39～图 9-41。

表 9-10 采收率实验结果（岩心Ⅲ，原油黏度 70mPa·s）

方案编号	方案内容		含油饱和度/%	采收率/%		
				水驱	最终	增幅
3-4	0.050PV 复合凝胶	+ "0.1PV 微球/0.1PV 高效驱油剂"混合液	79.61	11.59	28.78	17.19
3-5	0.075PV 复合凝胶		80.91	11.01	32.58	21.57
3-6	0.100PV 复合凝胶		79.00	12.28	36.84	24.56

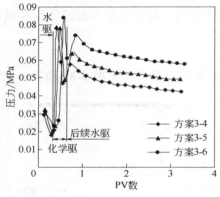

图 9-39 注入压力与 PV 数的关系
（岩心Ⅲ，原油黏度 70mPa·s）

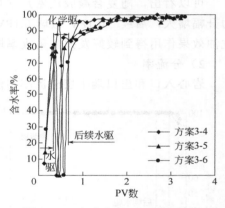

图 9-40 含水率与 PV 数的关系
（岩心Ⅲ，原油黏度 70mPa·s）

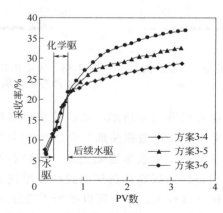

图 9-41 采收率与 PV 数的关系（岩心Ⅲ，原油黏度 70mPa·s）

可以看出，随复合凝胶段塞尺寸增加，成胶和封堵效果增强，"微球/高效驱油剂"混合液扩大波及体积和增油效果提高。当原油黏度从 17mPa·s 增加到 70mPa·s 时，水驱采收率减小，但调驱采收率增幅提高。

2）分流率

岩心入口和出口端小层分流率与注入 PV 数的关系对比见图 9-42 和图 9-43。

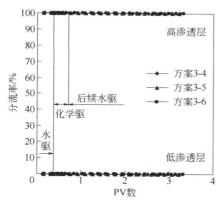

图 9-42　岩心入口分流率与 PV 数的关系（岩心Ⅲ，原油黏度 70mPa·s）　　图 9-43　岩心出口分流率与 PV 数的关系（岩心Ⅲ，原油黏度 70mPa·s）

可以看出，原油黏度变化几乎未对水驱和调驱岩心入口和出口分流率变化规律造成影响。

（3）原油黏度 200mPa·s

1）采收率

在原油黏度 200mPa·s 条件下，复合凝胶段塞尺寸对"0.1PV 微球/0.1PV 高效驱油剂"混合液调驱采收率影响实验结果见表 9-11，注入压力、含水率和采收率与 PV 数的关系对比见图 9-44～图 9-46。

表 9-11　采收率实验结果（岩心Ⅲ，原油黏度 200mPa·s）

方案编号	方案内容		含油饱和度/%	采收率/%		
				水驱	最终	增幅
3-7	0.050PV 复合凝胶	+"0.1PV 微球/0.1PV 高效驱油剂"混合液	81.00	8.27	29.88	21.60
3-8	0.075PV 复合凝胶		80.00	8.38	34.13	25.75
3-9	0.100PV 复合凝胶		80.19	9.41	40.00	30.59

可以看出，随复合凝胶段塞尺寸增加，成胶和封堵效果增强，"微球/高效驱油剂"混合液调驱扩大波及体积和增油效果提高。当原油黏度由 17mPa·s 增加到 200mPa·s 时，水驱采收率减小，调驱采收率增幅提高。

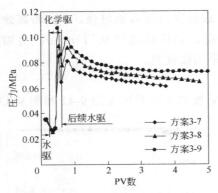

图 9-44　注入压力与 PV 数的关系
（岩心Ⅲ，原油黏度 200mPa·s）

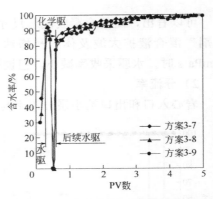

图 9-45　含水率与 PV 数的关系
（岩心Ⅲ，原油黏度 200mPa·s）

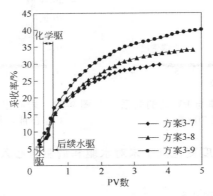

图 9-46　采收率与 PV 数的关系（岩心Ⅲ，原油黏度 200mPa·s）

2）分流率

岩心入口和出口端小层分流率与注入 PV 数的关系对比见图 9-47 和图 9-48。

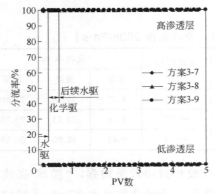

图 9-47　岩心入口分流率与 PV 数的关系
（岩心Ⅲ，原油黏度 200mPa·s）

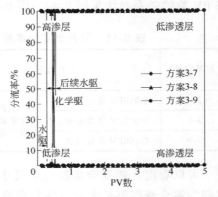

图 9-48　岩心出口分流率与 PV 数的关系
（岩心Ⅲ，原油黏度 200mPa·s）

可以看出，原油黏度变化几乎未对水驱和调驱岩心入口和出口分流率变化规律造成影响。

9.3
原油黏度对调驱增油降水效果的影响

9.3.1 岩心 I（K_L=0.3μm² 和 K_H=0.9μm²）

（1）高效驱油剂

1）采收率

原油黏度对高效驱油剂采收率影响实验数据见表 9-12，注入压力、含水率和采收率与 PV 数的关系对比见图 9-49～图 9-51。

表 9-12 采收率实验数据（岩心 I，高效驱油剂）

方案编号	原油黏度/mPa·s	含油饱和度/%	采收率/%		
			水驱	最终	增幅
1-1	17	76.26	27.00	47.60	20.60
1-4	70	76.60	14.80	40.00	25.20
1-7	200	74.07	12.20	38.80	26.60

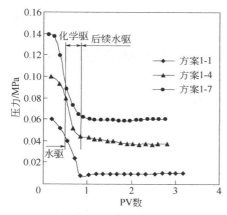

图 9-49 注入压力与 PV 数的关系
（岩心 I，高效驱油剂）

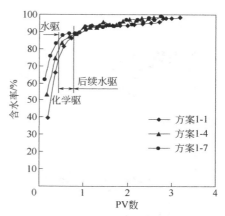

图 9-50 含水率与 PV 数的关系
（岩心 I，高效驱油剂）

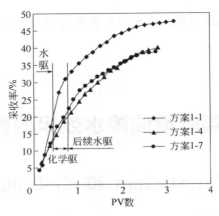

图 9-51　采收率与 PV 数的关系（岩心 I，高效驱油剂）

可以看出，无论是水驱还是高效驱油剂驱油阶段，注入压力都呈现下降趋势，其中高效驱油剂注入阶段下降幅度较大。在高效驱油剂注入和后续水驱阶段，乳化作用一方面降低原油黏度、减小渗流阻力，另一方面乳化液"贾敏效应"又会增大渗流阻力，最终渗流阻力和注入压力取决于二者叠加效应和剩余油饱和度。分析认为，与黏度为 17mPa·s 和 70mPa·s 的原油相比较，200mPa·s 的原油致使岩心尤其是低渗透层渗流阻力增幅更大，尽管这引起水驱注入压力升幅明显增加，但低渗透层吸液压差升幅却减小，波及效果变差，因而水驱采收率明显减小，岩心剩余油饱和度明显提高，这为后续高效驱油剂驱提高了物质基础。在高效驱油剂注入和后续水驱阶段，3 种原油黏度条件下岩心注入压力呈下降并趋于稳定。

2）分流率

岩心入口和出口端小层分流率与注入 PV 数的关系对比见图 9-52 和图 9-53。

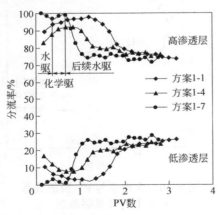

图 9-52　岩心入口分流率与 PV 数的关系（岩心 I，高效驱油剂）

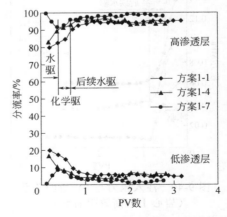

图 9-53　岩心出口分流率与 PV 数的关系（岩心 I，高效驱油剂）

可以看出，在岩心入口端，当原油黏度为 200mPa·s 时，水驱阶段高低渗透层分流率不仅差异幅度最大，与 17mPa·s 和 70mPa·s 相比变化规律也不相同。200mPa·s 黏度时水驱初期低渗透层分流率几乎为零，之后逐渐增加。与黏度为 200mPa·s 相比较，17mPa·s 和 70mPa·s 时水驱初期低渗透层分流率较高，之后逐渐减小。在高效驱油剂注入和后续水驱阶段，初期高渗透层分流率小幅度升高，之后明显减小，低渗透层分流率明显升高。分析认为，随原油黏度增加，水驱结束时高渗层剩余油饱和度增加，高效驱油剂与高渗透层中剩余油乳化作用增强，所形成 O/W 乳状液增多，"贾敏效应"引起渗流阻力增幅增加，致使部分高效驱油剂转向进入低渗透层，发挥降黏和减阻作用。但由于岩心非均质性，进入低渗透层的高效驱油剂还会绕流返回高渗透层，并且原油黏度越大，绕流现象越严重，这就是原油黏度较高时低渗透层分流率较高但采收率增幅却较低的原因。在岩心出口端，原油黏度为 200mPa·s 时，水驱初期低渗透层也几乎不产液，之后呈现逐渐增大态势。原油黏度为 17mPa·s 和 70mPa·s 时，水驱初期低渗透层产液量较高，之后逐渐减小。

（2）"微球+高效驱油剂"组合

1）采收率

原油黏度对"微球+高效驱油剂"组合调驱采收率影响实验数据见表 9-13，注入压力、含水率和采收率与注入 PV 数的关系对比见图 9-54～图 9-56。

表 9-13　采收率实验数据（岩心Ⅰ，"微球+高效驱油剂"组合调驱）

参数 方案编号	原油黏度/mPa·s	含油饱和度/%	采收率/%		
			水驱	最终	增幅
1-2	17	76.50	27.50	49.80	22.30
1-5	70	76.30	15.20	42.00	26.80
1-8	200	72.99	10.88	41.80	30.92

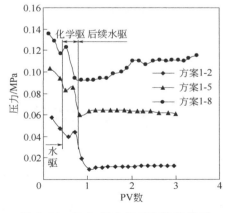

图 9-54　注入压力与 PV 数的关系
（岩心Ⅰ，"微球+高效驱油剂"组合调驱）

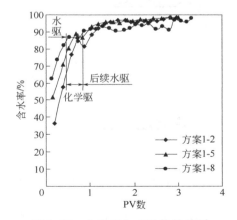

图 9-55　含水率与 PV 数的关系
（岩心Ⅰ，"微球+高效驱油剂"组合调驱）

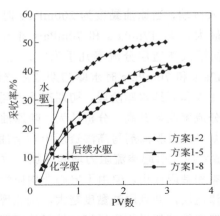

图 9-56　采收率与 PV 数的关系（岩心Ⅰ，"微球+高效驱油剂"组合调驱）

可以看出，在水驱阶段，随原油黏度增加，岩心尤其是低渗透层渗流阻力增加，尽管注入压力升高，但低渗透层吸液压差反而减小，因而岩心整体波及效果变差，水驱采收率降低。在"微球+高效驱油剂"组合调驱阶段，与单纯高效驱油剂注入过程中注入压力持续降低不同，微球不仅引起注入压力小幅度升高，而且使后续水驱阶段注入压力维持在较高水平，这有利于扩大波及体积和提高低渗透层洗油效率，因而采收率增幅增加。

2）分流率

岩心入口和出口端小层分流率与注入 PV 数的关系对比见图 9-57 和图 9-58。

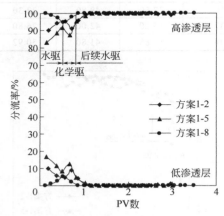 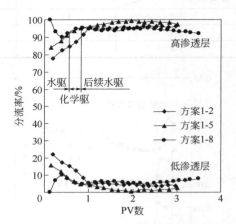

图 9-57　岩心入口分流率与 PV 数的关系　　图 9-58　岩心出口分流率与 PV 数的关系
（岩心Ⅰ，"微球+高效驱油剂"组合调驱）　（岩心Ⅰ，"微球+高效驱油剂"组合调驱）

可以看出，三种黏度原油岩心水驱阶段吸液剖面（岩心入口分流率）和产液剖面（出口端分流率）变化规律存在明显差异。在"微球+高效驱油剂"组合调驱过程中，尽管大部分微球进入了高渗透层，但也有部分进入了低渗透层。微球增大了低渗透层渗流阻力，导致吸液启动压力升高和后续高效驱油剂吸入压差和吸液量减小，致使岩心入口端附近区域高、低渗透层间含油饱和度未能大幅度减小，绕流现象受到抑制，因而尽管低渗透层分流率增加幅度不大，但扩大波及体积效果却较好，采收率增幅较高。

（3）"微球/高效驱油剂"混合液

1）采收率

原油黏度对"微球/高效驱油剂"混合液调驱采收率影响实验数据见表9-14，注入压力、含水率和采收率与注入PV数的关系对比见图9-59～图9-61。

表9-14 采收率实验数据（岩心 I，"微球/高效驱油剂"混合液调驱）

方案编号	原油黏度/mPa·s	含油饱和度/%	采收率/%		
			水驱	最终	增幅
1-3	17	76.42	27.60	53.40	25.80
1-6	70	76.70	15.50	44.80	29.30
1-9	200	73.30	12.80	52.60	39.80

可以看出，在水驱阶段，与"高效驱油剂"和"微球+高效驱油剂"调驱相比较，"微球/高效驱油剂"混合液调驱动态特征（注入压力、含水率和采收率与PV数关系）基本一致。在"微球/高效驱油剂"混合液注入和后续水驱阶段，由于高效驱油剂与微球间协同效应，微球和高效驱油剂主要进入高渗透层，并在其中滞留和形成封堵作用，促使后续水转向进入低渗透层，因而扩大波及体积效果较好，采收率增幅较大。

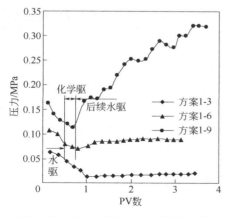

图9-59 注入压力与PV数的关系
（岩心 I，"微球/高效驱油剂"混合液调驱）

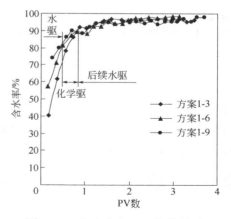

图9-60 含水率与PV数的关系
（岩心 I，"微球/高效驱油剂"混合液调驱）

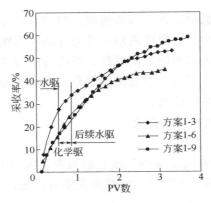

图 9-61　采收率与 PV 数的关系（岩心 I，"微球/高效驱油剂"混合液调驱）

2）分流率

岩心入口和出口端小层分流率与注入 PV 数的关系对比见图 9-62 和图 9-63。

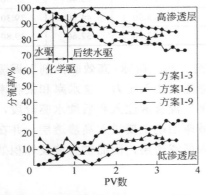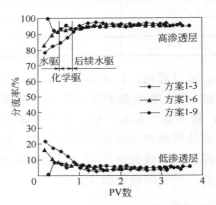

图 9-62　岩心入口分流率与 PV 数的关系　　图 9-63　岩心出口分流率与 PV 数的关系
（岩心 I，"微球/高效驱油剂"混合液调驱）　（岩心 I，"微球/高效驱油剂"混合液调驱）

可以看出，在水驱阶段，与单纯高效驱油剂驱和"微球+高效驱油剂"组合调驱实验入口端和出口端分流率相比较，"微球/高效驱油剂"混合液调驱分流率变化规律基本一致。与"微球+高效驱油剂"组合调驱相比较，由于"微球/高效驱油剂"混合液调驱过程中大部分微球进入了高渗透层，微球对低渗透层启动压力影响较小，因而液流转向效果较好，采收率增幅较高。

9.3.2　岩心 II（K_L=0.3μm² 和 K_H=2.7μm²）

（1）微球

1）采收率

原油黏度对微球调驱采收率影响实验数据见表 9-15，注入压力、含水率和采收率与 PV 数的关系对比见图 9-64～图 9-66。

表 9-15　采收率实验结果（岩心Ⅱ，微球调驱）

方案编号	原油黏度/mPa·s	方案内容	含油饱和度/%	采收率/%		
				水驱	最终	增幅
2-1	17	0.3PV 微球（c_p=3000mg/L，缓膨 72h）	74.47	19.57	35.14	15.57
2-4	70		78.24	13.25	24.26	11.01
2-7	200		79.81	10.24	17.95	7.71

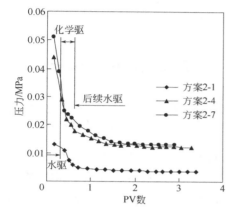

图 9-64　注入压力与 PV 数的关系（岩心Ⅱ，微球调驱）

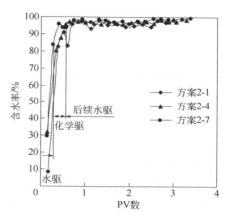

图 9-65　含水率与 PV 数的关系（岩心Ⅱ，微球调驱）

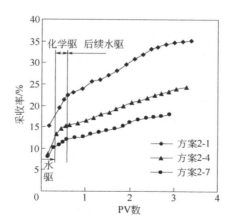

图 9-66　采收率与 PV 数的关系（岩心Ⅱ，微球调驱）

可以看出，随原油黏度增加，渗流阻力和注入压力升高，低渗透层吸液压差减小，最终采收率减小。随原油黏度增大，水驱阶段高渗透层"突进"现象加重，微球滞留量减少，后续水驱扩大波及体积效果变差，采收率增幅减小。

2）分流率

岩心入口和出口端小层分流率与注入 PV 数的关系对比见图 9-67 和图 9-68。

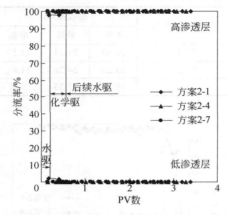

图 9-67　岩心入口分流率与 PV 数的关系　　　图 9-68　岩心出口分流率与 PV 数的关系
（岩心Ⅱ，微球调驱）　　　　　　　　　　　　（岩心Ⅱ，微球调驱）

可以看出，原油黏度变化对岩心Ⅱ入口分流率和出口端分流率影响较小。在水驱阶段，随原油黏度增加，岩心Ⅱ入口端和出口端高渗透层分流率略为增加，低渗透层略为减小且分流率绝对值较小。微球调驱后岩心Ⅱ入口端和出口端高渗透层分流率略为减小，低渗透层略为增加。

（2）"微球/高效驱油剂"混合液

1）采收率

原油黏度对"微球/高效驱油剂"混合液调驱采收率影响实验数据见表 9-16，注入压力、含水率和采收率与注入 PV 数的关系对比见图 9-69～图 9-71。

表 9-16　采收率实验结果（岩心Ⅱ，"微球/高效驱油剂"混合液调驱）

方案编号	原油黏度/mPa·s	方案内容	含油饱和度/%	采收率/%		
				水驱	最终	增幅
2-2	17	"0.2PV 微球/0.1PV 高效驱油剂"混合液	74.39	19.10	38.82	19.72
2-5	70		80.21	13.24	28.28	15.04
2-8	200		82.86	10.51	20.78	10.27

可以看出，在水驱和"微球/高效驱油剂"混合液调驱阶段，注入压力呈现下降态势。在"微球/高效驱油剂"混合液调驱后的后续水驱阶段，注入压力呈现"先升后降"趋势。分析认为，乳状液与微球膨胀共同作用引起渗流阻力增加，注入压力升高。随原油黏度增加，"微球/高效驱油剂"混合液液流转向效果变差。

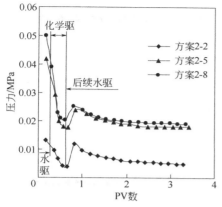

图 9-69 注入压力与 PV 数的关系
（岩心 Ⅱ，"微球/高效驱油剂"混合液调驱）

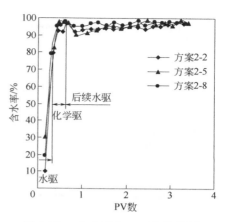

图 9-70 含水率与 PV 数的关系
（岩心 Ⅱ，"微球/高效驱油剂"混合液调驱）

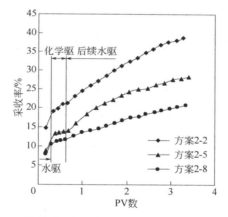

图 9-71 采收率与 PV 数的关系（岩心 Ⅱ，"微球/高效驱油剂"混合液调驱）

2）分流率

岩心入口和出口端小层分流率与注入 PV 数的关系对比见图 9-72 和图 9-73。

可以看出，与微球调驱相似，三种黏度原油条件下"微球/高效驱油剂"混合液调驱岩心入口和出口端分流率变化规律基本一致。尽管"微球/高效驱油剂"混合液调驱表现出较好液流转向效果，但随原油黏度增加，高低渗透层层间渗流阻力差异增大，液流转向效果变差，致使采收率增幅和最终采收率减小。

（3）"复合凝胶+微球/高效驱油剂"组合

1）采收率

原油黏度对"复合凝胶+微球/高效驱油剂"组合调驱采收率影响实验数据见表 9-17，注入压力、含水率和采收率与 PV 数的关系对比见图 9-74～图 9-76。

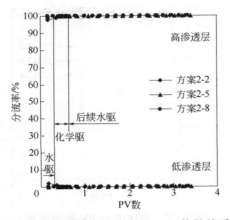

图 9-72 岩心入口分流率与 PV 数的关系
（岩心Ⅱ，"微球/高效驱油剂"混合液调驱）

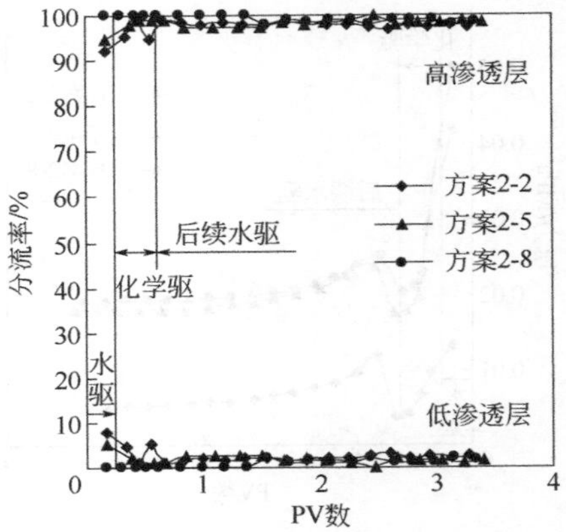

图 9-73 岩心出口分流率与 PV 数的关系
（岩心Ⅱ，"微球/高效驱油剂"混合液调驱）

表 9-17 采收率实验结果（岩心Ⅱ，"复合凝胶+微球/高效驱油剂"组合调驱）

方案编号	原油黏度/mPa·s	方案内容	含油饱和度/%	采收率/%		
				水驱	最终	增幅
2-3	17	0.05PV 复合凝胶+"0.15PV 微球/0.1PV 高效驱油剂"	72.69	19.87	46.37	26.5
2-6	70		78.40	12.80	31.55	18.75
2-9	200		81.82	11.11	23.75	12.64

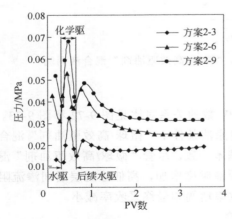

图 9-74 注入压力与 PV 数的关系
（岩心Ⅱ，"复合凝胶+微球/高效驱油剂"组合调驱）

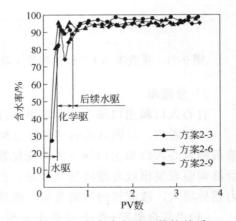

图 9-75 含水率与 PV 数的关系
（岩心Ⅱ，"复合凝胶+微球/高效驱油剂"组合调驱）

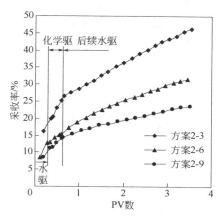

图 9-76　采收率与 PV 数的关系（岩心 Ⅱ，"复合凝胶+微球/高效驱油剂"组合调驱）

可以看出，在"复合凝胶+微球/高效驱油剂"组合方式调驱初期，注入压力呈现上升趋势，短时间后开始下降。在后续水驱初期，注入压力升高。分析认为，复合凝胶成胶前自身存在一定滞留能力，致使注入压力升高。随"微球/高效驱油剂"混合液注入量增加，由于原油采出程度增加和部分复合凝胶被顶替出岩心，注入压力下降。随原油黏度增加，"复合凝胶+微球/高效驱油剂"组合方式调驱滞留和液流转向作用效果减小，后续水驱初期压力升幅减小，最终导致采收率增幅减小。

2）分流率

岩心入口和出口端小层分流率与注入 PV 数的关系对比见图 9-77 和图 9-78。

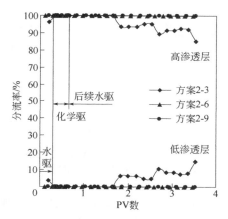

图 9-77　岩心入口分流率与 PV 数的关系
（岩心 Ⅱ，"复合凝胶+微球/高效
驱油剂"组合调驱）

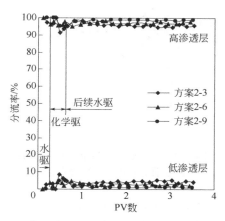

图 9-78　岩心出口分流率与 PV 数的关系
（岩心 Ⅱ，"复合凝胶+微球/高效
驱油剂"组合调驱）

可以看出，当原油黏度较低时，水驱阶段高渗透层采出程度较高。在"复合凝胶+微球/高效驱油剂"组合方式调驱过程中，高渗透层内工作剂滞留量较大，液流转向效果较好，高低渗层分流率变化幅度较大。随原油黏度增加，水驱阶段高渗透层采出程度减小，高渗透层工作剂滞留和转向效果较差，分流率变化幅度较小，采收率增幅也较小。

9.3.3　岩心Ⅲ（K_L=0.3μm² 和 K_H=4.5μm²）

（1）0.05PV 复合凝胶

1）采收率

原油黏度对"0.05PV 复合凝胶+0.1PV 微球/0.1PV 高效驱油剂"段塞组合调驱采收率影响实验数据见表 9-18，注入压力、含水率和采收率与 PV 数关系对比见图 9-79～图 9-81。

表 9-18　采收率实验结果（岩心Ⅲ，0.05PV 复合凝胶）

方案编号	原油黏度/mPa·s	方案内容	含油饱和度/%	采收率/% 水驱	最终	增幅
3-1	17	"0.05PV 复合凝胶+0.1PV 微球/0.1PV 高效驱油剂"混合液	77.27	16.24	29.76	13.52
3-4	70		79.61	11.59	28.78	17.19
3-7	200		81.00	8.27	29.88	21.60

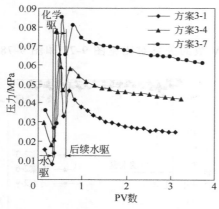

图 9-79　注入压力与 PV 数的关系（岩心Ⅲ，0.05PV 复合凝胶）

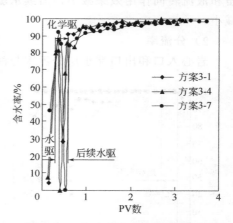

图 9-80　含水率与 PV 数的关系（岩心Ⅲ，0.05PV 复合凝胶）

可以看出，在水驱阶段，随原油黏度增加，岩心尤其是低渗透层渗流阻力增加，尽管注入压力升高，但低渗透层吸液压差反而减小，因而整体波及效果变差，水驱采收率降低。在"复合凝胶+微球/高效驱油剂"组合调驱阶段，注入压力持续升高，液流转向效果提高，加之波及区域（低渗透层）洗油效率提高，采收率增幅增加。

220

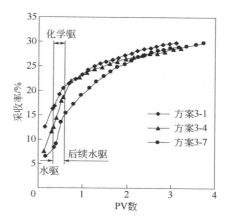

图 9-81　采收率与 PV 数的关系（岩心Ⅲ，0.05PV 复合凝胶）

2）分流率

岩心入口和出口端小层分流率与注入 PV 数的关系对比见图 9-82 和图 9-83。

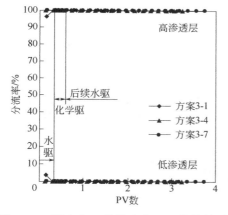

图 9-82　岩心入口分流率与 PV 数的关系
（岩心Ⅲ，0.05PV 复合凝胶）

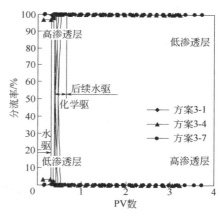

图 9-83　岩心出口分流率与 PV 数的关系
（岩心Ⅲ，0.05PV 复合凝胶）

可以看出，原油黏度对岩心入口和出口端分流率变化规律影响不大。在岩心入口端，由于顶替水段塞原因，复合凝胶在岩心高渗层入口附近滞留和封堵效果较差，致使入口分流率变化不大。在岩心出口端，由于复合凝胶在高渗层深部滞留和封堵效果明显，致使高渗层渗流阻力和注入压力大幅度提高，后续流体转向进入低渗透层，致使出口端低渗层分流率为 100%。

（2）0.075PV 复合凝胶

1）采收率

原油黏度对"0.075PV 复合凝胶+0.1PV 微球/0.1PV 高效驱油剂"组合调驱采

收率影响实验数据见表 9-19，注入压力、含水率和采收率与 PV 数的关系对比见图 9-84～图 9-86。

表 9-19　采收率实验结果（岩心Ⅲ，0.075PV 复合凝胶）

方案编号	原油黏度/mPa·s	方案内容	含油饱和度/%	采收率/%		
				水驱	最终	增幅
3-2	17	"0.075PV 复合凝胶+0.1PV 微球/0.1PV 高效驱油剂" 混合液	78.26	17.36	34.86	17.50
3-5	70		80.91	11.01	32.58	21.57
3-8	200		80.00	8.38	34.13	25.75

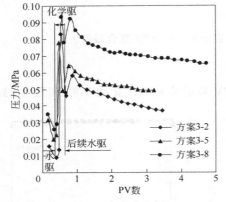

图 9-84　注入压力与 PV 数的关系
（岩心Ⅲ，0.075PV 复合凝胶）

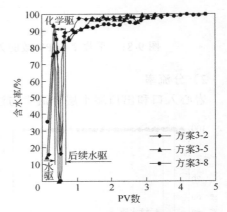

图 9-85　含水率与 PV 数的关系
（岩心Ⅲ，0.075PV 复合凝胶）

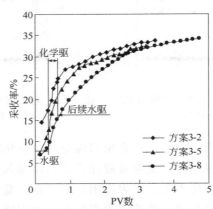

图 9-86　采收率与 PV 数的关系（岩心Ⅲ，0.075PV 复合凝胶）

可以看出，与 0.05PV 复合凝胶段塞尺寸相比较（见图 9-79～图 9-81），0.075PV 复合凝胶段塞在高渗透层中产生附加渗流阻力较大，注入压力升幅较大，液流转向效果更好，因此采收率增幅较大。

2）分流率

岩心入口和出口端小层分流率与注入 PV 数的关系对比见图 9-87 和图 9-88。

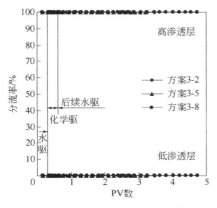

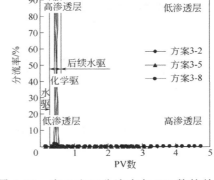

图 9-87　岩心入口分流率与 PV 数的关系
（岩心Ⅲ，0.075PV 复合凝胶）

图 9-88　岩心出口分流率与 PV 数的关系
（岩心Ⅲ，0.075PV 复合凝胶）

可以看出，与 0.05PV 复合凝胶段塞尺寸相比较，0.075PV 复合凝胶段塞注入岩心后入口端和出口端分流率变化规律基本不变，只是分流率变化幅度更大，液流转向效果更好。

（3）0.100PV 复合凝胶

1）采收率

原油黏度对"0.100PV 复合凝胶+0.1PV 微球/0.1PV 高效驱油剂"组合方式调驱采收率影响实验数据见表 9-20，注入压力、含水率和采收率与 PV 数的关系对比见图 9-89～图 9-91。

表 9-20　采收率实验结果（岩心Ⅲ，0.100PV 复合凝胶）

方案编号	原油黏度 /mPa·s	方案内容	含油饱和度/%	采收率/%		
				水驱	最终	增幅
3-3	17	"0.100PV 复合凝胶+ 0.1PV 微球/0.1PV 高效 驱油剂"混合液	79.59	16.92	38.85	21.93
3-6	70		79.00	12.28	36.84	24.56
3-9	200		80.19	9.41	40.00	30.59

可以看出，与 0.05PV 和 0.075PV 复合凝胶段塞尺寸相比较，0.100PV 复合凝胶段塞在高渗透层中产生附加渗流阻力较大，注入压力升幅较大，液流转向效果更好，因此采收率增幅较大。

2）分流率

岩心入口和出口端小层分流率与注入 PV 数的关系对比见图 9-92 和图 9-93。

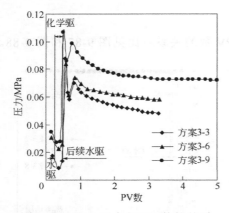

图 9-89　注入压力与 PV 数的关系
（岩心Ⅲ，0.100PV 复合凝胶）

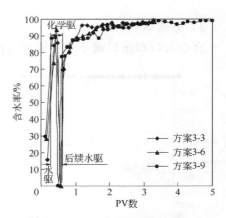

图 9-90　含水率与 PV 数的关系
（岩心Ⅲ，0.100PV 复合凝胶）

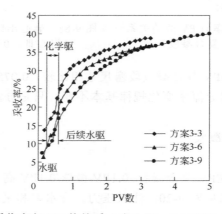

图 9-91　采收率与 PV 数关系（岩心Ⅲ，0.100PV 复合凝胶）

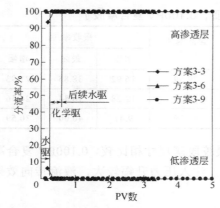

图 9-92　岩心入口分流率与 PV 数的关系
（岩心Ⅲ，0.100PV 复合凝胶）

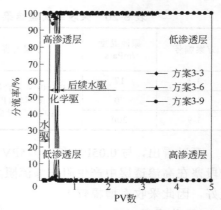

图 9-93　岩心出口分流率与 PV 数的关系
（岩心Ⅲ，0.100PV 复合凝胶）

可以看出，与0.05PV和0.075PV复合凝胶段塞尺寸相比较，0.100PV复合凝胶段塞注入岩心后入口端和出口端分流率变化规律基本未变，只是分流率变化幅度更大，液流转向效果更好。

9.4
小结

①　与黏度为17mPa·s和70mPa·s的原油相比较，200mPa·s原油致使岩心尤其是低渗透层渗流阻力增幅更大。尽管原油黏度增加导致水驱注入压力明显升高，但低渗透层吸液压差反而减小，这致使水驱波及效果变差和最终采收率减小。

②　在层内非均质油藏高效驱油剂注入过程中，高效驱油剂会在注入端附近区域、高低渗透层间形成低阻渗流通道，致使后续进入低渗透层驱油剂经该通道返回高渗透层即产生所谓"绕流现象"，进而减小后续驱油剂波及效率。

③　与"微球+高效驱油剂"组合方式相比较，"微球/高效驱油剂"混合液注入过程中微球与高效驱油剂间存在"微球滞留-高效驱油剂转向-扩大波及体积和提高洗油效率"协同效应，增油降水效果较好。

④　高效驱油剂与原油乳化形成低黏乳状液，乳化降黏和高效洗油作用大幅度降低高渗透层油相饱和度和渗流阻力。这一方面确保了微球运移到高渗透深部滞留；另一方面，由于注入压力升高幅度较小，低渗透层吸入微球量较少，启动压力升高幅度也较小，后续驱油剂扩大波及体积效果较好，最终采收率也就较高。

⑤　当原油黏度较低（17mPa·s左右）时，"复合凝胶+微球/高效驱油剂"组合方式实施过程中复合凝胶在高渗透层内滞留量多，液流转向效果较好，后续"微球/高效驱油剂"混合液中微球与高效驱油剂间协同效应能够充分发挥，兼顾了宏观-微观扩大波及体积和提高洗油效率技术需求，因而增油降水效果明显。当原油黏度较高（超过70mPa·s）时，水驱"突进"作用会在高渗透层中形成优势孔道，复合凝胶在优势通道中滞留和转向作用减弱。因此，优势通道治理将有助于"微球/高效驱油剂"混合液协同效应发挥。

第 10 章
高含水油藏综合治理封堵剂注入压力

前几章介绍了复合凝胶封堵剂、抗盐聚合物微球调驱剂和高效驱油剂等工作剂的研制、筛选、性能评价、组合方式和调驱作用机制等研究成果，本章拟采用物理模拟方法开展封堵剂和调驱剂等工作剂合理注入压力及影响因素研究，为确保"堵/调/驱"一体化治理措施取得预期增油降水效果提供技术支持。

10.1 测试条件

10.1.1 实验材料

封堵剂为 Cr^{3+} 凝胶，聚合物（部分水解聚丙烯酰胺，YJYSD201）与交联剂（有机铬，YJYSD107），由中海油天津分公司提供。调驱剂为聚合物微球（微球，HYHK 型），由中海油天津分公司提供。

实验用水为 LD5-2 油田注入水，注入水水质分析见表 10-1。

表 10-1　LD5-2 油田注入水水质分析

离子组成和含量/(mg/L)							总矿化度 /(mg/L)
$K^+ + Na^+$	Ca^{2+}	Mg^{2+}	Cl^-	SO_4^{2-}	CO_3^{2-}	HCO_3^-	
2169.8	816.6	94.2	4848.8	156.1	0.0	173.9	8259.5

模拟油由 LD5-2 油藏原油与轻烃混合而成，55℃时黏度为 17mPa·s。

岩心为石英砂环氧树脂胶结人造岩心，外观几何尺寸：宽×高×长=4.5cm×4.5cm×30cm，K_g=5.6×10⁻³μm²、3.2μm² 和 0.8μm²。

10.1.2 仪器设备和测试步骤

岩心驱替实验仪器设备包括气瓶、手摇泵、平流泵、压力传感器（压力表）、岩心夹持器和中间容器等，除平流泵和手摇泵外，其它部分置于恒温箱内。实验设备流程见图 10-1。

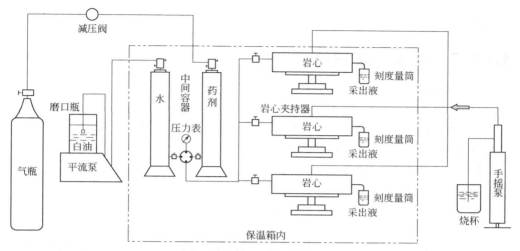

图 10-1　设备及流程示意图

（1）未饱和油岩心驱替实验步骤

① 在室温下，物理模型抽真空，饱和地层水，测量孔隙体积，计算孔隙度；

② 在油藏温度 55℃条件下，单块岩心水测渗透率；

③ 在油藏温度 55℃条件下，将高、中、低渗透率三块岩心组成并联岩心，以 1mL/min 注入速度进行水驱，记录该速度下各个小层分流率，取该注入速率下稳定注入压力 p，将其作为后续实验基准参考注入压力；

④ 提高水驱速率至 2mL/min、3mL/min 和 4mL/min，测定各个小层分流率和 p 值；

⑤ 以不同注入压力（p 的倍数）和"恒压"方式注入 0.2PV 调驱剂或封堵剂；

⑥ 调驱剂微球缓膨 3d（或封堵剂 Cr^{3+} 凝胶候凝 24h）后，以 1mL/min 后续水驱至压力稳定；

⑦ 建立注入压力与分流率间的关系。

（2）饱和油岩心驱替实验步骤

① 室温下岩心抽真空饱和地层水，测量孔隙体积，计算孔隙度；

② 55℃条件下单块岩心水测渗透率；

③ 55℃条件下单块岩心饱和油，计算含油饱和度；

④ 将高中低三块岩心组成并联岩心，以 1mL/min 进行水驱，记录该速度下各岩心分流率，直到综合含水率 95%，取此时注入压力 p 为基准参考压力；

⑤ 以不同注入压力（p 的倍数）和"恒压"方式注入封堵剂或"封堵剂+调

驱剂";

⑥ 封堵剂 Cr^{3+} 凝胶候凝 24h（调驱剂微球缓膨 3d）后，以 1mL/min 后续水驱至综合含水率 98%；

⑦ 建立注入压力与分流率间的关系。

10.1.3　实验方案设计

（1）未饱和油岩心驱替实验

1）各小层吸水启动压力测试

以 1mL/min、2mL/min、3mL/min 和 4mL/min 进行水驱，稳定后记录注入压力和各小层采液量，计算小层分流率，确定小渗透层吸水启动压力。

2）调驱剂注入压力对分流率的影响

溶剂水：LD5-2 油田注入水。

药剂：调驱剂（微球，c_p=3000mg/L）。

注入压力：方案 1-1-1，2p（0.002MPa）；方案 1-1-2，5p（0.005MPa）；方案 1-1-3，7p（0.007MPa）；方案 1-1-4，10p（0.01MPa）；方案 1-1-5，15p（0.015MPa）。

段塞尺寸：0.2PV。

评价指标：注入压力与小层分流率的关系。

3）封堵剂注入压力对分流率的影响

溶剂水：LD5-2 油田注入水。

药剂：封堵剂（Cr^{3+}凝胶，c_p=2000mg/L，$c_交$=1000mg/L）。

注入压力：方案 1-2-1，5p（0.005MPa）；方案 1-2-2，10p（0.010MPa）；方案 1-2-3，20p（0.020MPa）；方案 1-2-4，40p（0.040MPa）。

段塞尺寸：0.2PV。

评价指标：注入压力与小层分流率的关系。

（2）饱和油岩心驱替实验

1）封堵剂注入压力对分流率和驱油效果的影响

溶剂水：LD5-2 油田注入水。

药剂：封堵剂（Cr^{3+}凝胶，c_p=2000mg/L，$c_交$=1000mg/L）。

注入压力：方案 2-1-1，1p（0.004MPa）；方案 2-1-2，1.5p（0.006MPa）；方案 2-1-3，2P（0.008MPa）；方案 2-1-4，5p（0.02MPa）；方案 2-1-5，10p（0.04MPa）。

段塞尺寸：0.1PV。

评价指标：注入压力与分流率和驱油效果关系。

2）"封堵剂+调驱剂"注入压力对驱油效果和分流率的影响

溶剂水：LD5-2 油田注入水。

药剂：封堵剂（Cr^{3+}凝胶，c_p=2000mg/L，$c_交$=1000mg/L），调驱剂（微球，

c_p=3000mg/L）。

方案内容：方案 2-2-1，1.5p（0.006MPa）注入封堵剂+1.0p（0.004MPa）注入调驱剂；方案 2-2-2，1.5p（0.006MPa）注入封堵剂+1.5p（0.006MPa）注入调驱剂；方案 2-2-3，1.5p（0.006MPa）注入封堵剂+3.0p（0.012MPa）注入调驱剂。

段塞尺寸：0.1PV 封堵剂+0.2PV 调驱剂。

评价指标："封堵剂+调驱剂"注入压力与驱油效果和分流率关系。

10.2
工作剂合理注入压力及分流率

10.2.1 小层吸水启动压力

实验过程中注入速率与注入压力以及注入速率与各小层分流率的关系见图 10-2 和图 10-3。

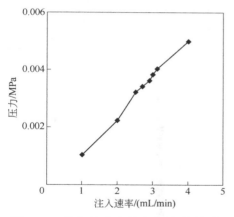

图 10-2 注入速率与注入压力的关系

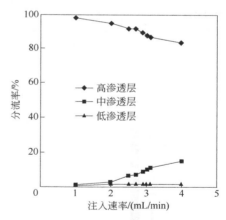

图 10-3 注入速率与各小层分流率的关系

可以看出，随注入速率增加，注入压力升高，高渗透层分流率逐渐降低，中渗透层分流率逐渐上升，低渗透层分流率基本不变。当注入速率为 1mL/min 时，注入压力为 0.001MPa，中渗透层和低渗透层基本不吸液。当注入速率大于等于 2mL/min 时，注入压力大于 0.0022MPa，中渗透层吸液量即分流率明显增加。由此可见，该并联岩心中渗透层吸液启动压力约为 0.001MPa，取该压力值为后续实验注入压力参考基准值 p。

10.2.2 调驱剂合理注入压力及分流率

采用不同注入压力（p 的倍数）、以"恒压"方式注入 0.2PV 调驱剂，3 天后以"恒速"（1mL/min）方式进行后续水驱。实验过程中，各渗透层在不同注入阶段的总吸液量及总分流率见表 10-2 和图 10-4。

表 10-2 各小层总吸液量及总分流率

方案编号和驱替阶段		高渗透层		中渗透层		低渗透层	
		总吸液量/mL	总分流率/%	总吸液量/mL	总分流率/%	总吸液量/mL	总分流率/%
水驱，1mL/min		15	98.04	0.2	1.31	0.1	0.65
方案 1-1-1	调驱剂	84	96.22	2.9	3.32	0.4	0.46
	后续水驱	94.5	71.59	36.9	27.95	0.6	0.45
方案 1-1-2	调驱剂	76.8	88.38	9.3	10.70	0.8	0.92
	后续水驱	124	96.91	3.35	2.62	0.6	0.47
方案 1-1-3	调驱剂	64	85.22	10.2	13.58	0.9	1.20
	后续水驱	125	97.13	2.9	2.25	0.8	0.62
方案 1-1-4	调驱剂	70.5	80.85	12.9	14.79	3.8	4.36
	后续水驱	123	97.39	2.7	2.14	0.6	0.48
方案 1-1-5	调驱剂	67.5	75.25	16.2	18.06	6	6.69
	后续水驱	134.5	97.46	2.8	2.03	0.7	0.51

备注：总分流率=小层累计吸液量/总注液量，下同。

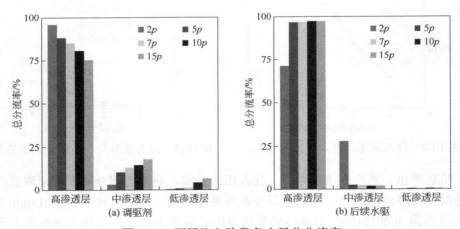

图 10-4 不同注入阶段各小层总分流率

可以看出，与水驱（1mL/min）总分流率相比较，以不同注入压力注入调驱剂后高渗透层总分流率小幅降低，中低渗透层则小幅升高。3 天后实施后续水驱时只有注入压力为 2p 实验方案（方案 1-1-1）高渗透层总分流率明显降低，其余出现升高态势。分析认为，当注入压力超过中低渗透层吸液启动压力时，部分微球调驱剂会进入中低渗透层，其滞留作用引起产生附加渗流阻力（吸液启动压力）大幅度升高，且升高幅度远大于高渗透层的值。在后续水驱阶段，除方案 1-1-1 注入压力小幅度升高和中渗透层总分流率较大幅度增加外（见图 10-5），其余方案注入压力（见图 10-6～图 10-9）均大幅度降低，致使吸液压差和吸液量即分流率减小。

实验过程中注入压力和小层分流率（分流率=小层阶段吸液量/阶段总注液量，下同）与 PV 数关系见图 10-5～图 10-9。

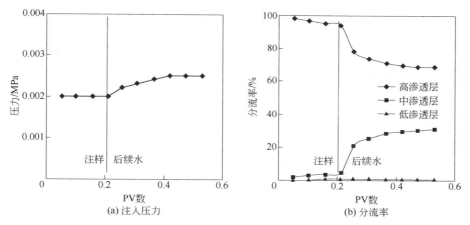

图 10-5　注入压力和分流率与 PV 数的关系（方案 1-1-1）

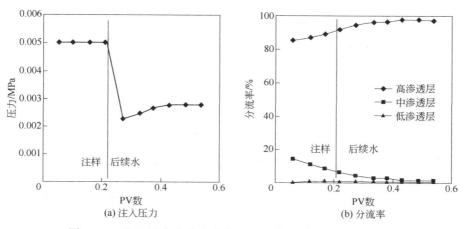

图 10-6　注入压力和分流率与 PV 数的关系（方案 1-1-2）

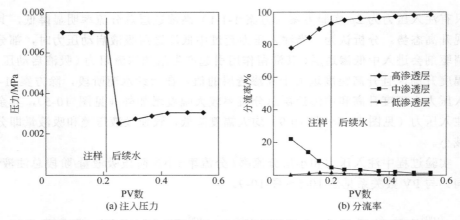

图 10-7　注入压力和分流率与 PV 数的关系（方案 1-1-3）

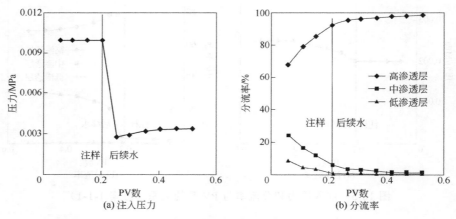

图 10-8　注入压力和分流率与 PV 数的关系（方案 1-1-4）

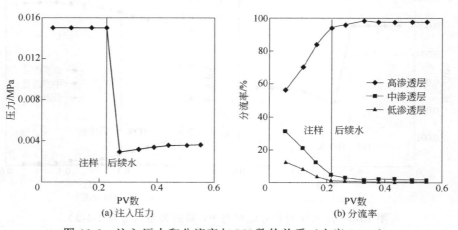

图 10-9　注入压力和分流率与 PV 数的关系（方案 1-1-5）

综上所述，在调驱剂注入过程中，随着注入压力升高，中低渗透层吸入量增多，滞留作用引起附加渗流阻力即吸液启动压力增大，后续水驱阶段中低渗透层吸液压差减小甚至为负值（水驱注入压力降低），液流转向效果变差。因此，在调驱剂注入过程中，注入压力不能超过中低渗透层吸液启动压力。否则，调驱剂就会对中低渗透层吸液能力造成伤害，进而损害液流转向效果。

10.2.3　封堵剂合理注入压力及分流率

采用不同注入压力（p 的倍数）以"恒压"方式注入 0.2PV 封堵剂，候凝 24h 后进行"恒速"（1mL/min）后续水驱，直至注入压力稳定为止。实验过程中，各渗透层在不同注入阶段的总吸液量及总分流率见表 10-3 和图 10-10。

表 10-3　各小层总吸液量及总分流率

方案编号和驱替阶段		高渗透层		中渗透层		低渗透层	
		总吸液量/mL	总分流率/%	总吸液量/mL	总分流率/%	总吸液量/mL	总分流率/%
水驱，1mL/min		15.0	98.04	0.2	1.31	0.1	0.65
方案 1-2-1	封堵剂	69.1	92.01	5.1	6.79	0.9	1.20
	后续水驱	6.4	5.54	13.6	11.76	95.6	82.70
方案 1-2-2	封堵剂	68.0	79.44	12.2	14.25	5.4	6.31
	后续水驱	30.2	28.82	23.7	22.61	50.9	48.57
方案 1-2-3	封堵剂	59.6	73.67	12.1	14.96	9.2	11.37
	后续水驱	77.1	64.46	7.3	6.10	35.2	29.43
方案 1-2-4	封堵剂	59.0	71.69	13.3	16.16	10.0	12.15
	后续水驱	125.8	90.11	3.4	2.44	10.4	7.45

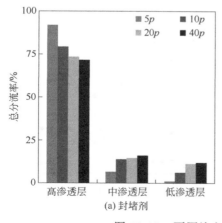

(a) 封堵剂

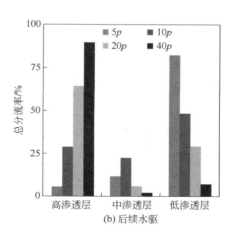

(b) 后续水驱

图 10-10　不同注入阶段各小层总分流率

可以看出，在封堵剂"恒压"注入阶段，随注入压力升高，高渗透层吸液量减小，中低渗层吸液量增加，其中低渗透层吸液量较小。在"恒速"后续水驱阶段，前期方案封堵剂注入压力越低，高渗透层总分流率降低幅度越大，低渗透层增加幅度越大。例如，"方案 1-2-1"注入压力为 $5p$，后续水阶段低渗透层总分流率高达 82.70%，液流转向效果十分明显。分析认为，随封堵剂注入压力逐渐升高，中低渗层吸液压差增加，吸液量增多，但吸液量绝对值仍然低于高渗透层的值。由于封堵剂进入高中低岩心后都会发生滞留和增加渗流阻力，致使吸液启动压力和注入压力升高（见图 10-11～图 10-14）。尽管封窜体系引起低渗透层启动压力增加的增加率要远大于高渗透层的值，但若高渗透层吸入封堵剂量远大于低渗透层的值，此时高渗透层吸液启动压力就会高于低渗透层的值，相应吸液压差和吸液量即分流率就会减小。否则，高渗透层吸液压差和吸液量即分流率就会增加，

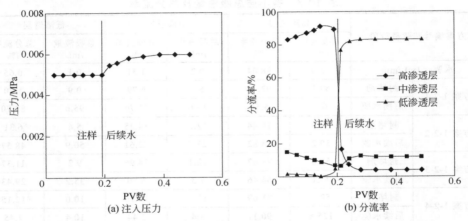

图 10-11　注入压力和瞬时分流率与 PV 数的关系（方案 1-2-1）

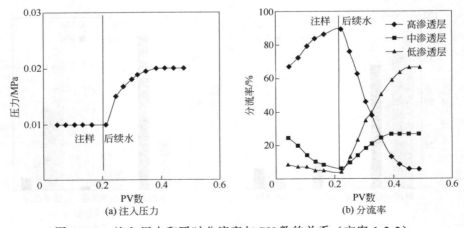

图 10-12　注入压力和瞬时分流率与 PV 数的关系（方案 1-2-2）

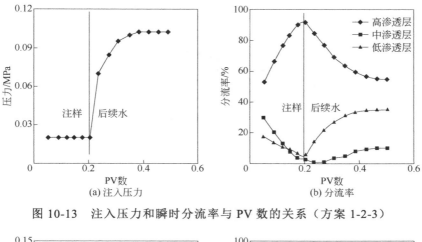

图 10-13　注入压力和瞬时分流率与 PV 数的关系（方案 1-2-3）

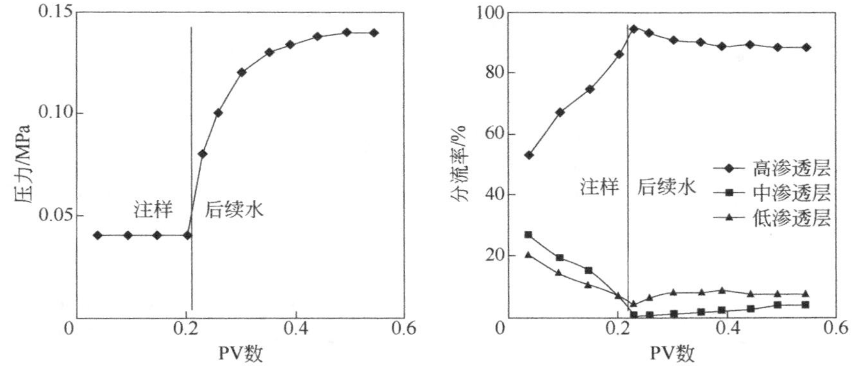

图 10-14　注入压力和瞬时分流率与 PV 数的关系（方案 1-2-4）

液流转向效果变差（见图 10-11～图 10-14）。由此可见，各个渗透层吸液量和分流率变化趋势取决于吸液压差的变化趋势，而吸液压差变化趋势又与注入压力和启动压力变化趋势密切相关。

　　综上所述，与调驱剂相似，随封堵剂注入压力升高，中低渗透层吸入量增多，滞留作用引起附加渗流阻力即吸液启动压力增大，后续水驱阶段中低渗透层吸液压差减小（尽管注入压力升高），液流转向效果变差。因此，在封窜体系注入过程中，注入压力不能超过中低渗透层吸液启动压力。否则，封堵剂同样会对中低渗透层吸液能力造成伤害，并且伤害程度更严重，液流转向效果损害程度也更大。

10.2.4　工作剂合理注入压力及分流率

　　在调驱剂和封堵剂注入压力 0.005MPa 和 0.01MPa 条件下，后续水驱阶段注入压力和瞬时分流率与 PV 数关系对比见图 10-15～图 10-18。

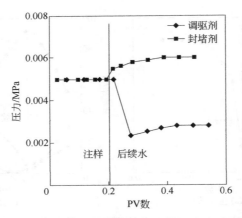

图 10-15　注入压力与 PV 数的关系（p=0.005MPa）

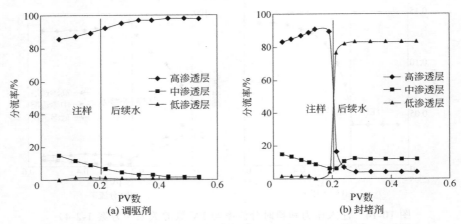

(a) 调驱剂　　　　　　　　　　　(b) 封堵剂

图 10-16　瞬时分流率与 PV 数的关系（p=0.005MPa）

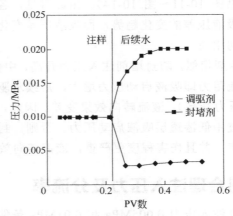

图 10-17　注入压力与 PV 数的关系（p=0.01MPa）

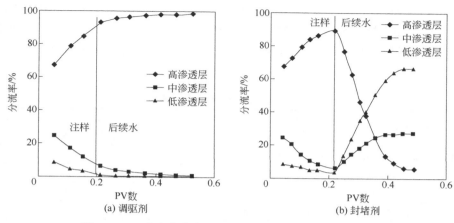

图 10-18　瞬时分流率与 PV 数的关系（p=0.01MPa）

从图 10-15 和图 10-17 可以看出，调驱剂和封堵剂注入岩心后滞留和产生的附加渗流阻力存在明显差异。与调驱剂相比较，封堵剂滞留水平较高，产生附加渗流阻力较大，后续水驱阶段注入压力较高，中低渗透层吸液压差和吸液量较大，液流转向效果较好。分析认为，由于调驱剂为微球与水混合而成的非连续相体系，当注入速率（注入压力）较低时微球运移速度会较慢，部分微球会滞留岩心端面，减小附加渗流阻力和注入压力，进而降低中低渗透层吸液压差和吸液量（见图 10-16 和图 10-18），最终影响液流转向效果。

综上所述，深部液流转向目的是增加中低渗透层吸液压差和吸液量，实现这一目的的方法包括提高注入速率（即提高注入压力）和增加高渗透层渗流阻力（即减小吸液压差）。调驱剂和封堵剂在多孔介质内滞留就会增加渗流阻力，并且渗透率愈低，渗流阻力增幅愈大。因此，在调驱剂和封堵剂注入储层过程中，必须通过合理注入速率即压力来避免药剂进入中低渗透层尤其是低渗透层。否则，低渗透层就会因吸入药剂引起吸液启动压力明显升高，进而减小吸液压差和吸液量，最终削弱液流转向效果。

10.3
工作剂合理注入压力及驱油效果和分流率

10.3.1　封堵剂合理注入压力及驱油效果和分流率

并联岩心以"恒速"方式水驱到含水率 95%，此时注入压力为 0.004MPa 即

p 等于 0.004MPa，采用 1.0p、1.5p、2.0p、5.0p 和 10.0p 注入压力、以"恒压"方式注入 0.1PV 封堵剂，候凝 24h 后以"恒速"（1mL/min）方式进行后续水驱。实验过程中各阶段采收率见表 10-4，注入压力、含水率及采收率与 PV 数的关系见图 10-19～图 10-21。

表 10-4　各驱替阶段结束时采收率

方案编号	含油饱和度/%	封堵剂注入时间	阶段采收率/%			采收率增幅/%
			水驱	封窜体系	后续水驱	
2-1-1，1.0p(0.004MPa)	69.91	220min	39.59	41.48	57.71	18.12
2-1-2，1.5p(0.006MPa)	70.11	180min	38.93	42.01	57.33	17.91
2-1-3，2.0p(0.008MPa)	70.06	150min	39.60	41.65	55.36	15.77
2-1-4，5.0p(0.020MPa)	69.80	55min	39.27	42.55	52.40	13.13
2-1-5，10.0p(0.040MPa)	70.70	28min	39.26	43.14	48.16	8.90

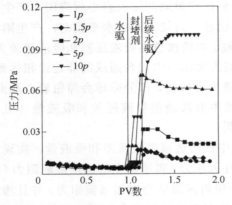

图 10-19　注入压力与 PV 数的关系

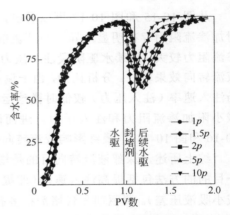

图 10-20　含水率与 PV 数的关系

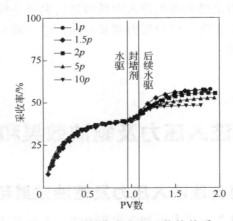

图 10-21　采收率与 PV 数的关系

可以看出，在水驱阶段，随注入 PV 数增加，原油采出程度提高，水相渗透率增加，渗流阻力降低，注入压力小幅降低，含水率升高。在封堵剂（恒压）注入阶段，随注入 PV 数增加，封堵剂在高渗层滞留量增多，渗流阻力增加，注入速度减小（注入时间增加）。在后续水驱阶段，由于封堵剂在高渗透层内滞留引起注入压力升高，后续水转向进入中低渗层扩大波及体积，含水率大幅度降低，采收率明显升高。进一步分析发现，随封堵剂（恒压）注入压力升高，中低渗透层滞留量增加，吸液启动压力升高，后续水驱阶段吸液压差和吸液量减小，扩大波及体积效果变差，因而最终采收率和增幅呈现减小趋势。

尽管采用较低注入压力可以取得较好的液流转向效果，但同时也大幅度增加了注液时间，这不仅提高了施工作业费用，而且也损害了油藏注采平衡。考虑到注入压力 $1p$ 与 $1.5p$ 采收率增幅差别不大，因而推荐 $1.5p$ 为后续实验用封堵剂注入压力。

实验过程中各渗透层在不同注入阶段的总吸液量和总分流率见表 10-5 和图 10-22。

表 10-5　各小层总吸液量及总分流率

方案编号和驱替阶段		高渗透层		中渗透层		低渗透层	
		总吸液量/mL	总分流率/%	总吸液量/mL	总分流率/%	总吸液量/mL	总分流率/%
水驱，1mL/min		274.80	79.53	54.50	15.77	16.2	4.68
2-1-1，1.0p	封堵剂	36.20	94.02	1.90	4.93	0.40	1.03
	后续水	25.20	9.17	197.50	71.90	52.00	18.93
2-1-2，1.5p	封堵剂	32.10	88.92	3.60	9.97	0.40	1.11
	后续水	18.00	6.76	121.8	45.76	126.4	47.48
2-1-3，2.0p	封堵剂	31.50	74.46	10.40	24.58	0.60	1.41
	后续水	6.10	2.04	73.40	24.55	219.50	73.41
2-1-4，5.0p	封堵剂	28.30	64.02	11.40	25.79	4.50	10.18
	后续水	24.80	8.14	20.10	6.60	259.70	85.26
2-1-5，10.0p	封堵剂	25.25	56.17	14.00	31.15	5.7	12.68
	后续水	210.40	90.03	17.60	7.53	5.70	2.44

可以看出，在封堵剂注入阶段，当注入压力大于 $1.5p$ 后，中渗层吸液量开始较大幅度增加。当注入压力达到 $2p$ 时，低渗层吸液量开始较大幅度增加。中低渗透层吸入封堵剂意味着附加渗流阻力增加，吸液启动压力升高。在后续水驱阶段，与方案 2-1-5 和方案 2-1-4 相比较，尽管方案 2-1-1、方案 2-1-2 和方案 2-1-3 注入压力较低，但因中低渗透层未吸入或吸入封堵剂量较少，吸液启动压力未升高或升高幅度较小，吸液压差和吸液量反而较大，最终扩大波及体积效果较好即采收率增幅较大。

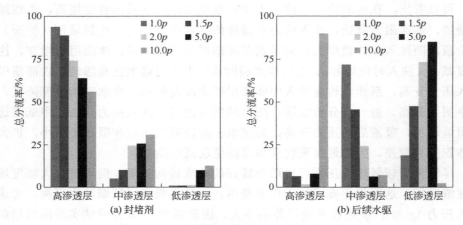

图 10-22 不同注入阶段各小层总分流率

实验过程中分流率与 PV 数的关系见图 10-23～图 10-27。

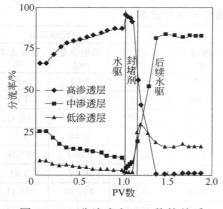

图 10-23 分流率与 PV 数的关系
（方案 2-1-1）

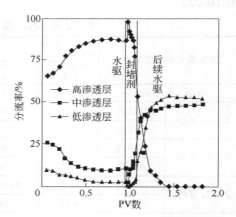

图 10-24 分流率与 PV 数的关系
（方案 2-1-2）

从图 10-23 和图 10-24 可知，水驱后以"恒压"方式（1p 和 1.5p）注入封堵剂时，高渗透层分流率明显高于中低渗透层，表明高渗透层封堵剂吸入量较多，滞留作用较强，后续吸液启动压力升高幅度较大。在后续"恒速"水驱阶段，由于注入速率和高渗透层吸液启动压力升高，注入压力升高（见图 10-19），中低渗透层吸液压差和吸液量增加即分流率增加，进而取得较为明显液流转向效果。与方案 2-1-1（图 10-23）相比较，由于方案 2-1-2 注入压力较高，中渗透层吸入了少量封堵剂，致使吸液启动压力小幅度升高，后续水驱时吸液压差和吸液量减小即分流率减小，液流转向效果变差。

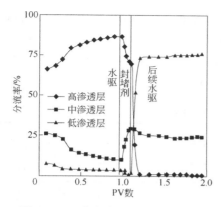

图 10-25　分流率与 PV 数的关系
（方案 2-1-3）

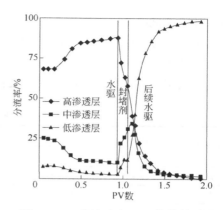

图 10-26　分流率与 PV 数的关系
（方案 2-1-4）

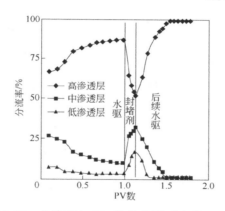

图 10-27　分流率与 PV 数的关系（方案 2-1-5）

从图 10-25～图 10-27 可知，随着"恒压"注入压力逐渐升高，不仅中渗透层吸入封堵剂量逐渐增多，而且低渗透层也开始吸入少量封窜体系。由于封堵剂在中低渗透层尤其是低渗透层中引起的附加阻力值远大于高渗透层的值，其吸液启动压力上升幅度远大于高渗透层的值，因而在后续水驱阶段吸液压差和吸液量明显降低，液流转向效果变差。

综上所述，过高注入压力会致使部分封堵剂进入中低渗透层，引起吸液启动压力大幅度升高，最终导致吸液压差和吸液量减少。以 $1.5p$ "恒压"方式注入封堵剂时，满足了施工时间较短和液流转向效果较好等方面技术需求。

10.3.2　"封堵剂+调驱剂"合理注入压力及驱油效果和分流率

并联岩心以"恒速"（1mL/min）方式水驱到含水率 95% 时稳定压力为 0.004MPa

即 p 等于 0.004MPa,采用 1.5p "恒压"方式注入 0.1PV 封堵剂,候凝 24h 后再分别以 1.0p、1.5p 和 3.0p "恒压"方式注入调驱剂,缓膨 3 天后以"恒速"(1mL/min)方式后续水驱到含水 98%。实验过程中各阶段采收率见表 10-6,注入压力、含水率及采收率与 PV 数的关系见图 10-28~图 10-30。

表 10-6   各驱替阶段结束时采收率

方案编号	含油饱和度/%	注入时间/min		阶段采收率/%				采收率增幅/%
		封堵剂	调驱剂	水驱	封堵剂	调驱剂	后续水驱	
2-2-1	69.94		305	39.01	40.70	50.21	61.86	22.85
2-2-2	70.11	180	215	38.65	40.62	49.22	60.21	21.56
2-2-3	69.71		166	38.71	41.37	50.19	58.13	19.42

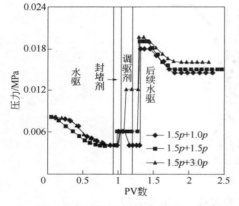

图 10-28   注入压力与 PV 数的关系

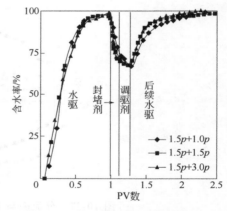

图 10-29   含水率与 PV 数的关系

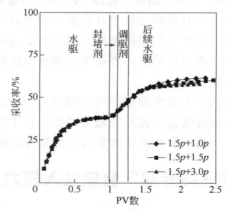

图 10-30   采收率与 PV 数的关系

可以看出，在水驱采收率基本相同的条件下，方案 2-2-1 调驱剂注入压力较低，采收率增幅较大，方案 2-2-2 次之，方案 2-2-3 再次之。由此可见，随调驱剂注入压力提高，中低渗透层吸液量增加，滞留作用引起附加渗流阻力增大，致使后续水驱阶段吸液压差和分流率减小，扩大波及体积效果变差即采收率增幅减小。

实验过程中各渗透层不同注入阶段总吸液量和总分流率见表 10-7 和图 10-31。

表 10-7　各小层总吸液量和总分流率

方案编号和驱替阶段		高渗透层		中渗透层		低渗透层	
		总吸液量/mL	总分流率/%	总吸液量/mL	总分流率/%	总吸液量/mL	总分流率/%
水驱，1mL/min		274.80	79.53	54.50	15.77	16.20	4.68
2-2-1， (1.5p+1.0p)	封堵剂	29.80	88.43	3.40	10.09	0.5	1.48
	调驱剂	43.70	58.89	29.00	39.08	1.50	2.03
	后续水	12.80	3.58	30.5	8.52	314.60	87.90
2-2-2， (1.5p+1.5p)	封堵剂	32.40	89.50	3.40	9.39	0.40	1.10
	调驱剂	40.70	58.82	25.60	36.99	2.90	4.19
	后续水	28.90	6.83	40.00	9.46	354.00	83.71
2-2-3， (1.5p+3.0p)	封堵剂	26.50	88.04	3.20	10.63	0.40	1.33
	调驱剂	37.20	53.76	23.60	34.10	8.40	12.14
	后续水	22.20	6.41	68.50	19.78	255.60	73.81

可以看出，与方案 2-2-3 相比较，方案 2-2-1 和方案 2-2-2 注入压力较低，中高渗透层吸入调驱剂量较多（小层分流率合计 97.97% 和 95.81%），低渗层吸液量少（2.03% 和 4.19%），启动压力增幅较小，后续水阶段低渗透层吸液压差和吸液量较大。

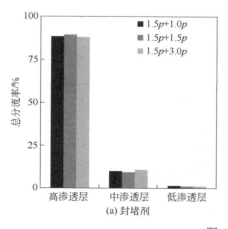

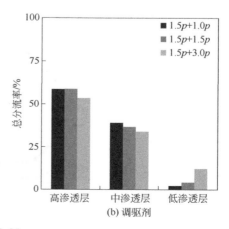

图 10-31

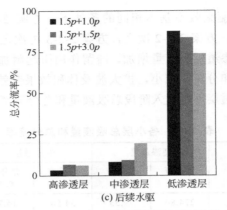

图 10-31　不同注入阶段各小层总分流率

实验过程中各小层分流率与 **PV** 数的关系见图 10-32。可以看出，随调驱剂注入压力升高，低渗透层吸入调驱剂量增加，滞留引起附加渗流阻力增大，吸液启

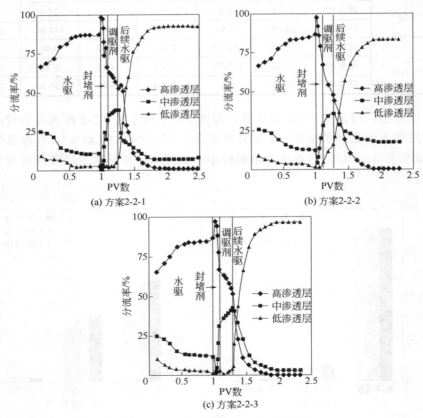

图 10-32　分流率与 **PV** 数的关系

动压力升高，后续水驱阶段吸液压差和分流率减小，液流转向效果变差即采收率增幅减小。

10.4 小结

① 采用 K_g=5.6μm²、3.2μm² 和 0.8μm² 岩心组成并联岩心，未饱和油条件下中渗层吸液启动压力 p=0.002MPa～0.004MPa，饱和油时 p=0.004MPa～0.006MPa。

② 当封堵剂和调驱剂注入压力超过中低渗透层吸液启动压力后，工作剂滞留作用引起附加渗流阻力增加，后续水驱吸液压差和吸液量减小，液流转向效果变差。

③ 油藏深部液流转向目的就是要增加中低渗透层（或中小孔隙）吸液压差和吸液量，可以通过增大注入速率来提高注入压力和中低渗透层吸液压差，或通过高渗透层吸入工作剂来增大渗流阻力和吸液启动压力。因此，在调驱剂和封堵剂注入井筒过程中，注入压力必须低于中低渗透层吸液启动压力。否则，低渗透层吸液启动压力就会明显升高，致使吸液压差和吸液量减小，最终降低液流转向效果。

④ 当水驱结束时注入压力为 p 时，采用"恒压"方式且注入压力小于 1.5p 注入封堵剂或调驱剂时可以取得较好的技术经济效果。

第11章

高含水油藏综合治理技术经济界限

前几章从技术角度优化了"堵/调/驱"一体化治理工作剂配方组成和段塞组合方式，探索了单剂及组合方式调驱作用机制。本章拟采用数值模拟技术开展"堵/调/驱"一体化作业技术经济界限研究，确定单剂及组合方式调驱技术油藏适应性。

11.1
数值模拟概念模型建立

11.1.1　网格系统

采用直角网格建立了一套 25×25 均匀网格系统，其中 X 和 Y 方向网格尺寸为 10.0m，纵向划分为 10 个模拟层，每层 1.5m，模拟层顶深 1000m，概念模型网格系统见图 11-1 和图 11-2。

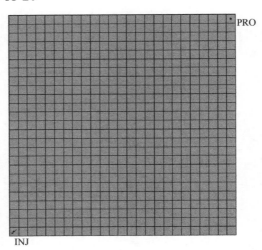

图 11-1　概念模型的平面网格划分

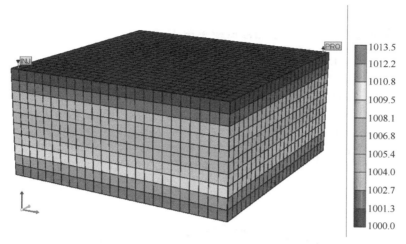

图 11-2　概念模型的纵向网格划分

11.1.2　各网格点参数值

各网格点的顶面深度、有效厚度、渗透率和孔隙度等参数值见表 11-1。

表 11-1　概念模型所需属性参数

顶面深度/m	1000
孔隙度/%	0.3
各层厚度/m	1.5
渗透率/μm²	2.0～2.4
垂向/平面渗透率	0.3

11.1.3　岩石和流体参数

（1）油藏和流体组分参数

油藏和流体组分参数取值见表 11-2。

表 11-2　油藏和组分参数

参数名称	数值
参考压力/MPa	11
原油黏度/mPa·s	10～400
原油密度/(kg/m³)	0.95×10^3
水的黏度/mPa·s	0.49
水的密度/(kg/m³)	1.101×10^3
岩石压缩系数/MPa⁻¹	10^{-4}

（2）油水相渗曲线

数值模拟过程中所用油水相渗曲线见图 11-3。

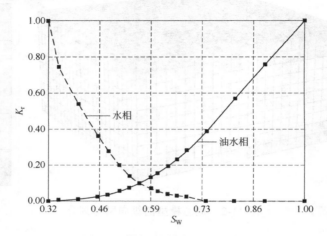

图 11-3　模拟所用油水相渗曲线

11.2
"堵/调/驱"一体化治理技术经济界限

"堵/调/驱"一体化治理增油降水效果评价指标包括采收率、含水率和产出/投入比等，其中产出/投入比能够比较全面和客观地评价"堵/调/驱"一体化治理技术经济效果。

11.2.1　评价指标和影响因素

（1）评价指标

采用产出/投入比为评价指标。产出/投入比计算时，原油期货价格 50 美元/桶，原油价格 0.2167 万元/m³。封堵剂：Cr^{3+} 凝胶，5000m³，c_p=5000mg/L，聚：Cr^{3+}=30：1，大庆"高分"聚合物，价格 15000 元/吨（含税）。有机铬，Cr^{3+} 含量 2.8%，密度 1.15g/mL，价格 50000 元/m³（含税）。微球调驱剂：微球 AMPS-8（c_p=4000mg/L），东北石油大学提高采收率教育部重点实验室合成，价格 18000 元/吨。高效驱替剂：由中海石油天津分公司渤海研究院提供（H2，c_s=1000mg/L），价格 20000 元/吨。

（2）影响因素

数值模拟考虑影响因素：①渗透率级差；②原油黏度；③阶段含水率。据此形成 192 套组合模型。

11.2.2　单独调剖措施技术经济界限

建立概念模型，其中优势通道所占比例为油层总厚度 1/10，渗透率级差 2、3、6、9 和 12，原油黏度 10mPa·s、17mPa·s、30mPa·s、70mPa·s、200mPa·s、300mPa·s 和 400mPa·s。利用上述模型开展 "调剖" 数值模拟研究，统计水驱至含水 95%时累积产油量。

（1）含水率 60%

当水驱含水率达到 60%时注入调剖剂，后续水驱至含水 95%时各组模型产出/投入比数值模拟实验结果见表 11-3，相应关系曲线见图 11-4。

表 11-3　产出/投入比实验数据

参数 原油黏度/mPa·s	渗透率级差				
	2	3	6	9	12
10	0.77	1.14	2.50	4.92	6.56
17	2.06	2.72	5.74	10.19	15.56
30	2.13	3.12	6.99	13.80	17.07
70	4.07	6.26	14.42	15.66	14.59
200	4.32	7.16	10.19	8.67	6.49
300	3.09	5.07	4.85	3.22	2.38
400	4.60	6.57	6.94	5.16	3.78

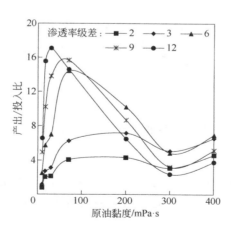

图 11-4　原油黏度和渗透率级差与产出/投入比曲线

可以看出，在渗透率级差相同条件下，随原油黏度增加，调剖产出/投入比呈现 "先增后降" 变化趋势。分析认为，当原油黏度较低时，水驱开发较好，采收率较高，剩余油潜力小，调剖增油量较少，产出/投入比较低。当原油黏度大于

200 mPa·s 时，单独调剖措施增油效果不佳，此时就需要与稠油乳化降黏、微观波及和洗油效率等措施组合应用。当级差大于 3 时，调剖措施产出/投入比较高。

（2）含水率 80%

当含水率达到 80%时注入调剖剂，后续水驱至含水 95%时产出/投入比数值模拟实验结果见表 11-4，相应关系曲线见图 11-5。

表 11-4　产出/投入比实验数据

参数	渗透率级差				
原油黏度/mPa·s	2	3	6	9	12
10	0.80	0.98	2.73	4.88	6.54
17	2.08	2.90	5.76	10.28	15.55
30	2.08	3.13	7.11	13.87	17.13
70	4.00	6.26	14.32	15.61	14.53
200	4.37	7.16	9.95	8.14	5.91
300	3.09	4.98	4.03	3.03	2.27
400	4.63	6.51	6.36	4.64	3.37

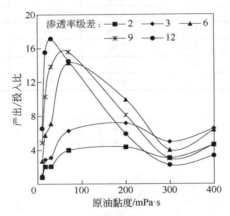

图 11-5　原油黏度和渗透率级差与产出/投入比曲线

（3）含水率 90%

当含水率达到 90%时注入调剖剂，后续水驱至含水 95%时各组合模型产出/投入比数值模拟实验结果见表 11-5，相应关系曲线见图 11-6。

表 11-5　产出/投入比实验数据

参数	渗透率级差				
原油黏度/mPa·s	2	3	6	9	12
10	0.87	1.18	2.88	5.55	7.07
17	2.19	3.06	6.25	10.41	15.68

续表

参数	渗透率级差				
原油黏度/mPa·s	2	3	6	9	12
30	2.29	3.44	7.39	14.00	17.23
70	4.27	6.51	14.44	15.62	14.42
200	4.45	7.24	9.80	7.62	5.48
300	3.23	4.99	3.81	2.16	1.74
400	4.60	6.44	6.17	4.34	3.04

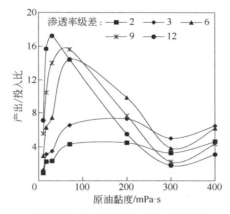

图 11-6　原油黏度和渗透率级差与产出/投入比曲线

从图 11-4～图 11-6 对比可以看出，调剖措施实施时机（含水率）对产出/投入比影响不大，从技术经济角度考虑，调剖措施合理实施时机为 60%～90%。

11.2.3　单独调驱措施技术经济界限

建立概念模型，其中优势通道所占比例为油层总厚度 4:10，渗透率级差 2、3、5 和 8，原油黏度 10mPa·s、17mPa·s、30mPa·s、70mPa·s、200mPa·s、300mPa·s 和 400mPa·s。在上述模型上开展调驱数值模拟研究，统计水驱至含水 95% 时累积产油量。

（1）含水率 60%

当含水率达到 60% 时注入微球调驱剂，后续水驱至含水 95%，各个组合模型"产出/投入"比数值模拟实验结果见表 11-6，相关曲线见图 11-7。

可以看出，在渗透率级差相同条件下，随原油黏度增加，产出/投入比呈现"先增后降"变化趋势。原油黏度较低时水驱开发效果较好，采收率较高，剩余油潜力小，调驱增油量较少，产出/投入比较低。分析发现，原油黏度大于 200mPa·s 时产出/投入比较低，此时就需要与调剖、稠油乳化降黏和提高洗油效率等措施组合。在原油黏度相同的条件下,渗透率级差小于 3 时单独调驱产出/投入比值较高。级差大于 3 时储层非均质性加强,水突进现象严重,单独调驱难以有效治理优势通道,需要与强化液流转向即调剖措施组合使用。

表 11-6　产出/投入比实验数据

参数 原油黏度/mPa·s	渗透率级差			
	2	3	5	8
10	2.49	3.80	7.27	5.19
17	4.17	6.89	6.92	5.17
30	6.06	6.23	4.57	3.11
70	6.04	5.51	4.26	3.10
200	5.76	5.60	4.16	3.22
300	5.28	4.96	3.78	3.24
400	4.93	4.11	3.43	2.96

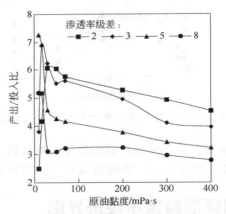

图 11-7　原油黏度和渗透率级差与产出/投入比曲线

（2）含水率 80%

当含水率达到 80%时注入微球调驱剂,后续水驱至含水 95%时各组合模型产出/投入比数值模拟实验结果见表 11-7,相关曲线见图 11-8。

表 11-7　产出/投入比实验数据

参数 原油黏度/mPa·s	渗透率级差			
	2	3	5	8
10	2.60	3.88	7.29	5.32
17	4.19	6.85	6.95	5.19
30	6.05	6.22	4.53	3.16
70	6.05	5.40	4.16	3.08

续表

参数	渗透率级差			
原油黏度/mPa·s	2	3	5	8
200	5.81	5.44	4.10	3.13
300	5.25	4.65	3.75	3.14
400	4.88	4.12	3.46	2.95

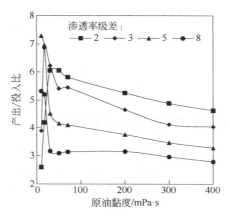

图 11-8　原油黏度和渗透率级差与产出/投入比曲线

（3）含水率 90%

当含水率达到 90%时注入微球调驱剂，后续水驱至含水 95%时各组合模型产出/投入比数值模拟实验结果见表 11-8，相关曲线见图 11-9。

表 11-8　产出/投入比实验数据

参数	渗透率级差			
原油黏度/mPa·s	2	3	5	8
10	2.87	4.05	7.40	5.45
17	4.35	6.95	6.99	5.34
30	6.21	6.29	4.58	3.21
70	6.07	5.42	4.16	3.18
200	5.80	5.41	4.03	3.21
300	5.15	4.56	3.64	3.11
400	4.84	4.06	3.42	2.89

从图 11-7～图 11-9 对比可以看出，调驱措施实施时机（含水率）对产出/投入比影响不大。从技术经济角度考虑，调驱措施合理实施时机为 60%～90%。

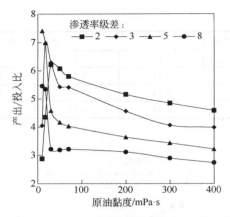

图 11-9 原油黏度和渗透率级差与产出/投入比曲线

11.2.4 单独驱油措施技术经济界限

建立概念模型，其中优势通道所占比例为油层总厚度 4：10，渗透率级差 1.2、1.5、2 和 3，原油黏度 10mPa·s、17mPa·s、30mPa·s、50mPa·s、70mPa·s、200mPa·s、300mPa·s 和 400mPa·s。在概念模型进行水驱，统计水驱至含水 95%累积产油量。

（1）含水率 60%

当含水率达到 60%时注入高效驱油剂，后续水驱至含水 95%时各组合模型产出/投入比数值模拟实验结果见表 11-9，相关曲线见图 11-10。

表 11-9 产出/投入比实验数据

参数 原油黏度/mPa·s	渗透率级差			
	1.2	1.5	2	3
10	3.20	3.89	2.72	−1.51
17	1.52	1.72	1.01	−1.42
30	1.16	0.56	−0.02	−0.28
70	0.69	0.23	−0.25	−0.10
200	0.36	0.23	−0.19	−0.33
300	0.38	−0.15	−0.11	−0.47
400	0.35	−0.07	−0.08	−0.37

可以看出，在渗透率级差相同的条件下，随原油黏度增加，高效驱油剂驱油产出/投入比呈现逐渐下降的趋势。当原油黏度低于 70mPa·s 和渗透率级差小于 2时，产出/投入比较高。渗透率级差大于 2 时储层非均质性较强，水突进现象加重，高效驱油剂驱提高洗油效率增加的采收率低于扩大波及体积损失的采收率，增油效果较差，甚至低于水驱采收率。

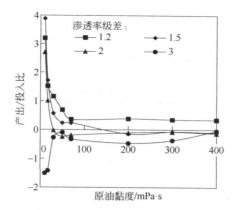

图 11-10　原油黏度和渗透率级差与产出/投入比曲线

（2）含水率 80%

当含水率达到 80% 时注入高效驱油剂，后续水驱至含水 95% 时各组合模型产出/投入比数值模拟实验结果见表 11-10，相关曲线见图 11-11。

表 11-10　产出/投入比实验数据

参数 原油黏度/mPa·s	渗透率级差			
	1.2	1.5	2	3
10	2.98	3.53	2.49	−0.97
17	1.58	1.34	0.92	−1.50
30	0.73	0.27	−0.20	−0.44
70	0.31	−0.06	−0.15	−0.23
200	0.01	−0.03	−0.14	−0.55
300	0.02	0.00	−0.04	−0.39
400	0.34	0.01	−0.01	−0.36

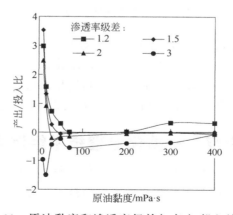

图 11-11　原油黏度和渗透率级差与产出/投入比曲线

（3）含水率 90%

当含水率达到 90%时注入高效驱油剂，后续水驱至含水 95%时各组合模型产出/投入比数值模拟实验结果见表 11-11，相关曲线见图 11-12。

表 11-11　产出/投入比实验数据

参数 原油黏度/mPa·s	渗透率级差			
	1.2	1.5	2	3
10	0.67	0.38	−0.35	−1.40
17	0.34	0.31	−0.12	−1.00
30	0.31	−0.32	−0.36	−0.30
70	0.00	−0.31	−0.02	−0.35
200	0.00	−0.01	−0.04	−0.37
300	0.02	0.01	−0.01	−0.30
400	0.03	0.02	0.01	−0.30

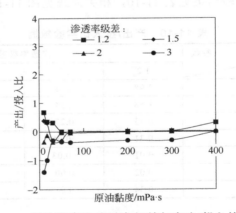

图 11-12　原油黏度和渗透率级差与产出/投入比曲线

对比图 11-10～图 11-12 可以看出，随高效驱油剂注入时机延后，技术经济效果变差。分析认为，当水驱至含水率较高时，水流优势通道已经形成，高效驱油剂沿优势通道窜流，进一步降低含油饱和度和油相渗透率，导致波及效果变差。由此可见，高效驱油剂不宜单独使用，应与调剖或调驱措施组合使用。

11.2.5　"堵/调/驱"一体化治理技术经济界限

根据以上单独"堵水或调剖"、"调驱"和"驱油"措施油藏适应性和技术经济界限，归纳出储层渗透率级差和原油黏度与技术措施油藏适应性及经济界限，见表 11-12。

表 11-12　技术措施油藏适应性及经济界限

参数	渗透率级差		
原油黏度/mPa·s	1～2	2～3	>3
10～70	驱油	调驱或调驱/驱油	调剖/调驱或调剖/调驱/驱油
71～200	调剖/驱油	调驱或调驱/驱油	调剖/调驱或调剖/调驱/驱油
201～400	调剖/驱油	调驱/驱油	调剖/调驱/驱油

可以看出，在原油黏度 10mPa·s～70mPa·s 条件下，储层渗透率级差 1～2 时"驱油"措施技术经济效果较好，2～3 时为"调驱或调驱/驱油"措施，大于 3 时为"调剖/调驱或调剖/调驱/驱油"措施。在原油黏度 71mPa·s～200mPa·s 条件下，储层渗透率级差 1～2 时"调剖/驱油"措施技术经济效果较好，2～3 时为"调驱或调驱/驱油"措施，大于 3 时为"调剖/调驱或调剖/调驱/驱油"措施。在原油黏度 201mPa·s～400mPa·s 条件下，储层渗透率级差为 1～3 时"调剖/驱油"措施技术经济效果较好，大于 3 时为"调剖/调驱/驱油"措施。

11.3
小结

① 储层渗透率级差 1～3 时"调驱或调驱/驱油"措施技术经济效果较好，大于 3 时为"调剖/调驱"或"调剖/调驱/驱油"措施。

② 在原油黏度 10mPa·s～70mPa·s 条件下，储层渗透率级差 1～2 时"驱油"措施技术经济效果较好，2～3 时为"调驱或调驱/驱油"措施，大于 3 时为"调剖/调驱"或"调剖/调驱/驱油"措施；在原油黏度 71mPa·s～200mPa·s 条件下，储层渗透率级差 1～2 时"调剖/驱油"措施效果较好，2～3 时为"调驱或调驱/驱油"措施，大于 3 时为"调剖/调驱或调剖/调驱/驱油"措施；在原油黏度为 201mPa·s～400mPa·s 条件下，储层渗透率级差 1～3 时"调剖/驱油"措施效果较好，大于 3 时为"调剖/调驱/驱油"措施。

参 考 文 献

[1] 韩大匡. 深度开发高含水油田提高采收率问题的探讨[J]. 石油勘探与开发, 1995, 22(5): 47-55.

[2] Quoc P Nguyen, Peter K Currie, Marten Buijse, et al. Mapping of foam mobility in porous media[J]. J Petrol Sci Eng, 2007, 58(5): 119-132.

[3] Baisali S, Sharma V P, Udayabhanu G. Gelation studies of an organically cross-linked polyacrylamide water shut-off gel system at different temperatures and pH[J]. J Petrol Sci Eng, 2012, 81(1): 145-150.

[4] Ecological Analysts Inc. The sources, chemistry, fate, and effects of chromium in aquatic environments[R]. Washington D C: American Petroleum Institute, 1981.

[5] Al-Assi A A, Willhite G P, Green D W, et al. Formation and Propagation of Gel Aggregates Using Partially Hydrolyzed Polyacrylamide and Aluminum Citrate[R]. SPE100049, 2009.

[6] Lu X G, Song K P, Niu J G, et al. Performance and Evaluation Methods of Colloidal Dispersion Gels In the Daqing Oil Field[R]. SPE59466, 2000.

[7] 王涛, 肖建洪, 孙焕泉, 等. 聚合物微球的粒径影响因素及封堵特性[J]. 油气地质与采收率, 2006, 13(4): 108-111.

[8] 熊廷江, 刘伟, 雷元立, 等. 柳 28 断块聚合物凝胶微球在线调剖技术[J]. 石油钻采工艺, 2007, 29(4): 64-67.

[9] Vargas-Vasquez S M, Romero-Zeran L B. A review of the partly hydrolyzed polyacrylamide (Ⅲ) acetate polymer gels[J]. J Petrol Sci Technol, 2008, 26(4): 481-498.

[10] Han D, Yang P H, Luo Y S, et al. Flow Mechanism Investigation and Field Practice for Low Concentration Flowing Gel[R]. SPE50929, 1998.

[11] Lu X G, Wang W, Wang R J. The Performance Characteristics of Cr^{3+} Polymer Gel and Its Application Analysis in Bohai Oilfield[R]. SPE130382, 2010.

[12] Mack J C, Smith J E. In-depth colloidal dispersion gels improve oil recovery efficiency[R]. SPE 27780-MS, 1994.

[13] 张增丽, 雷光伦, 刘兆年, 等. 聚合物微球调驱研究[J]. 新疆石油地质, 2007, 28(6): 749-751.

[14] 王代流, 肖建洪. 交联聚合物微球深部调驱技术及其应用[J]. 油气地质与采收率, 2008, 15(2): 86-88.

[15] 贾晓飞, 雷光伦, 李会荣, 等. 孔喉尺度聚合物弹性微球膨胀性能研究[J]. 石油钻探技术, 2009, 37(6): 87-90.

[16] 陈治中. 海上油田聚合物微球深部调驱技术应用研究[D]. 中国石油大学工程硕士学位论文, 2010: 33-42.

[17] 刘承杰, 安俞蓉. 聚合物微球深部调剖技术研究及矿场实践[J]. 钻采工艺, 2010, 33(5): 62-65.

[18] 姚传进, 雷光伦, 高雪梅, 等. 非均质条件下孔喉尺度弹性微球深部调驱研究[J]. 油气地质与采收率, 2012, 19(5): 61-64.

[19] 李蕾, 雷光伦, 姚传进, 等. 孔喉尺度弹性微球调整油层分流能力实验研究[J]. 科学技术与工程, 2013, 13(17): 4793-4796.

[20] 宋岱锋. 功能聚合物微球深部调剖技术研究与应用[D]. 济南: 山东大学, 2013: 10-16.

[21] 杨俊茹, 谢晓庆, 张健, 等. 交联聚合物微球-聚合物复合调驱注入参数优化设计[J]. 石油勘探与开发, 2014, 41(6): 727-730.

[22] 贾晓飞, 雷光伦, 尹金焕, 等. 孔喉尺度弹性调驱微球与储层匹配关系理论研究[J]. 石油钻探技术, 2011, 39(4): 87-89.

[23] 张增丽. 孔喉尺度聚合物弹性微球合成及调驱性能研究[D]. 中国石油大学硕士学位论文, 2008:

20-41.

[24] 雷光伦, 李文忠, 贾晓飞, 等. 孔喉尺度弹性微球调驱影响因素[J]. 油气地质与采收率, 2012, 19(2): 41-43.

[25] 卢祥国, 胡广斌, 曹伟佳, 等. 聚合物滞留特性对化学驱提高采收率的影响[J]. 大庆石油地质与开发, 2016, 35(3): 99-105.

[26] 雷光伦. 孔喉尺度弹性微球深部调驱新技术[M]. 山东, 东营: 中国石油大学出版社, 2011.

[27] 姚传进, 雷光伦, 高雪梅, 等. 孔喉尺度弹性微球调驱体系的流变性质[J]. 油气地质与采收率, 2014, 21(1): 55-58.

[28] 谭雪梅. 聚合物智能纳米微球调驱剂的研究[D]. 成都: 成都理工大学, 2014: 25-38.

[29] 韩秀贞, 李明远, 林梅钦. 交联聚合物微球分散体系性能评价[J]. 油气地质与采收率, 2009, 16(5): 63-65.

[30] 戴彩丽, 赵娟, 姜汉桥, 等. 低渗透砂岩油藏注入阴阳离子聚合物深部调剖技术研究[J]. 石油学报, 2010, 31(3): 440-444.

[31] TanKa T, Hoeker L O, Benedsk G B. Spectrum of light scattered from a viscoelastic gel[J]. J Chem Phys, 1973, 59(9): 51-59.

[32] (a)Sydansk R D, Moore P E. Gel Conformance Treatments Increase Oil Production in Wyoming[J]. Oil & Gas J, 1992: 40-45.

(b) 韩秀贞, 李明远, 林梅钦. 交联聚合物微球分散体系性能评价[J]. 油气地质与采收率, 2009, 16(5): 63-65.

[33] 戴彩丽, 赵娟, 姜汉桥, 等. 低渗透砂岩油藏注入阴阳离子聚合物深部调剖技术研究[J]. 石油学报, 2010, 31(3): 440-444.

[34] 王雷雷. 聚合物空心微球的制备及其形态调控[D]. 北京: 北京化工大学, 2015: 23-38.

[35] 潘元佳. 新型功能聚合物微球的制备、表征及其应用研究[D]. 上海: 复旦大学, 2013: 45-66.

[36] 陈海玲, 郑晓宇, 李先杰, 等. 交联聚合物微球-聚合物在水溶液中的复合[J]. 西南石油大学学报(自然科学版), 2013, 35(4): 152-158.

[37] 陈民锋, 尹承哲, 王振鹏, 等. 旅大油田非均质性定量表征及开发调整[J]. 深圳大学学报(理工版), 2018, 35(4): 369-375.

[38] 赵福麟, 戴彩丽, 王业飞. 海上油田提高采收率的控水技术[J]. 中国石油大学学报(自然科学版), 2006, 30(2): 53-58.

[39] 张云宝, 卢祥国, 王婷婷, 等. 渤海油藏优势通道多级封堵与调驱技术[J]. 油气地质与采收率, 2018, 5(25): 82-88.

[40] 潘广明, 张彩旗, 刘东等. 海上稠油油藏弱凝胶调驱提高采收率技术[J]. 特种油气藏, 2018, 25(3): 141-143.

[41] 刘军, 田玉芹, 薄纯辉, 吕西辉. 海上油田深部调剖体系的研究与应用. 石油与天然气化工. 2008, 6, 517-519.

[42] 梁丹, 吕鑫, 蒋珊珊, 等. 渤海油田分级组合深部调剖技术[J]. 石油勘探技术. 2015, 43(2): 104-109.

[43] 周守为, 韩明, 向问陶, 等. 渤海油田聚合物驱提高采收率技术研究及应用[J]. 中国海上油气, 2006, 18(6): 386-389.

[44] 王海江, 唐恩高, 等. 渤海油区提高采收率技术油藏适应性及聚合物驱可行性研究[J]. 油气地质与采收率, 2009, 16(5): 56-59.

[45] 张保康, 张博, 徐国瑞, 等. 海上水平井优势组合调驱技术研究与试验用[J]. 石油化工应用, 2018, 37(3).

[46] 易萍, 周广卿, 王石头等. 纳米聚合物微球调驱封堵机理及现场试验[J]. 西安石油大学学报, 2018, 33(3) : 87-91.

[47] 刘义刚，卢琼，王江红，等．锦州 9-3 油田二元复合驱提高采收率研究[J]．油气地质与采收率，2009，16(4): 68-73.

[48] 曹伟佳，卢祥国，闫冬，等．海上油田深部调剖组合方式实验优[J]．中国海上油气，2018, 30(5): 104-108.

[49] 王家禄，刘玉章，江如意，等．水平井开采底水油藏水脊脊进规律的物理模拟[J]．石油勘探与开发，2007, 34(5): 591-592.

[50] 李传亮，朱苏阳，柴改建，等．直井与水平井的产能对比[J]．岩性油气藏，2018, 30(3): 13-16.

[51] Al-Assi A A, Willhite P G, POn G W, et al. Formation and propagation of gel aggregates using partially hydrolyzed polyacrylamide and aluminum citrate[R]. SPE 100049-MS, 2006.

[52] Green D W, Willhite G P. Improving reservoir conformance using gelled polymer systems[R]. Kansas: Univ. Lawrence, 1995.

[53] Ranganathan R, Lewis R, McCool C S, et al. Experimental study of the gelation behavior of a polyacrylamide/aluminum citrate colloidal-dispersion gel system[J]. SPE Journal, 1998, 3(4): 337-343.

[54] Seright R S. Aperture-tolerant, chemical-based methods to reduce channeling[R]. Washington D C: OSTI, 2007.

[55] Chang P W, Gruetzmacher G D, Meltz C N, et al. Enhanced hydrocarbon recovery by permeability modification with phenolic gels: US, 4708974A [P]. 1984-10-01.

[56] Seright F S, Martin F D. Fluid diversion and sweep improvement with chemical gels in oil recovery processes[R]. New Mexico: Petroleum Research Center, 1991.

[57] Zhuang Y, Pandey S N, McCool C S, et al. Permeability modification with sulfomethylated resorcinol-formaldehyde gel system[J]. SPE Reservoir Evaluation & Engineering, 2000, 3(5): 386-393.

[58] Elmkies Ph, Lasseux D, Bertin H, et al. Polymer Effect on Gas/Water Flow in Porous Media[R]. SPE75160, 2002.

[59] Okabe H, Blunt M J. Prediction of Permeability for Porous Media Reconstructed using Multiple-point Statistics[J]. Physical Review E, 2004, 70(6): 66-78.

[60] Morgan J C, Smith P L, Stevens D G. Chemical adaptation and development strategies for water and gas shut-off gel systems[R]. Ambleside: 6th International Symposium, 1997.

[61] Dong M, Dullien F A L, Dai L, et al. Immiscible Displacement in the Interacting Capillary Bundle Model Part Ⅱ - Applications of Model and Comparison of Interacting and Non-interacting Capillary Bundle Models[J]. Transport in Porous Media, 2006, 63(2): 289-304.

[62] Baisali S, Sharma V, Udayabhanu G. Gelation Studies of an Organically Cross-linked Polyacrylamide Water Shut-off Gel System at Different Temperatures and PH[J]. J Petrol Sci Eng, 2012, 81(1): 145-150.

[63] Alqam M H, Nasr-El-Din H A, Lynn J D. Treatment of super-K zones using gelling polymers[R]. SPE 64989-MS, 2001.

[64] Dwyann E D, POn M E, Larry S E. Global field results of a polymeric gel system in conformance applications[R]. SPE 101822-MS, 2006.

[65] EstuarPO J V, Santillan I J A. Organically crosslinked polymer system for water reduction treatments in Mexico[R]. SPE 104134-MS, 2006.

[66] Baisali S, Sharma V, Udayabhanu G. Gelation Studies of an Organically Cross-linked Polyacrylamide Water Shut-off Gel System at Different Temperatures and PH[J]. J Petrol Sci Eng, 2012, 81(1): 145-150.

[67] Gupta M K, Bansil R. Raman Spectroscopic and Thermal Studies of Polyacrylamide Gels with Varying Monomer/Comonomer Ratios[J]. Journal of Polymer Science, Polymer Physics, 1983, 21(12): 969-977.

[68] Sun Z, Lu X G, Sun W, et al. The Profile Control and Displacement Mechanism of Continuous and Discontinuous Phase Flooding Agent [J]. J Disper Sci Technol, 2017, 38(10): 1403-1409.

[69] Bai B, Huang F, Liu Y, et al. Case study on preformed particle gel for in-depth fluid diversion[R]. SPE 113997-MS, 2008.

[70] Liu Y, Bai B, Shuler P J. Application and development of chemical-based conformance control treatments in China oil fields[R]. Tulsa: SPE/POE Symposium on Improved Oil Recovery, 2006.

[71] Larkin R, Creel P. MethoPOlogies and solutions to remediate inter-well communication problems on the Sacroc CO_2 EOR project: A case study[R]. SPE 113305, 2008.

[72] 高建, 韩冬, 王家禄, 等. 应用 CT 成像技术研究岩心水驱含油饱和度分布特征[J]. 新疆石油地质, 2009, 30(2): 270-271.

[73] 林丽华. 聚驱后水平井与直井结合的化学驱实验研究[D]. 大庆: 东北石油大学, 2010.

[74] 杨浩, 岳湘安, 赵仁保, 等. 各向异性油藏水平井注水开发饱和度分布研究[D]. 北京: 中国地质大学, 2018.

[75] 冯庆贤, 倪方天. 有机延缓交联深部调剖剂对地层适应性的研究[J]. 油田化学, 1998, 15(1): 42-46.

[76] 景贵成, 高树生, 熊伟, 等. STP 强凝胶调剖剂的深度调剖性能[J]. 石油勘探与开发, 2004, 31(3): 133-135.

[77] 宋社民, 王亚洲, 周俊, 等. 早期可动凝胶调驱注水开发普通稠油油藏[J]. 石油勘探与开发, 2007, 34(5): 585-590.

[78] 董朝霞, 吴肇亮, 林梅钦. 交联聚合物线团的形态和尺寸研究[J]. 高分子学报, 2002, (4): 493-498.

[79] 董朝霞, 吴肇亮, 林梅钦. 聚合物浓度对交联聚合线团尺寸的影响[J]. 高分子材料科学与工程, 2003, 19(4): 159-163.

[80] 周万富, 王贤君, 李建阁, 等. 胶态分散凝胶用于聚驱后进一步提高采收率[J]. 大庆石油地质与开发, 2001, 20(2): 69-71.

[81] 郭松林, 陈福明, 李霞. 交联聚合物成胶性能影响因素研究[J]. 大庆石油地质与开发, 2001, 20(2): 36-39.

[82] 吕鑫, 岳湘安, 侯吉瑞, 等. 有机铝与酚醛交联 HPAM 弱凝胶体系对比性研究[J]. 高分子材料科学与工程, 2006, 22(3): 117-120.

[83] 景艳, 吕鑫. 延缓交联水基凝胶的制备、性能及溶液微观结构[J]. 石油学报(石油加工), 2009, 25(1): 124-127.

[84] 林梅钦, 孙爱军, 董朝霞, 等. 低浓度 HPAM/AlCit 交联聚合物溶液性质研究[J]. 物理化学学报, 2004, 20(3): 285-289.

[85] 李永太, 刘易非, 康长久. 提高石油采收率原理和方法[M]. 北京: 石油工业出版社, 2008: 46-47.

[86] 陈铁龙, 周晓俊, 唐伏平, 等. 弱凝胶调驱提高采收率技术[M]. 北京: 石油工业出版社, 2006: 54-55.

[87] 汪庐山, 侯万国, 吕西辉, 等. HPAM/Cr 体系交联机理及 HPAM/XL 耐温抗盐性[J]. 油气地质与采收率, 2002, 9(3): 10-12.